MATLAB工程应用书库

MASTERING MATLAB 2020
INTELLIGENT ALGORITHM

MATLAB 2020 智能算法从入门到精通

甘勤涛　彭舒　吴丽芳　编著

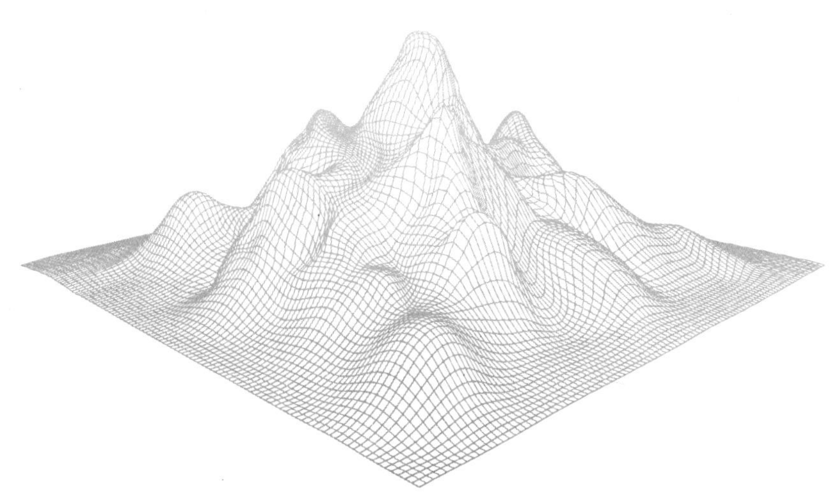

本书以 MATLAB 2020 为基础，结合作者团队的教学经验，讲解智能算法的各种方法和技巧。本书主要内容包括 MATLAB 入门、MATLAB 基础知识、插值算法、拟合算法、图与网络算法、有向图算法、机器学习与深度学习算法、图像的复原算法、粒子群最小值算法以及多目标优化算法等。本书覆盖数学计算的各个方面，实例丰富而典型，指导读者有的放矢地进行学习。

本书既可作为初学者的入门用书，也可作为工程技术人员、本科生、研究生的参考书或教材。

图书在版编目（CIP）数据

MATLAB 2020 智能算法从入门到精通/甘勤涛，彭舒，吴丽芳编著．—北京：机械工业出版社，2022.4

（MATLAB 工程应用书库）

ISBN 978-7-111-70338-9

Ⅰ.①M…　Ⅱ.①甘…　②彭…　③吴…　Ⅲ.①Matlab 软件　Ⅳ.①TP317

中国版本图书馆 CIP 数据核字（2022）第 042789 号

机械工业出版社（北京市百万庄大街 22 号　邮政编码 100037）
策划编辑：张淑谦　责任编辑：张淑谦
责任校对：秦新力　责任印制：郜　敏
三河市宏达印刷有限公司印刷
2022 年 4 月第 1 版第 1 次印刷
184mm×260mm · 16.75 印张 · 456 千字
标准书号：ISBN 978-7-111-70338-9
定价：99.00 元

电话服务	网络服务
客服电话：010-88361066	机　工　官　网：www.cmpbook.com
010-88379833	机　工　官　博：weibo.com/cmp1952
010-68326294	金　　书　　网：www.golden-book.com
封底无防伪标均为盗版	机工教育服务网：www.cmpedu.com

前　言

MATLAB 是美国 MathWorks 公司出品的一个主流的工程计算软件，其强大的数值计算能力和数据可视化能力令人震撼。经过多年的发展，功能日趋完善。MATLAB 已经成为多个学科必不可少的计算工具，是自动控制、应用数学、信息与计算科学等专业本科生与研究生必须掌握的软件。

目前，MATLAB 已经广泛普及，它不仅成为各大公司和科研机构采用的专业软件，在各大高校中同样也应用较多，越来越多的学生借助 MATLAB 来学习智能算法。

为了帮助零基础读者快速掌握 MATLAB 智能算法的使用方法，本书从基础着手，对 MATLAB 的相关算法进行了详细介绍，同时根据不同学科读者的需求，结合智能算法领域的典型应用进行了相关解析，让读者入宝山而满载归。

一、本书特色

1. 作者权威

本书由国内著名 CAD/CAM/CAE 图书出版专家胡仁喜博士指导，大学资深教师团队执笔编写。本书是作者总结多年设计及教学经验的心得体会，历时多年精心编著，力求全面细致地展现出 MATLAB 在智能算法应用领域的各种功能和使用方法。

2. 实例专业

书中很多实例本身就是智能算法工程应用案例，经过作者精心提炼和改编，不仅保证了读者能够学好知识点，更重要的是能帮助读者掌握实际的操作技能。

3. 提升技能

本书从全面提升读者 MATLAB 智能算法应用能力的角度出发，结合大量的案例来讲解如何利用 MATLAB 进行智能算法计算，真正让读者懂得计算机辅助智能算法的方法和技巧。

4. 内容全面

本书共 10 章，分别介绍了 MATLAB 入门、MATLAB 基础知识、插值算法、拟合算法、图与网络算法、有向图算法、机器学习与深度学习算法、图像的复原算法、粒子群最小值算法以及多目标优化算法等内容。

5. 知行合一

本书提供了使用 MATLAB 解决智能算法问题的实践性指导。它基于 MATLAB R2020a 版，内容由浅入深。特别是本书对每一条命令的使用格式都做了详细的说明，并为用户提供了大量的例题加以说明其用法，因此，对于初学者自学是很有帮助的。同时，本书也可作为科技工作者的智能算法工具书。

二、电子资料使用说明

本书配有电子资料包，其中包含全书讲解实例和练习实例的源文件素材，并制作了与全程实例动画同步的 AVI 文件。为了增强教学的效果，更进一步方便读者的学习，作者亲自对实例动画进行了配音讲解。读者可以直接扫描案例旁边的二维码来学习，也可以按照图书封底介绍的方式下载学习。

三、致谢

本书由陆军工程大学石家庄校区的甘勤涛、彭舒和吴丽芳编写，石家庄三维书屋文化传播有限公司的闫聪聪老师也为本书的出版提供了大量的帮助。

MATLAB 本身是一个极为丰富的资源库。因此，对大多数用户来说，一定有部分 MATLAB 内容看起来是“透明”的，也就是说用户能明白其全部细节；另有些内容表现为“灰色”，即用户虽明白其原理但是对于具体的执行细节不能完全掌握；还有些内容则“全黑”，也就是用户对它们一无所知。作者在写作过程中也曾遇到过不少困惑，通过再学习和向专家请教虽克服了这些障碍，但仍难免有错误和不足。在此，本书作者恳切期望得到各方面专家和广大读者的指教。本书所有算例均由作者在计算机上验证。

读者在学习过程中，若有疑问，请登录 www. sjzswsw. com 或联系邮箱 714491436@ qq. com。欢迎加入三维书屋 MATLAB 图书学习交流 QQ 群：656116380 交流探讨，也可以申请加入该 QQ 交流群索取本书配套资源（包含全书所有实例的源文件）。

作　者

目　录

第 1 章　MATLAB 入门

内容指南

MATLAB 是一款功能非常强大的科学计算软件。使用 MATLAB 之前，应该对它有一个整体的认识，包括最基本的数据类型以及显示格式等。本章对 MATLAB 的用户界面进行了详细介绍，让读者对 MATLAB 有清晰的了解，为后面学习具体的功能打下基础。

内容要点

- 启动 MATLAB
- MATLAB 2020 的操作环境
- 数据类型

1.1　启动 MATLAB

启动 MATLAB 有多种方式，最常用的就是用鼠标左键双击计算机桌面上的 MATLAB 快捷方式图标；也可以在“开始”菜单中单击 MATLAB 的快捷方式；还可以在 MATLAB 的安装路径的 bin 文件夹中双击可执行文件 matlab. exe。

要退出 MATLAB 程序，可以选择以下几种方式。

1）用鼠标单击窗口右上角的关闭图标按钮 × 。

2）在标题栏单击鼠标右键，在弹出的快捷菜单中选择“关闭”命令。

3）使用快捷键〈Alt+F4〉。

第一次使用 MATLAB 2020，将进入其默认的工作界面，如图 1-1 所示。

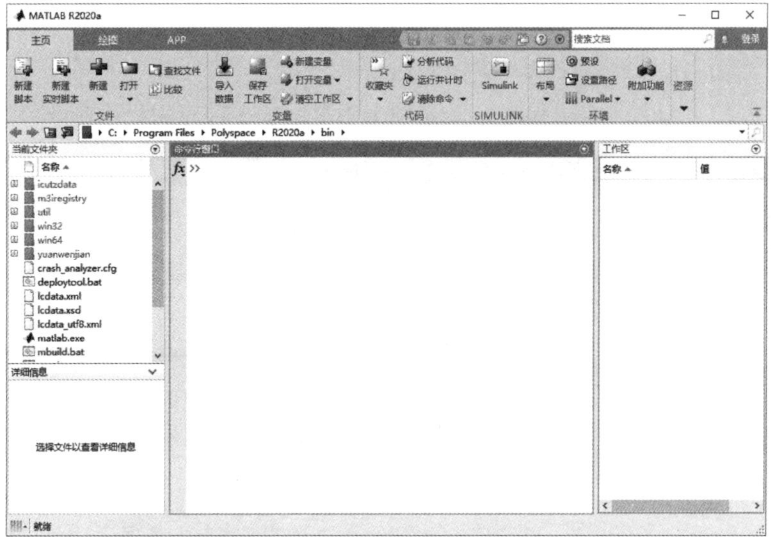

图 1-1　MATLAB 默认的工作界面

1.2 MATLAB 2020 的操作环境

本节通过介绍 MATLAB 2020 的工作环境界面，使读者初步认识该软件的相关窗口，并掌握其操作方法。

MATLAB 2020 的工作界面形式简洁，主要由功能区、工具栏、当前文件夹窗口（Current Folder）、命令行窗口（Command Window）、工作区窗口（Workspace）和命令历史记录窗口（Command History）等组成。

1.2.1 功能区

MATLAB 2020 有别于传统的菜单栏形式，以功能区的形式显示应用命令。将所有的功能命令分门别类放置在 3 个选项卡中，下面分别介绍这 3 个选项卡。

1. “主页”选项卡

在标题栏下方的“主页”选项卡中显示了基本的文件操作、变量和路径设置等命令，如图 1-2所示。

图 1-2 “主页”选项卡

2. “绘图”选项卡

在标题栏下方的“绘图”选项卡中显示了关于图形绘制的编辑命令，如图 1-3 所示。

图 1-3 “绘图”选项卡

3. “APP（应用程序）”选项卡

在标题栏下方的“APP（应用程序）”选项卡中显示了多种应用程序命令，如图 1-4 所示。

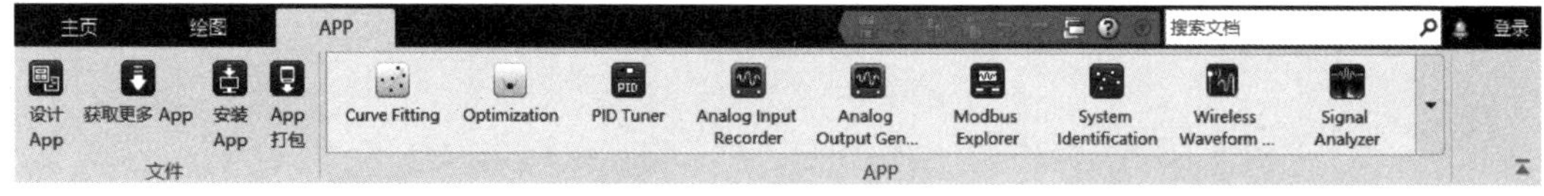

图 1-4 “APP（应用程序）”选项卡

1.2.2 工具栏

工具栏位于功能区上方和下方，以图标按钮方式汇集了常用的操作命令，如图 1-5 所示。

图 1-5 工具栏

工具栏中部分常用按钮的功能如下。

◆ 保存 M 文件。
◆ 、 、 ：剪切、复制或粘贴已选中的对象。
◆ 、 ：撤销或恢复上一次操作。
◆ ：切换窗口。
◆ ：打开 MATLAB 帮助系统。
◆ ：向前、向后、向上一级、浏览路径文件夹。
◆ ▸ C: ▸ Program Files ▸ Polyspace ▸ R2020a ▸ bin ▸ ：当前路径设置栏。
◆ ：在当前文件夹及子文件夹中搜索。

MATLAB 2020 主窗口的左下角有一个与计算机操作系统类似的按钮，单击该按钮，选择下拉菜单中的 Parallel preferences 命令，可以在打开的如图 1-6 所示的“预设项”窗口中对各种 MATLAB 工具的首选项进行设置。

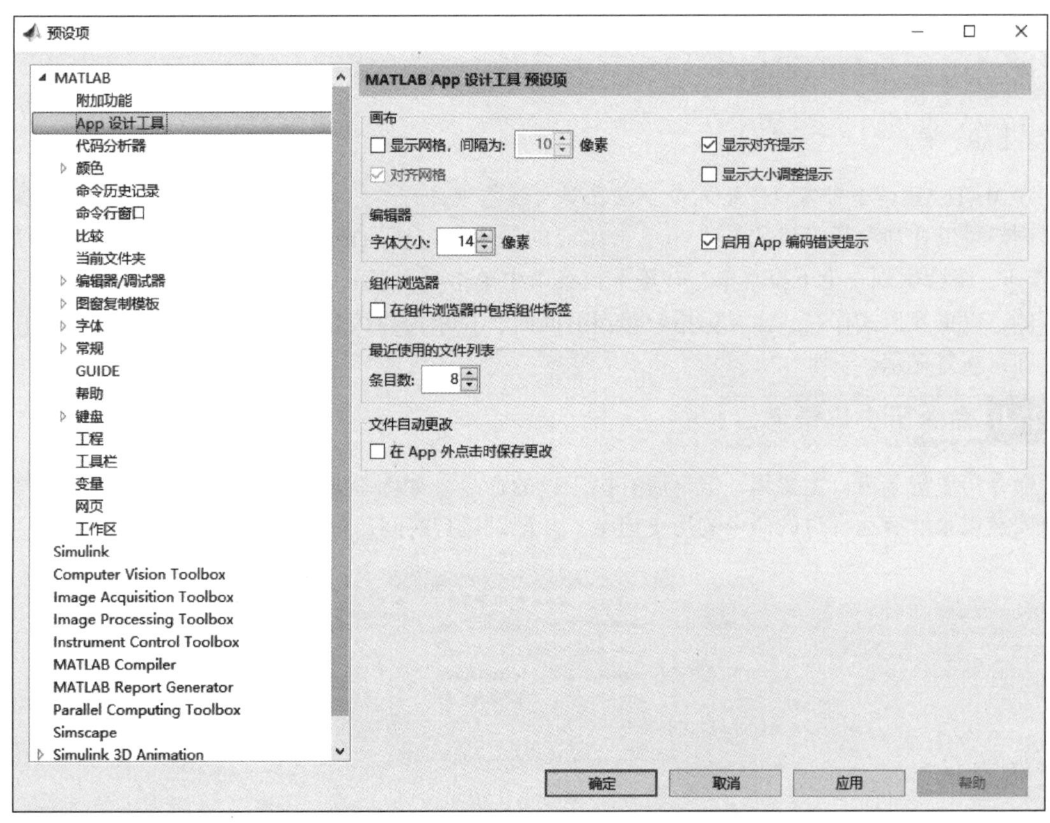

图 1-6 “预设项”窗口

1.2.3 命令行窗口

命令行窗口如图 1-7 所示。在该窗口中可以进行各种计算操作，也可以使用命令打开各种 MATLAB 工具，还可以查看各种命令的帮助说明等。

其中，“>> ”为运算提示符，表示 MATLAB 处于准备就绪状态。如在提示符后输入一条命令或一段程序后按〈Enter〉键，MATLAB 将给出相应的结果，并将结果保存在工作区管理窗口

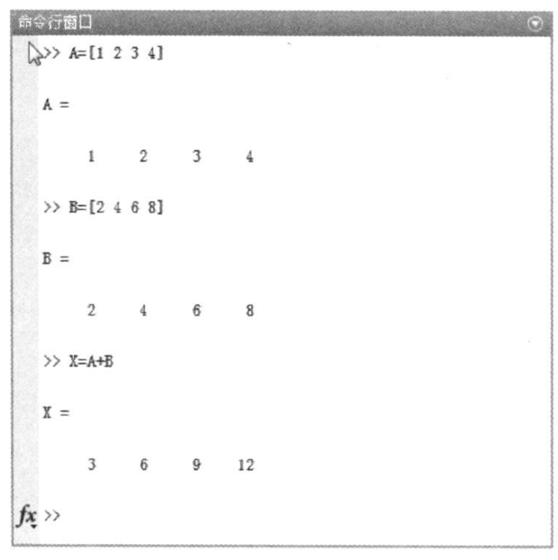

图 1-7　命令行窗口

中，然后再次显示一个运算提示符。

注意：

在 MATLAB 命令行窗口中输入命令应在英文状态下进行。

用户可以在命令行窗口的右上角单击相应的最大化、还原或关闭窗口按钮。单击右上角的按钮，将会出现一个下拉菜单。在该下拉菜单中单击按钮，可将命令行窗口最小化到主窗口左侧，以页签形式存在，当鼠标指针移到上面时，显示窗口内容。单击下拉菜单中的按钮，即可恢复显示。

1.2.4 命令历史记录窗口

命令历史记录窗口主要用于记录所有执行过的命令，如图 1-8 所示。在默认条件下，它会保存自安装以来所有运行过的命令的历史记录，并记录运行时间，以方便查询。

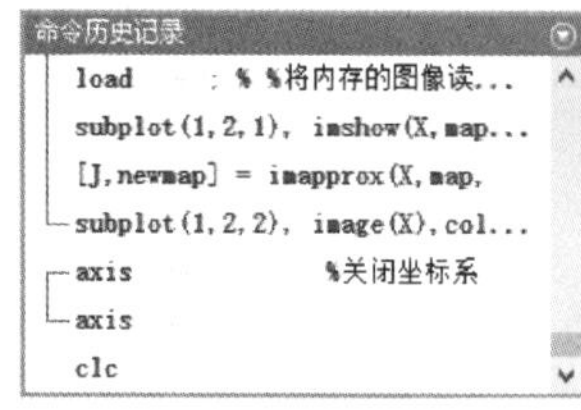

图 1-8　命令历史记录窗口

在命令历史记录窗口中双击某一命令，命令行窗口中将执行该命令。

1.2.5 当前文件夹窗口

当前文件夹窗口如图 1-9 所示，可显示或改变当前目录，以及查看当前目录下的文件。

单击按钮，在弹出的下拉菜单中可以执行常用的操作。例如，在当前目录下新建文件或文件夹（还可以指定新建文件的类型）、生成文件分析报告、查找文件、显示/隐藏文件信息、将当前目录按某种指定方式排序和分组等。图 1-10 所示是对当前目录中的代码进行分析，提出一些程序优化建议并生成报告。

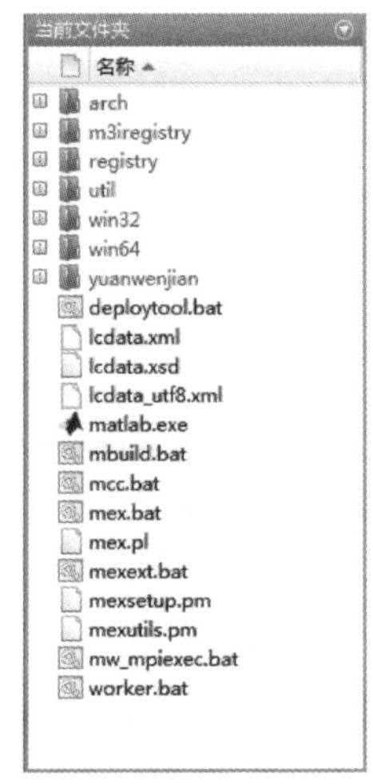

图 1-9 当前文件夹窗口

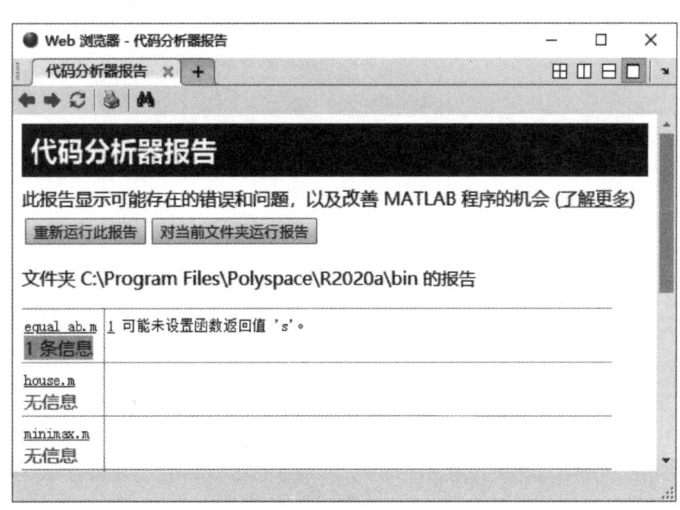

图 1-10 代码分析器报告

1.2.6 工作区窗口

工作区窗口如图 1-11 所示。它可以显示目前内存中所有的 MATLAB 变量名、数据结构、字节数与类型。不同的变量类型有不同的变量名图标。

1.2.7 图形窗口

在 MATLAB 命令行窗口中输入命令 figure，按〈Enter〉键打开如图 1-12 所示的图形窗口。

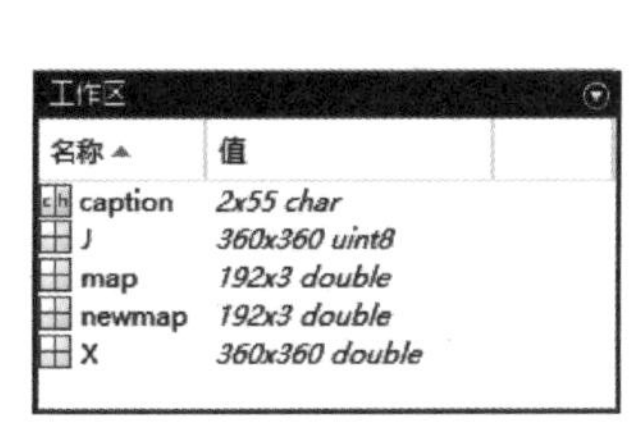

图 1-11 工作区窗口

图 1-12 图形窗口

下面是对如图 1-13a 所示的图形窗口中工具条的详细说明。

- ◆ ：新建一个图形窗口，该窗口不会覆盖当前的图形窗口，编号紧接着当前窗口最后一个。
- ◆ ：打开图形窗口文件（扩展名为 .fig）。
- ◆ ：将当前的图形以 .fig 文件的形式保存到用户所希望的目录下。
- ◆ ：打印图形。
- ◆ ：链接/取消链接绘图。单击该图标按钮，弹出如图 1-13b 所示的窗口，用于指定数据源属性。一旦在变量与图形之间建立了实时链接，对变量的修改将即时反映到图形上。

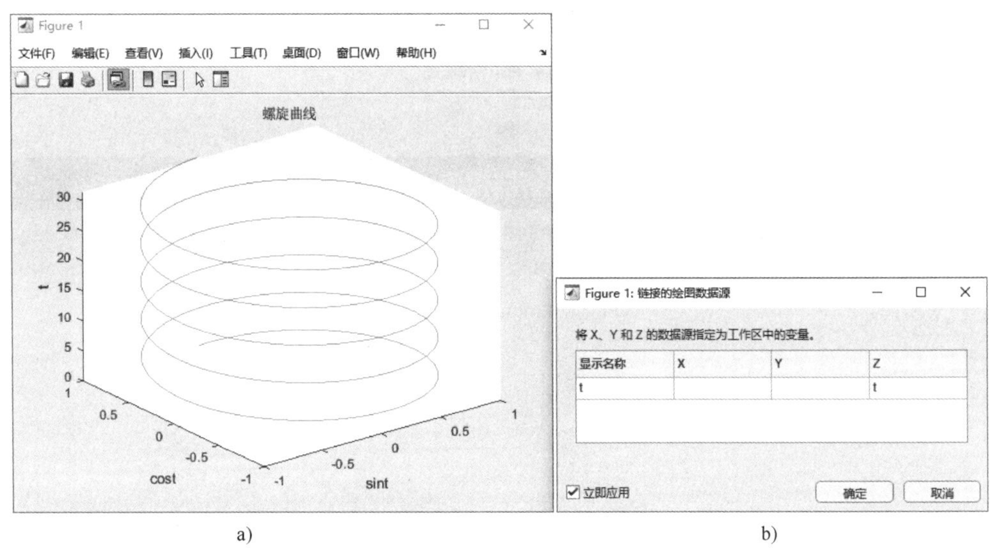

a) b)

图 1-13 链接绘图

- ◆ ：插入颜色栏。单击此图标按钮后会在图形的右边出现一个色轴，这给用户在编辑图形色彩时带来很大的方便。
- ◆ ：此图标按钮用来给图形添加标注。单击此图标按钮后，会在图形的右上角显示图例，双击框内数据名称所在的区域，可以将 t 改为读者所需要的数据。
- ◆ ：编辑绘图。单击此图标按钮后，用鼠标双击图形对象，打开“属性检查器”对话框，可以对图形进行相应的编辑。
- ◆ ：此图标按钮用来打开“属性检查器”对话框。

将鼠标指针移到绘图区，绘图区右上角显示一个工具条，如图 1-14 所示。

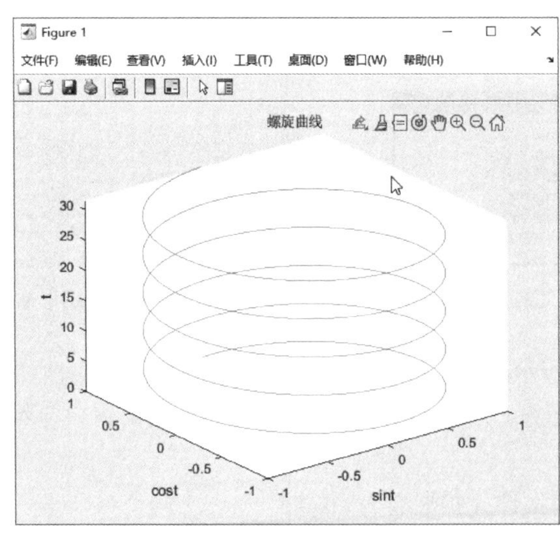

图 1-14 显示编辑工具

- ◆ ：将图形另存为图片，或者复制为图像或向量图。
- ◆ ：选中此工具后，在图形上按住鼠标左键拖动，所选区域将默认以红色刷亮显示，如

图 1-15 所示。单击该图标按钮右侧的下三角形，在打开的颜色表中可以选择标记颜色。

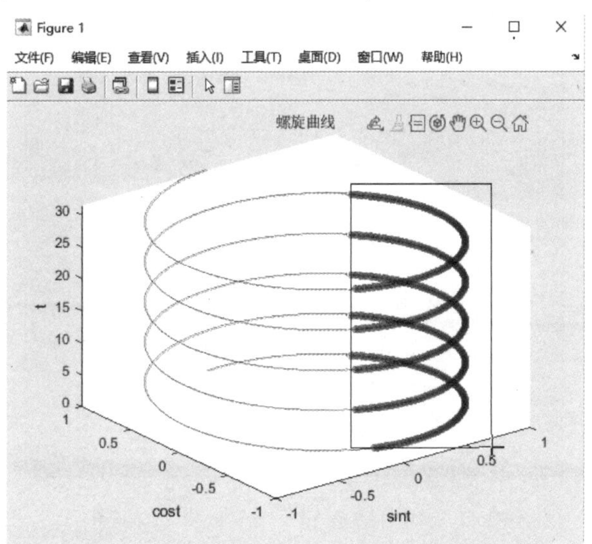

图 1-15 刷亮/选择数据

◆ ▤：数据提示。单击此图标按钮后，光标会变为空心十字形状✣。单击图形的某一点，显示该点在所在坐标系中的坐标值，如图 1-16 所示。

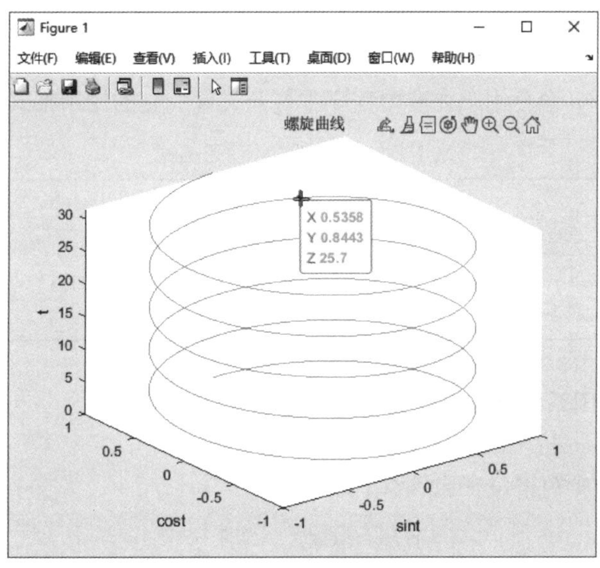

图 1-16 数据提示

◆ ⊚：单击此图标按钮后，按住鼠标左键进行拖动，可以将三维图形进行旋转操作，以便用户找到需要的观察位置。例如，在三维螺旋线上单击⊚图标按钮后，按住鼠标左键向下移动到一定位置，会出现如图 1-17 所示的螺旋线的俯视图。

◆ ⊕：放大图形窗口中的整个图形或图形的一部分。

◆ ⊖：缩小图形窗口中的图形。

◆ ⌂：将视图还原到缩放、平移之前的状态。

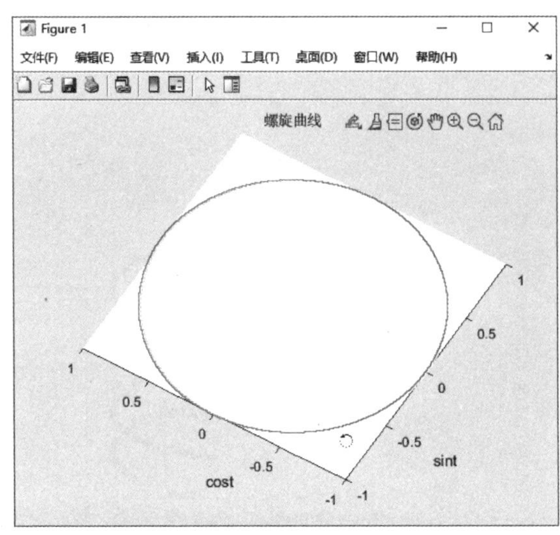

图 1-17　螺旋线的俯视图

◆ 🖐：按住鼠标左键平移图形。

1.2.8 文件管理

本小节介绍有关文件管理的一些基本操作方法，包括新建文件、保存文件等，这些都是应用 MATLAB 最基础的知识。

1. 打开文件

在 MATLAB 中，open 命令用于在应用程序中打开文件，它的使用格式见表 1-1。

表 1-1　open 命令的使用格式

命令格式	说　明
open name	在适当的应用程序中打开指定的文件或变量
A=open（name）	如果 name 是 MAT 文件，将返回结构体；如果 name 是图形窗口，则返回图形窗口句柄。否则，open 将返回空数组

在 MATLAB 中 open 命令打开的文件类型见表 1-2。

执行上述命令后，则系统自动打开文件。

例 1-1：打开名为 shuzhi.txt 的 .txt 文件。

解：在 MATLAB 命令行窗口中输入以下命令。

```
>> open shuzhi.txt          % 将文件路径设置为当前路径
```

运行结果如图 1-18 所示。

表 1-2　文件类型

.m 或 .mlx	在 MATLAB 编辑器中打开代码文件
.mat	使用语法 A=open（name）调用时，返回结构体 A 中的变量
.fig	在图形窗口中打开图形窗口
.mdl 或 .slx	在 Simulink ©中打开模型
.prj	在 MATLAB Compiler 部署工具中打开工程
.doc *	在 Microsoft © Word 中打开文档

（续）

. exe	运行可执行文件（仅在 Windows ©系统上）
. pdf	在 Adobe © Acrobat ©中打开文档
. ppt *	在 Microsoft PowerPoint ©中打开文档
. xls *	启动 MATLAB 导入向导
. htm 或 . html	在 MATLAB 浏览器中打开文档
. slxc	打开 Simulink 缓存文件的报告文件

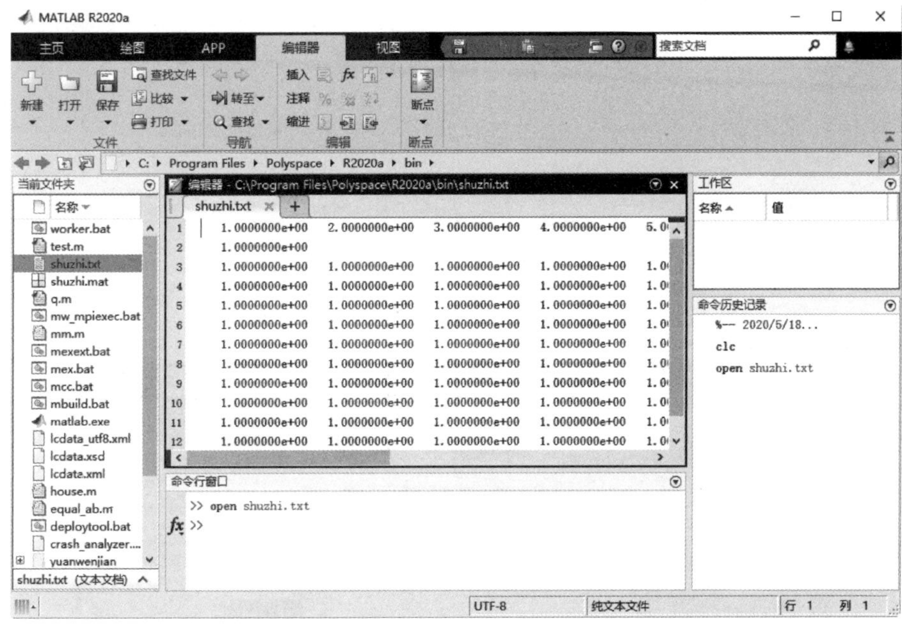

图 1-18　打开文件

例 1-2：打开 JPG 文件。

解：在 MATLAB 命令行窗口中输入以下命令。

```
>> open huaping.jpg        % 将 JPG 文件路径设置为当前路径
```

执行上述命令后，弹出“导入向导”窗口，如图 1-19 所示。单击“完成”按钮，在工作区显示通过 JPG 文件创建的变量，存储到工作区，方便应用，结果如图 1-20 所示。

2. 加载文件

在 MATLAB 中，load 命令用于将文件变量加载到工作区中，它的使用格式见表 1-3。

表 1-3　load 命令的使用格式

命令格式	说　明
load（filename）	从 filename 加载数据
load（filename，variables）	加载 MAT 文件 filename 中的指定变量
load（filename，'-ascii'）	将 filename 视为 ASCII 文件，而不管文件扩展名如何
load（filename，'-mat'）	将 filename 视为 MAT 文件，而不管文件扩展名如何
load（filename，'-mat'，variables）	加载 filename 中的指定变量
S=load（…）	使用前面语法组中的任意输入参数将数据加载到 S 中
load filename	从 filename 加载数据。使用空格（而不是逗号）分隔各个输入项

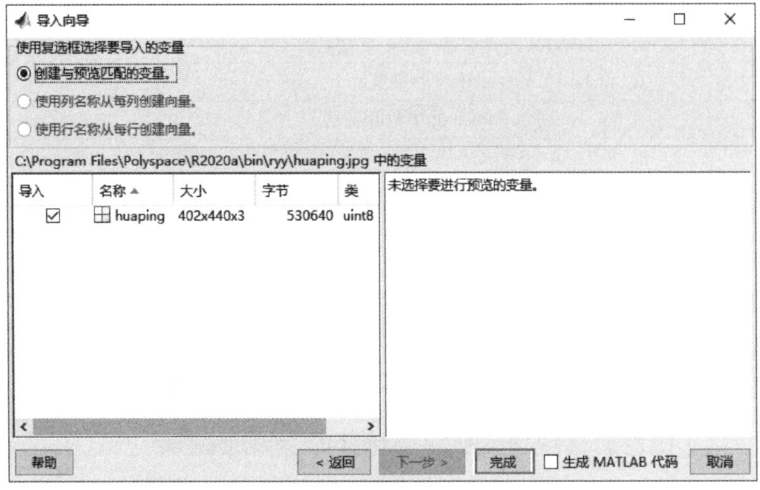

图 1-19 “导入向导”窗口

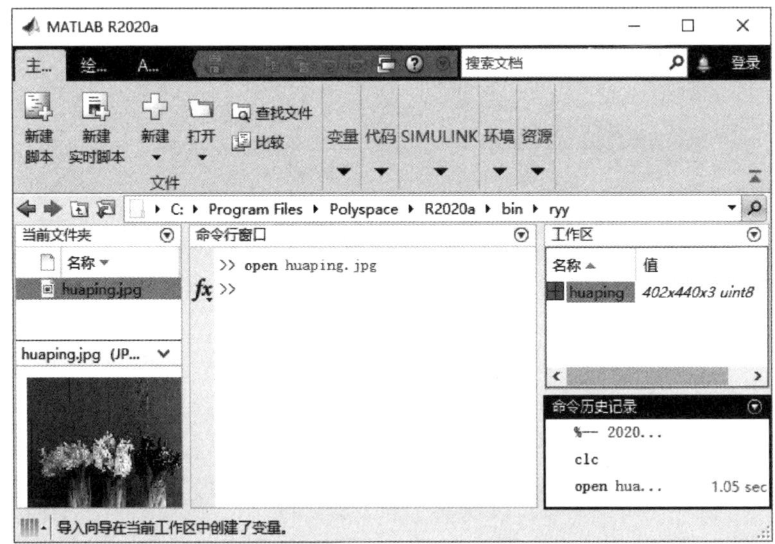

图 1-20 存储变量

执行上述命令后，则系统自动加载文件。

例 1-3：加载名为 wind. mat 的文件，这些语句是等效的。

解：在 MATLAB 命令行窗口中输入以下命令。

```
>> load wind                          % 命令格式,如图 1-21 所示
>> load('wind')或 load('wind.mat')    %函数格式,如图 1-22 所示
```

例 1-4：加载数据集中的变量。

解：在 MATLAB 命令行窗口中输入以下命令。

```
>> load spine.mat      % 命令格式加载 mat 文件中的数据,如图 1-23 所示
>> imshow(X,map)       % 显示加载数据对应的图像
```

运行结果如图 1-24 所示。

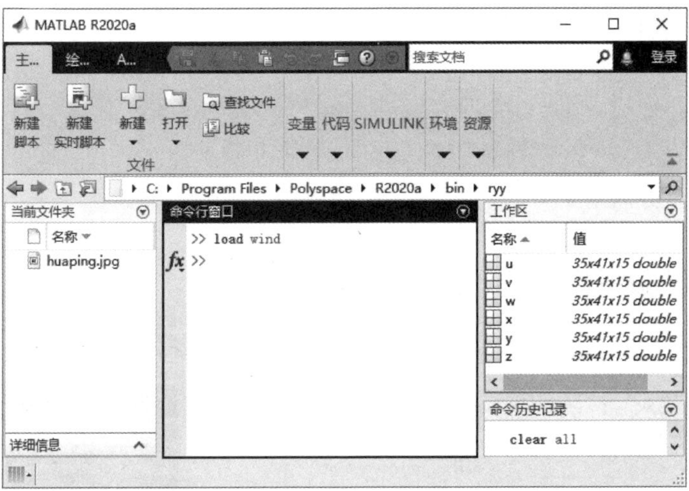

图 1-21 执行命令格式

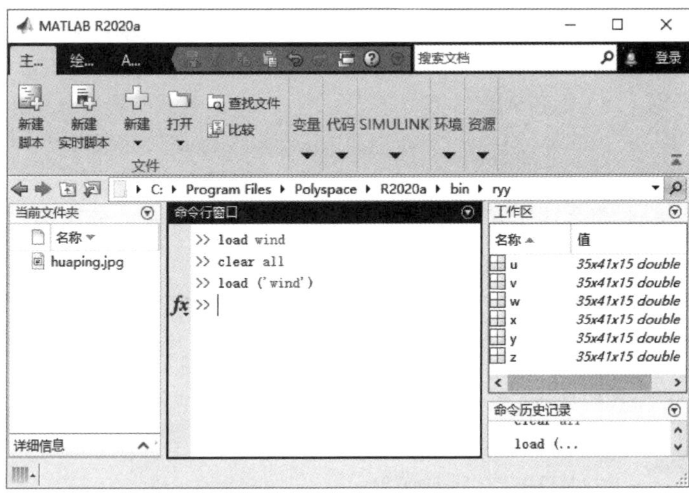

图 1-22 执行函数格式

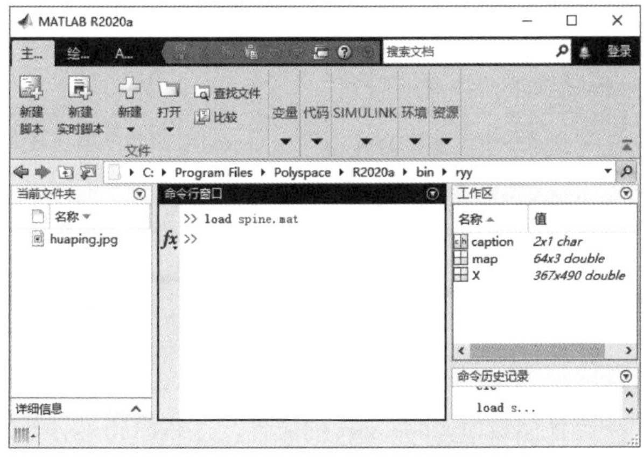

图 1-23 加载数据

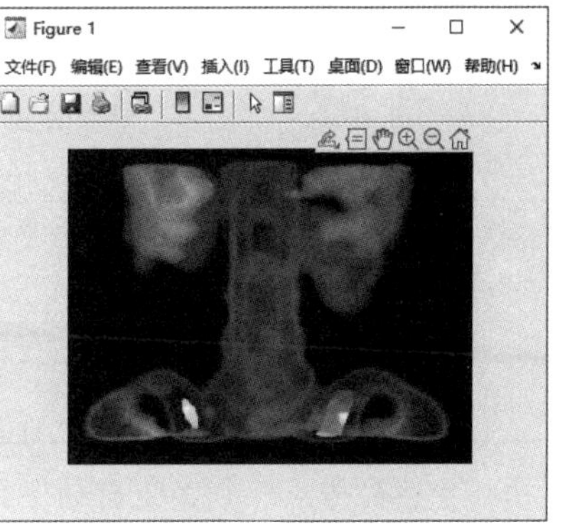

图 1-24 显示图像

例 1-5：加载数据中的变量。

解：在 MATLAB 命令行窗口中输入以下命令。

```
>> load spine X          % 命令格式加载 mat 文件中的变量 X,如图 1-25 所示
>> image(X)              % 命令格式,显示加载数据对应的图像
```

运行结果如图 1-26 所示。

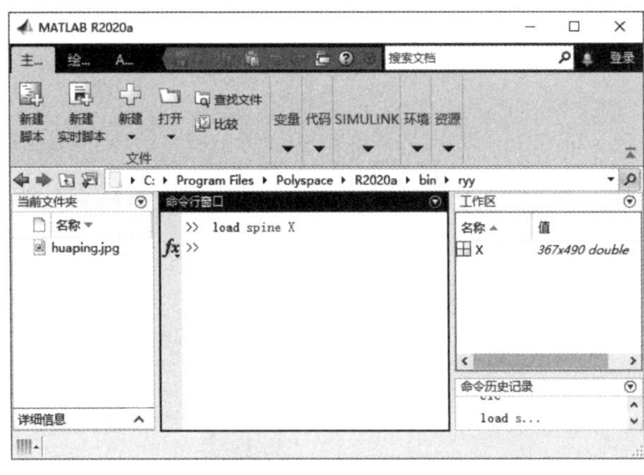

图 1-25　加载数据

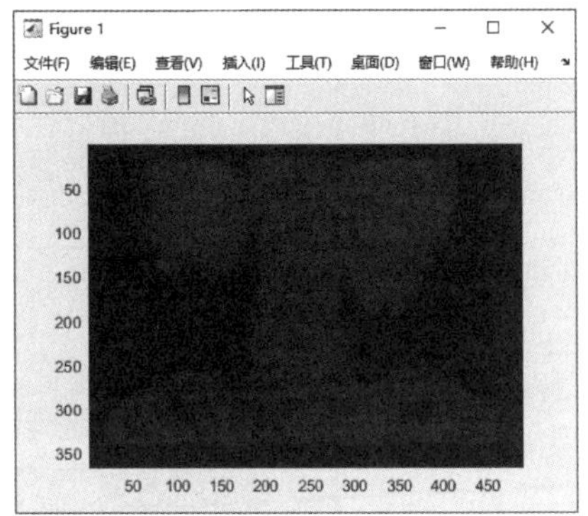

图 1-26　显示图像

3. 保存文件

在 MATLAB 中，save 命令用于将工作区变量保存到文件中，它的使用格式见表 1-4。

表 1-4　save 命令的使用格式

命 令 格 式	说　　明
save（filename）	将当前工作区中的所有变量保存在 MATLAB ©格式的二进制文件（MAT 文件）filename 中。如果 filename 已存在，save 会覆盖该文件
save（filename，variables）	将 variables 指定的结构体数组的变量或字段保存在 MATLAB ©格式的二进制文件（MAT 文件）filename 中
save（filename，variables，fmt）	保存为 fmt 指定的文件格式
save（filename，variables，version）	保存为 version 指定的 MAT 文件版本
save（filename，variables，version，'-nocompression'）	将变量保存到 MAT 文件，而不压缩。-nocompression 标志仅支持 7.3 版的 MAT 文件。因此，用户必须将 version 指定为“-v7.3”
save（filename，variables，'-append'）	将新变量添加到一个现有文件中。对于 ASCII 文件，-append 会将数据添加到文件末尾
save（filename，variables，'-append'，'-nocompression'）	将新变量添加到一个现有文件中，而不进行压缩。现有文件必须是 7.3 版的 MAT 文件
save filename	无需输入括号或者将输入括在单引号或双引号内。使用空格（而不是逗号）分隔各个输入项

执行上述命令后，则系统自动保存文件。要保存名为 mode.mat 的文件，这些语句是等效的。

```
>> save mode.mat        % 命令格式
>> save('mode.mat')     % 函数格式
```

要保存名为 *X* 的变量。

```
>> save mode.mat X          % 命令格式
>> save('mode.mat','X')     % 函数格式
```

例 1-6：保存变量文件。

解：MATLAB 程序如下。

```
>> A=1:10;                          % 创建向量 A
>> B=1+2i;                          % 创建复数 B
>> C=ones(10);                      % 创建 10 阶全 1 矩阵 C
>> save('shuzhi.mat','A','B','C')   % 将这些变量保存到当前文件夹中的文件 shuzhi.mat 中
>> save shuzhi.txt A B C -ascii     % 将这些变量保存到当前文件夹中的文件 shuzhi.txt 中
警告：复数变量'B'的虚部未保存到 ASCII 文件
```

在当前文件夹下显示创建的 shuzhi. mat 文件和 shuzhi. txt 文件，如图 1-27 所示。

图 1-27　保存文件

1.2.9 使用帮助

MATLAB 中的帮助系统非常完善，这与其他科学计算软件相比是一个突出的特点，要熟练掌握 MATLAB，就必须熟练掌握 MATLAB 帮助系统的应用。所以，用户在学习 MATLAB 的过程中，理解、掌握和熟练应用 MATLAB 帮助系统是非常重要的。

1. 联机帮助系统

选中如图 1-28 所示的“帮助”下拉菜单的前三项中的任何一项，均可打开 MATLAB 联机帮助系统窗口。

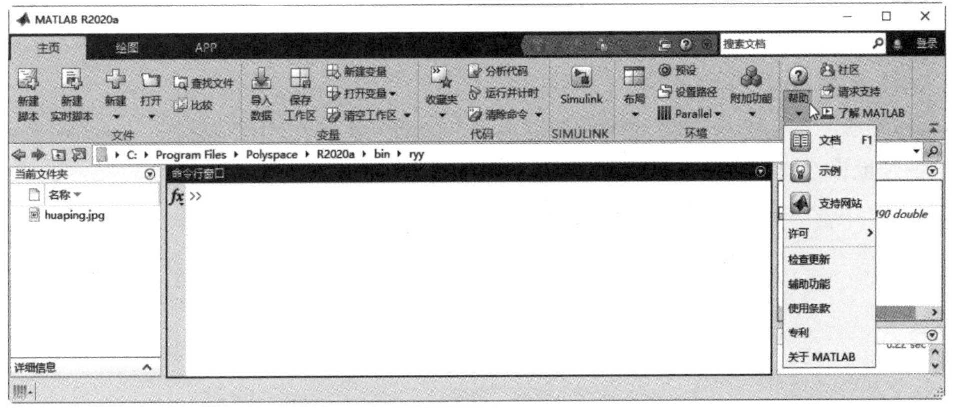

图 1-28　“帮助”下拉菜单

除此之外，进入联机帮助系统的方法还有以下两种。

1）单击 MATLAB 主窗口的 ? 按钮。

2）在命令行窗口执行 doc 命令。

联机帮助窗口如图 1-29 所示。在窗口上面的搜索文档文本框中输入想要查询的内容，下面将显示所对应的帮助内容。

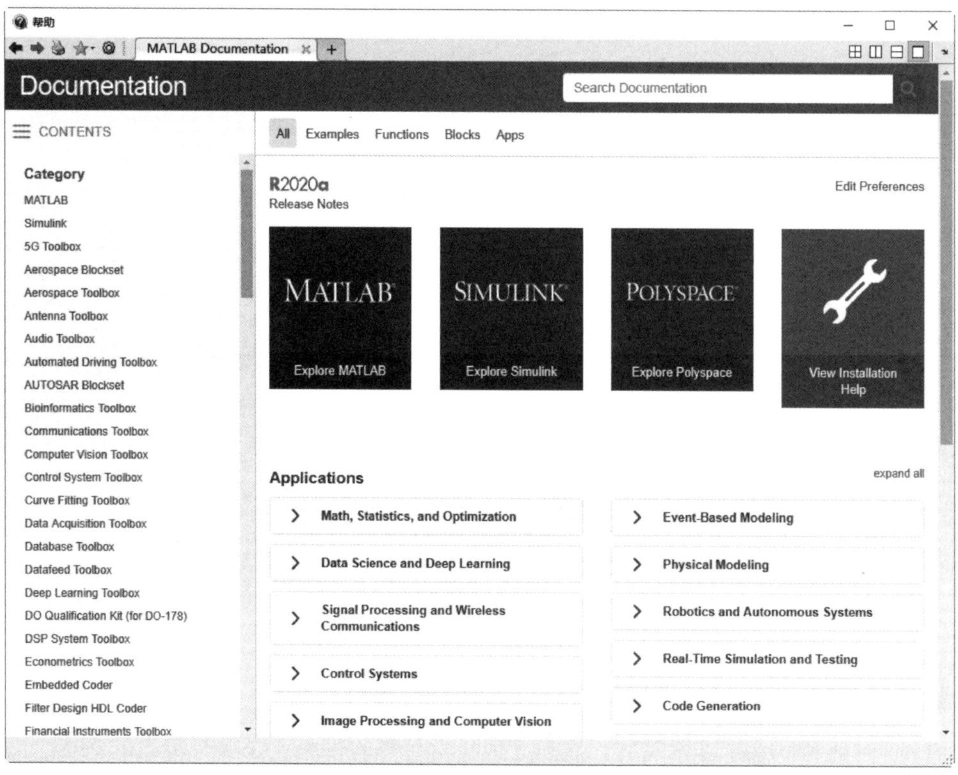

图 1-29 联机帮助窗口

2. 帮助命令

为了使用户更快捷地获得帮助，MATLAB 提供了一些帮助命令，包括 help 系列、lookfor 命令和其他常用的帮助命令。

(1) help 系列命令

help 系列的帮助命令有 help，help+函数（类）名，helpwin 和 helpdesk，其中后两个是用来调用 MATLAB 联机帮助窗口的。

1) help 命令　help 命令是最常用的帮助命令。在命令行窗口中直接输入 help 命令将会显示最近使用的帮助命令（图 1-30），或打开在线帮助文档，进入帮助中心。

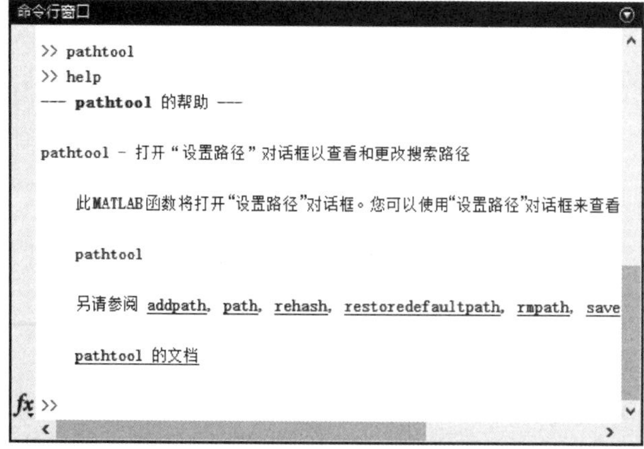

图 1-30 显示帮助信息

2）help+函数（类）名　假如准确知道所要求助的主题词或指令名称，使用 help+函数（类）名是获得在线帮助的最简单有效的途径。在平时的使用中，该命令是最实用的，能解决用户在使用过程中碰到的问题。调用格式如下。

```
>> help 函数(类)名
```

例 1-7：查询 eig 函数。

解：MATLAB 程序如下。

```
>> helpeig
eig -特征值和特征向量

    此 MATLAB 函数返回一个列向量，其中包含方阵 A 的特征值

    e=eig(A)
    [V,D]=eig(A)
    [V,D,W]=eig(A)
    e=eig(A,B)
    [V,D]=eig(A,B)
    [V,D,W]=eig(A,B)
    [___]=eig(A,balanceOption)
    [___]=eig(A,B,algorithm)
    [___]=eig(___,eigvalOption)

另请参阅 balance,condeig,eigs,hess,qz,schur

    eig 的文档
    名为 eig 的其他函数
```

（2）lookfor 函数

如果知道某个函数的函数名但是不知道该函数的具体用法，help 系列命令足以解决这些问题。然而，用户在很多情况下并不知道某个函数的确切名称，这时候就需要用到 lookfor 命令。lookfor 命令可以用来查询根据用户提供的关键字搜索到的相关函数。

例 1-8：搜索随机矩阵函数。

解：MATLAB 程序如下。

```
>> lookfor rand
qmult       -Pre-multiply matrix by random orthogonal matrix.
randcolu    -Random matrix with normalized columns and specified singular values.
randcorr    -Random correlation matrix with specified eigenvalues.
randhess    -Random,orthogonal upper Hessenberg matrix.
...
```

执行 lookfor 命令后，它对 MATLAB 搜索路径中的每个 M 文件的注释区的第一行进行扫描，发现此行中包含有所查询的字符串，则将该函数名和第一行注释全部显示在屏幕上。当然，用户也可以在自己的文件中加入在线注释，建议最好加入。

(3) 其他的帮助命令

MATLAB 中其他的常用查询帮助命令如下。

◆ Who：内存变量列表。
◆ Whos：内存变量详细信息。
◆ What：目录中的文件列表。
◆ Which：确定文件位置。
◆ Exist：变量检验函数。

3. 联机演示系统

除了可在使用时查询帮助，对于 MATLAB 或某个工具箱的初学者，最好的学习办法是查看它的联机演示系统。MATLAB 一向重视演示软件的设计，因此无论是 MATLAB 旧版还是新版，都随带各自的演示程序。只是，新版内容更丰富了。

选择 MATLAB 主窗口菜单的“帮助”→“示例”命令，或者直接在命令行窗口中输入 demos，将进入 MATLAB 帮助系统的主演示页面，如图 1-31 所示。

左边是类别选项，右边是对应类别中的示例超链接，单击某个示例超链接即可进入具体的演示界面。例如，示例“在 MATLAB 中使用 tall 数组分析大数据”的演示界面如图 1-32 所示。

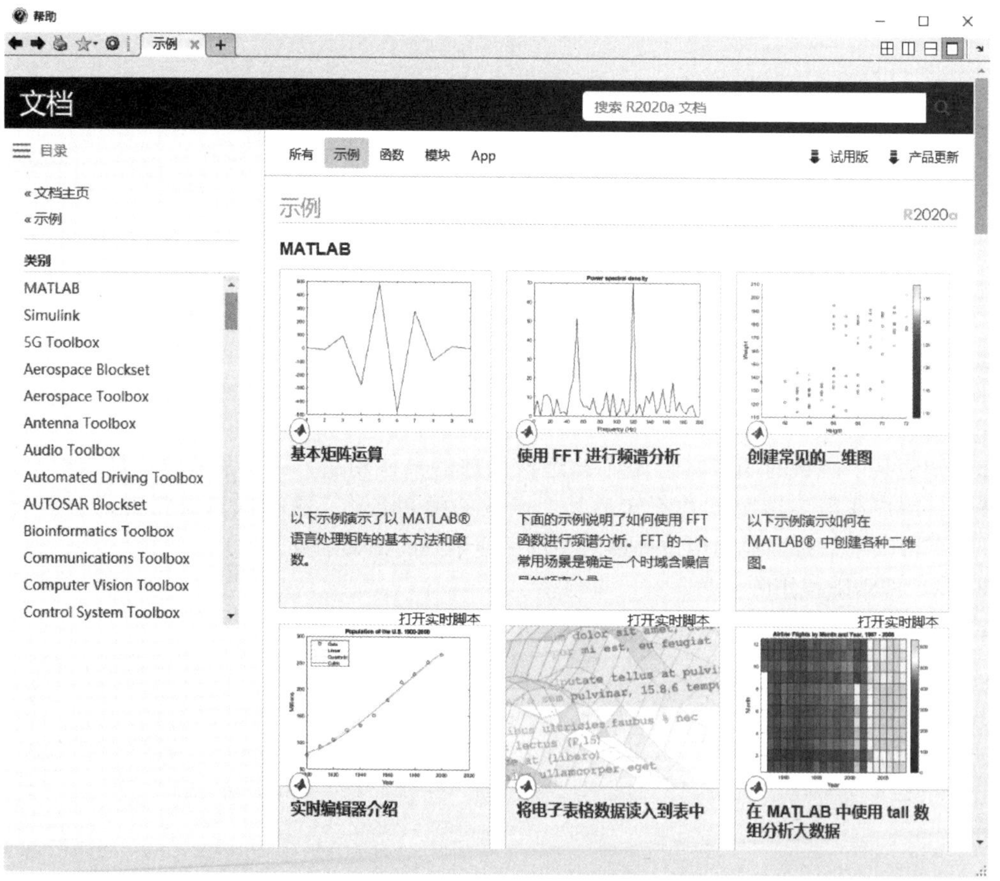

图 1-31　MATLAB 主演示页面

单击演示界面上的“打开实时脚本”按钮，将在实时编辑器中打开该示例。运行该示例可以显示演示结果。

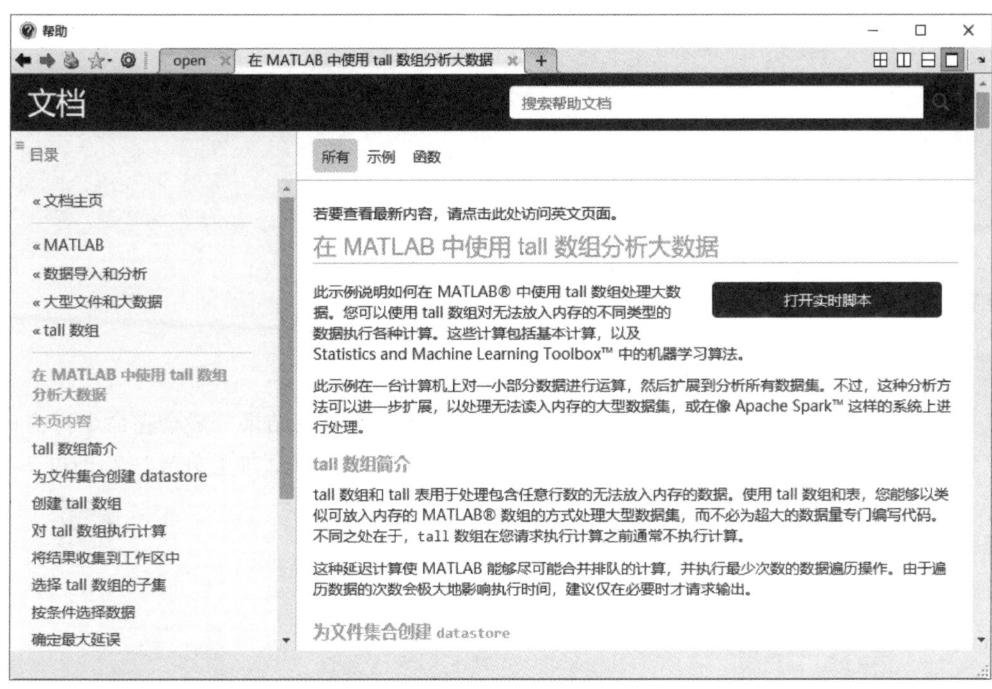

图 1-32　具体演示界面

1.3　数据类型

强大的计算功能是 MATLAB 软件的特点，也是 MATLAB 软件的基础。MATLAB 包括各种各样的数据类型，主要包括：数值、字符串、向量、矩阵、单元型数据及结构型数据。

1.3.1 变量与常量

1. 变量

变量是任何程序设计语言的基本元素之一，MATLAB 语言当然也不例外。与常规的程序设计语言不同的是，MATLAB 并不要求事先对所使用的变量进行声明，也不需要指定变量类型，MATLAB 语言会自动依据所赋予变量的值或对变量所进行的操作来识别变量的类型。在赋值过程中，如果赋值变量已存在，则 MATLAB 将使用新值代替旧值，并以新值类型代替旧值类型。在 MATLAB 中变量的命名应遵循如下规则。

1）变量名必须以字母开头，之后可以是任意的字母、数字或下画线。

2）变量名区分字母的大小写。

3）变量名不超过 31 个字符，第 31 个字符以后的字符将被忽略。

与其他的程序设计语言相同，在 MATLAB 语言中也存在变量作用域的问题。在未加特殊说明的情况下，MATLAB 语言将所识别的一切变量视为局部变量，即仅在其使用的 M 文件内有效。若要将变量定义为全局变量，则应当对变量进行说明，即在该变量前加关键字 global。一般来说，全局变量均用大写的英文字符表示。

例 1-9：定义变量。

解：MATLAB 程序如下。

```
>> x                          % 输入字符
函数或变量 'x' 无法识别。       % 运行结果显示变量未定义
>> global x                   % 为变量 x 定义全局变量
>> x
x=
    []                        % 显示定义后的变量运行结果
```

2. 赋值

MATLAB 赋值语句有以下两种格式。

1）变量=表达式。

2）表达式。

其中，表达式是用运算符将有关运算量连接起来的句子。运算结果一般会在命令行窗口中显示出来，若不想让 MATLAB 每次都显示运算结果，只需在运算式最后加上分号";" 即可。

例 1-10：数值赋值。

解：MATLAB 程序如下。

```
>> 145* 25
ans=
        3625
>> x=145* 25   % 将数字的值赋给变量,此变量称为数值变量
x=
    3625
```

例 1-11：给 x 赋值。

解：MATLAB 程序如下。

```
>> x=1
x=
    1
>> x=12
x=
   12
>> x
x=
   12
```

3. 预定义的变量

MATLAB 语言本身也具有一些预定义的变量，经常使用的一些特殊变量见表 1-5。

例 1-12：显示圆周率 pi 的值。

解：MATLAB 程序如下。

```
>> pi
ans=
  3.1416
```

这里 ans 是指当前的计算结果，若计算时用户没有对表达式设定变量，系统会自动将当前结果赋给 ans 变量。

在定义变量时应避免与常量名相同，以免改变这些常量的值。如果已经改变了某个常量的值，可以通过“clear+常量名”命令恢复该常量的初始设定值。当然，重新启动 MATLAB 也可以恢复这些常量值。

表 1-5　MATLAB 中的特殊变量

变量名称	变量说明
ans	MATLAB 中默认变量
pi	圆周率
eps	浮点运算的相对精度
inf	无穷大，如 1/0
NaN	不定值，如 0/0、∞/∞、0*∞
i (j)	复数中的虚数单位
realmin	最小正浮点数
realmax	最大正浮点数

例 1-13：显示实数与复数的值。

解：MATLAB 程序如下。

```
>> 3                  % 显示实数
ans=
    3
>> i                  % 显示复数
ans=
  0.0000+1.0000i
>> 3i
ans=
  0.0000+3.0000i
>> 3+i
ans=
  3.0000+1.0000i
```

例 1-14：重定义变量 pi 的值。

解：MATLAB 程序如下。

```
>> pi=1;              % 预定义的变量 pi 重新赋值
>> clear pi           % 恢复变量 pi 的值
>> pi                 %显示变量 pi 的值
ans=
   3.1416
```

1.3.2 数据的显示格式

一般而言，在 MATLAB 中数据的存储与计算都是以双精度进行的，但有多种显示形式。在默认情况下，若数据为整数，就以整数表示；若数据为实数，则以保留小数点后 4 位的精度近似表示。

用户可以改变数字显示格式。控制数字显示格式的命令是 format，其调用格式见表 1-6。

例 1-15：控制数字显示格式。

解：MATLAB 程序如下。

```
>> formatlong,pi   % 将常量 pi 的格式设置为长固定十进制小数点格式,小数点后包含 15 位有效数字
ans =
  3.141592653589793
>> formatshort,pi %将常量 pi 的格式设置为短固定十进制小数点格式,小数点后包含 4 位有效数字
ans =
    3.1416
>> formatrat,pi     % 以有理数形式输出常量 pi
ans =
    355/113
>> format           % 将输出格式重置为默认值
```

表 1-6　format 调用格式

调用格式	说　明
format short	默认的格式设置，短固定十进制小数点格式，小数点后包含 4 位数
format long	长固定十进制小数点格式，double 值的小数点后包含 15 位数，single 值的小数点后包含 7 位数
formatshortE	短科学记数法，小数点后包含 4 位数
formatlongE	长科学记数法，double 值的小数点后包含 15 位数，single 值的小数点后包含 7 位数
formatshortG	使用短固定十进制小数点格式或科学记数法中更紧凑的一种格式，总共 5 位
formatlongG	使用长固定十进制小数点格式或科学记数法中更紧凑的一种格式
formatshortEng	短工程记数法，小数点后包含 4 位数，指数为 3 的倍数
formatlongEng	长工程记数法，包含 15 位有效位数，指数为 3 的倍数
format hex	16 进制格式表示
format+	在矩阵中，用符号 “+” “-” 和空格表示正号、负号和零
format bank	货币格式，小数点后包含 2 位数
format rat	以有理数形式输出结果
format compact	输出结果之间没有空行
format loose	输出结果之间有空行
format	将输出格式重置为默认值，即浮点表示法的短固定十进制小数点格式和适用于所有输出行的宽松行距

1.3.3 算术运算符

MATLAB 语言的算术运算符见表 1-7。其中，算术运算符加、减、乘、除及乘方与传统意义上的加、减、乘、除及乘方类似，用法基本相同，而点乘、点乘方等运算有其特殊的一面。点运算是指元素点对点的运算，即矩阵内元素对元素之间的运算。点运算要求参与运算的变量在结构上必须是相似的。

MATLAB 的除法运算较为特殊。对于简单数值而言，算术左除与算术右除也不同。算术右除与传统的除法相同，即 $a/b=a\div b$；而算术左除则与传统的除法相反，即 $a\backslash b=b\div a$。对矩阵而言，

算术右除 A/B 相当于求解线性方程 $X * B=A$ 的解；算术左除 $A\backslash B$ 相当于求解线性方程 $A * X=B$ 的解。点左除与点右除与上面点运算相似，是变量对应于元素进行点除。

表 1-7 MATLAB 语言的算术运算符

运算符	定义
+	算术加
-	算术减
*	算术乘
.*	点乘
^	算术乘方
.^	点乘方
\	算术左除
.\	点左除
/	算术右除
./	点右除
'	矩阵转置。当矩阵是复数时，求矩阵的共轭转置
.'	矩阵转置。当矩阵是复数时，不求矩阵的共轭

例 1-16：计算 50 ÷ 15 + 15 × 6 − 8 的值。

解：MATLAB 程序如下。

```
>> a=50/15+15* 6-8
a=
  85.3333
>> format rat                % 以有理数形式输出结果
>> a
a=
    256/3
>> format hex                % 16 进制格式表示
>> a
a=
  4055555555555555
>> format short              % 5 位定点表示(默认值)
>> a
a=
  85.3333
```

1.3.4 数据类型函数

MATLAB 以矩阵为基本运算单元，而构成矩阵的基本单元是数据。为了帮助读者更好地学习和掌握矩阵的运算，本小节对数据的基本函数进行简单介绍。

MATLAB 常用的基本数学函数与三角函数见表 1-8。

表 1-8　基本数学函数与三角函数

名　称	说　明	名　称	说　明
+_*/	加、减、乘、除基本运算	^	平方运算
abs（x）	数量的绝对值或向量的长度	sqrt	平方根运算
sin（x）	正弦函数	sign（x）	符号函数（Signum function）。当 x<0 时，sign(x)= -1；当 x=0 时，sign(x)= 0；当 x>0 时，sign(x)= 1
cos（x）	余弦函数	asin（x）	反正弦函数
tan（x）	正切函数	acos（x）	反余弦函数
atan2（x，y）	四象限的反正切函数	atan（x）	反正切函数
sinh（x）	超越正弦函数	asinh（x）	反超越正弦函数
cosh（x）	超越余弦函数	acosh（x）	反超越余弦函数
tanh（x）	超越正切函数	atanh（x）	反超越正切函数
round（x）	四舍五入至最近整数	rats（x）	将实数 x 化为多项分数展开
rem	求两整数相除的余数	rat（x）	将实数 x 化为分数表示
fix（x）	无论正负，舍去小数至最近整数	ceil（x）	向正无穷大方向取整
floor（x）	向负无穷大方向取整		

例 1-17：计算乘方和开方。

解：MATLAB 程序如下。

```
>> x=95^3                   % 计算 95 的 3 次方
x=
       857375
>> y=sqrt(x)                % 计算 x 的平方根
y=
925.9455
```

当表达式比较复杂或重复出现的次数太多时，更好的办法是先定义变量，再由变量表达式计算得到结果。

例 1-18：计算复数函数。

解：MATLAB 程序如下。

```
>> x=3i                          % 定义复数 x
x=
  0.0000+3.0000i
>> angle(x)                      % 计算复数 x 的相位
ans=
    1.5708
>> abs(x)                        % 计算 x 的绝对值
ans=
    3
>> sin(x)                        % 计算关于 x 的正弦函数
ans=
  0.0000+10.0179i
```

第 2 章　MATLAB 基础知识

内容指南

MATLAB 语言最基本、最重要的功能就是进行向量、矩阵的运算，其所有的数值功能都是以矩阵为基本单元来实现的。图形与图像是将平面上的数据连接起来的平面图形，可以用向量或矩阵来提供数据点。

MATLAB 大量数据计算给图形图像提供了应用平台，这也是 MATLAB 有别于其他科学计算软件的地方，它实现了数据结果的可视化，具有强大的图形功能。

内容要点

- MATLAB 基本运算
- 可视化绘图
- 图像的基本操作

2.1　MATLAB 基本运算

MATLAB 中所有的数值功能都是以矩阵为基本单元进行的，其矩阵运算功能可谓是全面、强大。本节简要介绍数值计算与矩阵函数。

2.1.1 向量

在本书中不需要强调向量的特殊性时，向量和矩阵统称为矩阵（或数组）。向量可以看成是一种特殊的矩阵，因此矩阵的运算对向量同样适用。

向量的生成有直接输入法、冒号法和利用 MATLAB 函数创建三种方法。

1. 直接输入法

生成向量最直接的方法就是在命令行窗口中直接输入。格式上的要求如下。

1）向量元素需要用“ [ ] ”括起来。

2）元素之间可以用空格、逗号或分号分隔。

说明：

用空格和逗号分隔生成行向量，用分号分隔形成列向量。

2. 冒号法

基本格式是 x=first：increment：last，表示创建一个从 first 开始，到 last 结束，数据元素的增量为 increment 的向量。若增量为 1，上述创建向量的方式简写为 x=first：last。

例 2-1：创建一个从 0 开始，增量为 2，到 10 结束的向量 x。

解：MATLAB 程序如下。

```
>> x=0:2:10 % 创建从 0 到 10,间隔值为 2 的线性分隔值组成的向量 x
x =
719276785     2     4     6     8     10
```

3. 利用函数创建向量

linspace 通过直接定义数据元素个数，而不是数据元素直接的增量来创建向量。此函数的调用格式见表 2-1。

表 2-1　linspace 调用格式

格　　式	说　　明
y=linspace（first_value，last_value）	创建一个从 first_value 开始 last_value 结束，100 个等间距点组成的行向量
y=linspace（first_value，last_value，number）	创建一个从 first_value 开始 last_value 结束，等间距的 number 个元素组成的行向量

例 2-2：创建一个从 0 开始，到 10 结束，包含 6 个数据元素的向量 x。

解：MATLAB 程序如下。

```
>> x=linspace(0,10,6)
x=
    0     2     4     6     8    10
```

logspace 函数通过直接定义向量元素个数，创建一个对数分隔的向量，logspace 的调用格式见表 2-2。

表 2-2　logspace 调用格式

格　　式	说　　明
y=logspace（first_value，last_value）	创建一个从 10^{first_value} 开始，到 10^{last_value} 结束的 50 个对数间距点组成的行向量 y
y=logspace（first_value，last_value，number）	创建一个从 10^{first_value} 开始，到 10^{last_value} 结束的 number 个对数间距点组成的行向量 y
y=logspace（first_value，pi）	创建一个从 10^{first_value} 开始，到 pi 结束的 50 个对数间距点组成的行向量 y
y=logspace（first_value，pi，number）	创建一个从 10^{first_value} 开始，到 pi 结束的 number 个对数间距点组成的行向量 y

例 2-3：创建一个从 10 开始，到 10^3 结束，包含 3 个数据元素的向量 x。

解：MATLAB 程序如下。

```
>> x=logspace(1,3,3)
x=
          10          100          1000
```

向量元素引用的方式见表 2-3。

表 2-3　向量元素引用的方式

格　　式	说　　明
x（n）	表示向量中的第 n 个元素
x（n1：n2）	表示向量中的第 n1 至 n2 个元素

例 2-4：向量元素的引用示例。

解：MATLAB 程序如下。

```
>> x=[1 2 3 4 5]                        %创建向量 x
x=
    1     2     3     4     5
>> x(1:2)                               %向量 x 第 1 个到第 2 个元素
ans=
    1     2
```

2.1.2 矩阵的生成

矩阵的生成主要有直接输入法和 M 文件生成法等。

1. 直接输入法

在键盘上直接按行方式输入矩阵是最方便、最常用的创建数值矩阵的方法，尤其适合较小的简单矩阵。在用此方法创建矩阵时，应当注意以下几点。

1）输入矩阵时要以“[ ]”为标识符号，矩阵的所有元素必须都在括号内。

2）矩阵同行元素之间由空格（个数不限）或逗号分隔，行与行之间用分号或回车键分隔。

3）矩阵大小不需要预先定义。

4）矩阵元素可以是运算表达式。

5）若“[ ]”中无元素，表示空矩阵。

6）如果不想显示中间结果，可以用分号“;”结束。

例 2-5：创建元素均是 5 的 5×5 矩阵。

解：MATLAB 程序如下。

```
>> a=[5 5 5 5 5;5 5 5 5 5;5 5 5 5 5;5 5 5 5 5;5 5 5 5 5]
a=
    5    5    5    5    5
    5    5    5    5    5
    5    5    5    5    5
    5    5    5    5    5
    5    5    5    5    5
```

在输入矩阵时，MATLAB 允许方括号里还有方括号，结果跟不加方括号是一样的。

2. 利用 M 文件创建

当矩阵的规模比较大时，直接输入法就显得笨拙了，出了差错也不易修改。为了解决这些问题，可以将所要输入的矩阵按格式先写入一文本文件中，并将此文件以 m 为其扩展名，即 M 文件。

M 文件是一种可以在 MATLAB 环境下运行的文本文件，它可以分为命令式文件和函数式文件两种。在此处主要用到的是命令式 M 文件，用它的简单形式来创建大型矩阵。在 MATLAB 命令行窗中输入 M 文件名，所要输入的大型矩阵即可被输入到内存中。

M 文件中的变量名与文件名不能相同，否则会造成变量名和函数名的混乱。

例 2-6：编制一个名为 sample. m 的 M 文件。

解：首先，用任何一个字处理软件编写以下内容。

```
% sample.m
% 创建一个 M 文件,用以输入大规模矩阵
gmatrix=[378 89 90  83 382 92 29;
3829 32 9283 2938 378 839 29;
388 389 200 923 920 92 7478;
3829 892 66 89 90 56 8980;
7827 67 890 655745  123 35]
```

然后，保存为以 sample. m 为文件名的文件。

在工程计算以及理论分析中，经常会遇到一些特殊的矩阵，例如，全 0 矩阵、单位矩阵、随机矩阵等。对于这些矩阵，在 MATLAB 中都有相应的命令可以直接生成。常用的特殊矩阵生成命

令见表 2-4。

表 2-4　特殊矩阵生成命令

命令名	说明
zeros（m）	生成 m 阶全 0 矩阵
zeros（m，n）	生成 m 行 n 列全 0 矩阵
zeros（size（A））	创建与 A 维数相同的全 0 矩阵
eye（m）	生成 m 阶单位矩阵
eye（m，n）	生成 m 行 n 列单位矩阵
eye（size（A））	创建与 A 维数相同的单位矩阵
ones（m）	生成 m 阶全 1 矩阵
ones（m，n）	生成 m 行 n 列全 1 矩阵
ones（size（A））	创建与 A 维数相同的全 1 矩阵
rand（m）	在［0，1］区间内生成 m 阶均匀分布的随机矩阵
rand（m，n）	生成 m 行 n 列均匀分布的随机矩阵
rand（size（A））	在［0，1］区间内创建一个与 A 维数相同的均匀分布的随机矩阵
randi（n）	返回一个介于 1 和 n 之间的均匀分布的伪随机整数
randn（n）	由正态分布的随机数组成的 n×n 矩阵
magic（n）	生成 n 阶魔方矩阵
hilb（n）	生成 n 阶希尔伯特（Hilbert）矩阵
invhilb（n）	生成 n 阶逆希尔伯特（Hilber）矩阵
compan（P）	创建系数向量是 P 的多项式的伴随矩阵
diag（v）	创建一向量 v 中的元素为对角的对角阵
sparse（A）	创建稀疏矩阵

例 2-7：特殊矩阵生成示例。

解：在 MATLAB 命令行窗口中输入以下命令。

```
>> zeros(3)                    % 创建 3 阶全 0 方阵
ans=
      0     0     0
      0     0     0
      0     0     0
>> zeros(3,2)                  % 创建 3 行 2 列的全 0 矩阵
ans=
      0     0
      0     0
      0     0
>> ones(3,2)                   % 创建 3 行 2 列的全 1 矩阵
ans=
      1     1
      1     1
      1     1
>> ones(3)                     % 创建 3 阶全 1 方阵
ans=
```

```
        1     1     1
        1     1     1
        1     1     1
>> rand(3)                                    % 创建 3 阶均匀分布的随机矩阵
ans =
        0.8147    0.9134    0.2785
        0.9058    0.6324    0.5469
        0.1270    0.0975    0.9575
```

2.2 可视化绘图

图形窗口是 MATLAB 数据可视化的平台，这个窗口和命令行窗口是相互独立的。利用 MATLAB 可以很方便地实现大量数据计算结果的可视化，而且可以很方便地修改和编辑图形界面。

2.2.1 figure 命令

在 MATLAB 中，函数 figure 用来创建图形窗口，它的使用格式见表 2-5。

表 2-5 figure 命令的使用格式

调用格式	说　明
figure	创建一个图形窗口，默认名称为 Figure1
figure（n）	创建一个编号为 figure（n）的图形窗口，其中 n 是一个正整数，表示图形窗口的句柄
figure（f）	将 f 指定的图形窗口作为当前图形窗口，并将其显示在其他所有图形窗口的上面
figure（'PropertyName'，PropertyValue，…）	对指定的属性 PropertyName，用指定的属性值 PropertyValue（属性名与属性值成对出现）创建一个新的图形窗口；对于那些没有指定的属性，则用默认值
f=figure（…）	返回图形窗口对象。可使用 f 在创建图形窗口后查询或修改其属性

2.2.2 subplot 命令

在同一图形窗口中分割出所需的几个窗口可以使用 subplot 命令，subplot 命令的常用格式见表 2-6。

表 2-6 subplot 命令的使用格式

调用格式	说　明
subplot（m，n，p）	将当前窗口分割成 m×n 个视图区域，并指定第 p 个视图为当前视图
subplot（m，n，p，'replace'）	删除位置 p 处的现有坐标区并创建新坐标区
subplot（m，n，p，'align'）	创建新坐标区，以便对齐图框。此选项为默认选项
subplot（m，n，p，ax）	将现有坐标区 ax 转换为同一图形窗口中的子图
subplot（'Position'，pos）	在 pos 指定的自定义位置创建坐标区。指定 pos 作为［left bottom width height］形式的四元素向量。如果新坐标区与现有坐标区重叠，新坐标区将替换现有坐标区
subplot（…，Name，Value）	使用一个或多个名称-值对组参数修改坐标区属性
ax=subplot（…）	返回创建的 Axes 对象，可以使用 ax 修改坐标区
subplot（ax）	将 ax 指定的坐标区设为父图形窗口的当前坐标区。如果父图形窗口尚不是当前图形窗口，此选项不会使父图形窗口成为当前图形窗口

需要注意的是，这些子图的编号是按行来排列的，例如，第 s 行第 t 个视图区域的编号为 $(s-1)\times n+t$。如果在此命令之前并没有任何图形窗口被打开，那么系统将会自动创建一个图形窗口，并将其分割成 $m\times n$ 个视图区域。

例 2-8：自动创建一个图形窗口，并将其分割成 2×2 个视图区域。

解：在命令行窗口中输入下面的程序。

```
>> close all                    % 关闭当前已打开的文件
>> clear                        % 清除工作区的变量
>> subplot(2,2,1)               % 将该窗口分为两行两列四个视图,显示第一个视图区域
>> subplot(2,2,3)               % 显示第三个视图区域
```

弹出如图 2-1 所示的图形显示窗口。

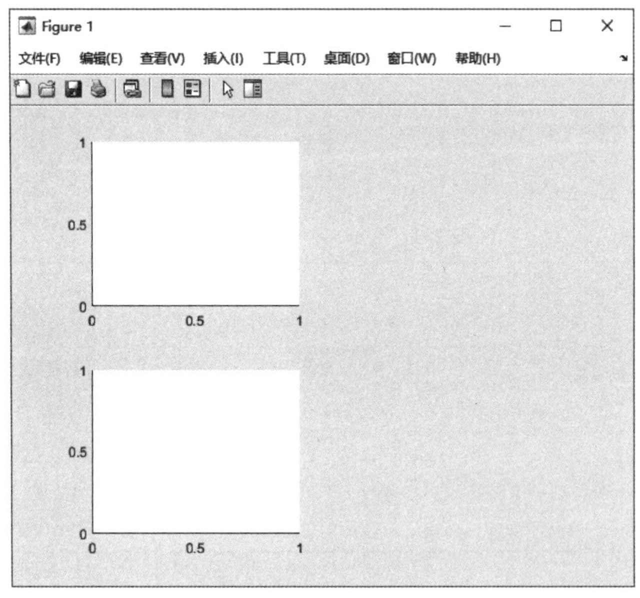

图 2-1　显示图形分割

2.2.3 plot 绘图命令

plot 命令是最基本的绘图命令，也是最常用的一个绘图命令。当执行 plot 命令时，系统会自动创建一个新的图形窗口。若之前已经有图形窗口打开，那么系统会将图形画在最近打开的图形窗口上，原有图形将被覆盖。事实上，在上面两节中已经对该命令有了一定的了解，本节将详细讲述该命令的各种用法。plot 命令的常用格式见表 2-7。

实际应用中，LineSpec 是某些字母或符号的组合，由 MATLAB 系统默认设置，即曲线默认一律采用实线线型，不同曲线将按表 2-8 所给出的前 7 种颜色（蓝、绿、红、青、品红、黄、黑）顺序着色。

LineSpec 的合法设置分别见表 2-9、表 2-10 和表 2-11。

例 2-9：绘制函数曲线 $y=2e^{-0.5x}\sin(2\pi x)$，$y=2e^{-x}\sin(2\pi x)$，$y=2e^{-2x}\sin(2\pi x)$，设置坐标框样式。

解：MATLAB 程序如下。

表 2-7　plot 命令的常用格式

调用格式	说　明
plot（X，Y）	当 x 是实向量时，则绘制出以该向量元素的下标［即向量的长度，可用 MATLAB 函数 length（）求得］为横坐标，以该向量元素的值为纵坐标的一条连续曲线。 当 x 是实矩阵时，按列绘制出与每列元素值相对应的曲线，曲线数等于 x 的列数。 当 x 是复数矩阵时，按列分别绘制出以元素实部为横坐标，以元素虚部为纵坐标的多条曲线
plot（X，Y，LineSpec）	当 x、y 是同维向量时，绘制以 x 为横坐标、以 y 为纵坐标的曲线。 当 x 是向量，y 是有一维与 x 等维的矩阵时，绘制出多根不同颜色的曲线，曲线数等于 y 阵的另一维数，x 作为这些曲线的横坐标。 当 x 是矩阵，y 是向量时，同上，但以 y 为横坐标。 当 x、y 是同维矩阵时，以 x 对应的列元素为横坐标，以 y 对应的列元素为纵坐标分别绘制曲线，曲线数等于矩阵的列数。其中 x、y 为向量或矩阵，LineSpec 为用单引号标记的字符串，用来设置所画数据点的类型、大小、颜色以及数据点之间连线的类型、粗细、颜色等
plot（X1，Y1，X2，Y2，…）	绘制多条曲线。在这种用法中，（Xi，Yi）必须是成对出现的，上面的命令等价于逐次执行 plot（Xi，Yi）命令，其中 i=1，2，…
plot（X1，Y1，LineSpec1，...，Xn，Yn，LineSpecn，…）	这种格式的用法与用法 3 相似，不同之处是此格式有参数的控制，运行此命令等价于依次执行 plot（xi，yi，si），其中 i=1，2，…
plot（Y）	创建数据 Y 的二维线图。 当 Y 是实向量［Y（i）=a］时，则绘制出以该向量元素的下标 i［即向量的长度，可用 MATLAB 函数 length（）求得的值］为横坐标，以该向量元素的值 a 为纵坐标的一条连续曲线。 当 Y 是实矩阵时，按列绘制出每列元素值相对齐下标的曲线，曲线数等于 x 的列数。 当 Y 是复数矩阵（Y=a+bi）时，按列分别绘制出以元素实部 a 为横坐标，以元素虚部 b 为纵坐标的多条曲线
plot（Y，LineSpec）	设置线条样式、标记符号和颜色
plot（…，Name，Value）	使用一个或多个属性参数值指定曲线属性，线条的设置属性见表 2-9
plot（ax，…）	将在由 ax 指定的坐标区中，而不是在当前坐标区（gca）中创建线条。选项 ax 可以位于前面的语法中的任何输入参数组合之前
h=plot（…）	创建由图形线条对象组成的列向量 h，可以使用 h 修改图形数据的属性

表 2-8　颜色控制字符表

字　符	色　彩	RGB 值
b（blue）	蓝色	001
g（green）	绿色	010
r（red）	红色	100
c（cyan）	青色	011
m（magenta）	品红	101
y（yellow）	黄色	110
k（black）	黑色	000
w（white）	白色	111

表 2-9 线条属性表

字　符	说　明	参数值
color	线条颜色	指定为 RGB 三元组、十六进制颜色代码、颜色名称或短名称
LineWidth	指定线宽	默认为 0.5
Marker	标记符号	"+" "o" " * " ". "、x、square 或 s、diamond 或 d、v、"^"、">" "<" pentagram 或 p、hexagram 或 h、none
MarkerIndices	要显示标记的数据点的索引	[a b c] 在第 a、第 b 和第 c 个数据点处显示标记
MarkerEdgeColor	指定标识符的边缘颜色	auto（默认）、RGB 三元组、十六进制颜色代码、r、g、b
MarkerFaceColor	指定标识符填充颜色	none（默认）、auto、RGB 三元组、十六进制颜色代码、r、g、b
MarkerSize	指定标识符的大小	默认为 6
DatetimeTickFormat	刻度标签的格式	yyyy-MM-dd、dd/MM/yyyy、dd. MM. yyyy、"yyyy 年 MM 月 dd 日"、MMMM d，yyyy、eeee，MMMM d，yyyy HH：mm：ss、MMMM d，yyyy HH：mm：ss Z
DurationTickFormat	u 刻度标签的格式	dd：hh：mm：ss hh：mm：ss mm：ss hh：mm

表 2-10 线型符号及说明

线型符号	符号含义	线型符号	符号含义
-	实线（默认值）	:	点线
--	虚线	-.	点画线

表 2-11 线型控制字符表

字　符	数据点	字　符	数据点
+	加号	>	向右三角形
o	小圆圈	<	向左三角形
*	星号	s	正方形
.	实点	h	正六角星
x	交叉号	p	正五角星
d	棱形	v	向下三角形
^	向上三角形		

```
>> close all
>> x=(0:pi/100:2* pi)';
>> y1=2* exp(-0.5* x).* sin(2* pi* x);
>> y2=2* exp(-x).* sin(2* pi* x);
>> y3=2* exp(-2* x).* sin(2* pi* x);
>> plot(x,y1,'b',x,y2,'r* ',x,y3,'cp');
>> fig=gcf;
>> fig.Color=[0 0.5 0.5];
>> fig.ToolBar='none';
```

运行结果如图 2-2 所示。

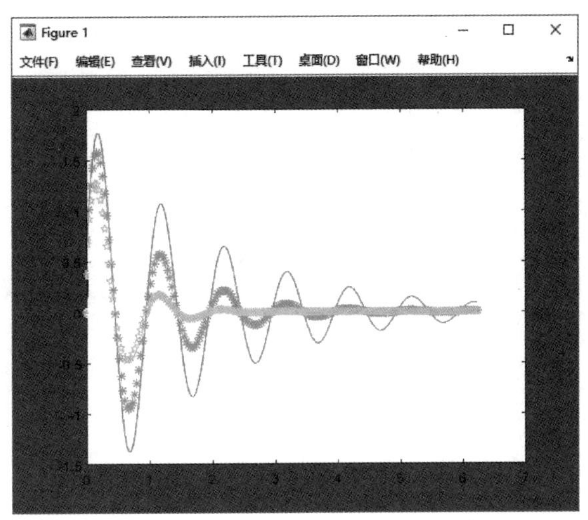

图 2-2　设置坐标框样式

2.2.4 图形注释

MATLAB 中提供了一些常用的图形标注函数，利用这些函数可以为图形添加标题，为图形的坐标轴加标注，为图形加图例，也可以把说明、注释等文本放到图形的任何位置。本小节的内容是图形控制中最常用的，也是实际中应用最多的地方，因此读者要仔细学习本节内容，并上机调试本节所给出的各种例子。

1. 注释图形标题及轴名称

在 MATLAB 绘图命令中，title 命令用于给图形对象加标题，它的使用格式非常简单，见表 2-12。

表 2-12　title 命令的使用格式

调用格式	说　明
title ('text')	在当前坐标轴上方正中央放置字符串作为图形标题
title (target, 'text')	将标题字符串 text 添加到指定的目标对象
title ('text', 'PropertyName', PropertyValue, …)	对由命令 title 生成的图形对象的属性进行设置，输入参数 text 为要添加的标注文本
h=title (…)	返回作为标题的 text 对象句柄

2. 标注图例

当在一幅图中出现多种曲线时，用户可以根据自己的需要，利用 legend 命令对不同的图例进行说明。它的使用格式见表 2-13。

表 2-13　legend 命令的使用格式

调用格式	说　明
legend	为每个绘制的数据序列创建一个带有描述性标签的图例
legend (label1, …, labelN)	用指定的文字 label 在当前坐标轴中对所给数据的每一部分显示一个图例
legend (labels)	使用字符向量元胞数组、字符串数组或字符矩阵设置标签，每一行字符串作为标签

（续）

调用格式	说　明
legend（subset，…）	仅在图例中包括 subset 中列出的数据序列的项
legend（target，…）	在 target 指定的坐标区或图中添加图例
legend（…，'Location'，lcn）	设置图例位置。Location 制定放置位置，包括 north、south、east、west、northeast 等
legend（…，'Orientation'，ornt）	Ornt 指定图例放置方向，默认值为 vertical，即垂直堆叠图例项；horizontal 表示并排显示图例项
legend（…，Name，Value）	使用一个或多个名称-值对组参数来设置图例属性。设置属性时，必须使用元胞数组“{}”指定标签
legend（bkgd）	删除图例背景和轮廓。bkgd 的默认值为 boxon，即显示图例背景和轮廓
lgd=legend（…）	返回 Legend 对象。可使用 lgd 在创建图例后查询和设置图例属性
legend（vsbl）	控制图例的可见性，vsbl 可设置为 hide、show 或 toggle
legend（'off'）	从当前的坐标轴中去除图例

3. 分格线控制

为了使图像的可读性更强，可以利用 grid 命令给二维或三维图形的坐标面增加网格线，它的使用格式见表 2-14。

表 2-14　grid 命令的使用格式

调用格式	说　明
grid on	给当前的坐标轴增加网格线
grid off	从当前的坐标轴中去掉网格线
grid	转换网格线的显示与否的状态
grid minor	切换改变次网格线的可见性。次网格线出现在刻度线之间。并非所有类型的图都支持次网格线
grid（axes_handle，on | off）	对指定的坐标轴 axes_handle 是否显示网格线

例 2-10：在同一个图形窗口内画出函数 $y=e^x$，$y=100\sin(x)$，$y=e^x\sin(x)$ 的图像，并加入网格线。

解：MATLAB 程序如下。

```
>> clear
>> close all
>> x=linspace(0,2* pi,100);
>> y1=exp(x);
>> y2=100* sin(x);
>> y3=exp(x).* sin(x);
>> h=plot(x,y1,'or',x,y2,'hk',x,y3,'* m');
>> title('格线控制')
>> legend(h,'exp(x)','sin(x)','exp(x)* sin(x)')
>> grid on
```

运行结果如图 2-3 所示。

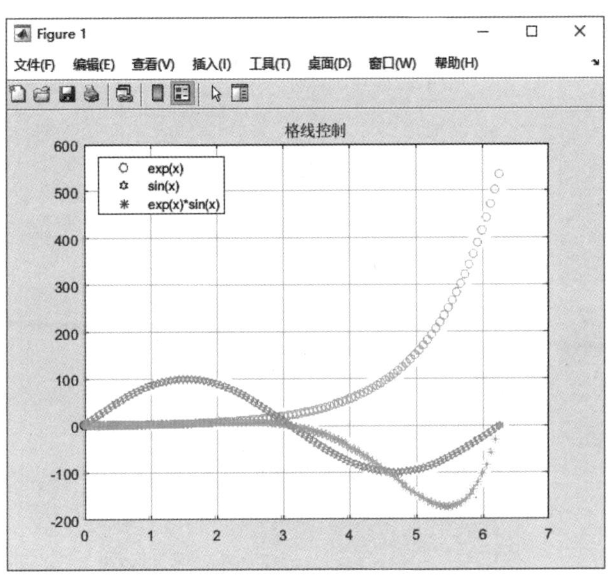

图 2-3 图形标注

2.3 图像的基本操作

在 MATLAB 中，对图像的操作实质上是对图像矩阵的操作。图像的基本操作包括图像的基本属性、图像的显示、图像的读入及图像的信息查询。

2.3.1 图像读入

在 MATLAB 中，imread 命令用来读入各种图像文件，将图片以矩阵的形式存储，图片需要在 matlab 路径下。可存储于数据存储内或数据存储外，它的使用格式见表 2-15。

表 2-15 imread 命令的使用格式

命令格式	说明
A=imread (filename)	从 filename 指定的文件中读取图像，如果 filename 为多图像文件，则 imread 读取该文件中的第一个图像
A=imread (filename, fmt)	其中参数 fmt 用来指定图像的格式。图像格式可以与文件名写在一起，默认的文件目录为当前工作目录
A=imread (…, idx)	读取多帧图像文件中的一帧，idx 为帧号。仅适用于 GIF、PGM、PBM、PPM、CUR、ICO、TIF 和 HDF4 文件
A=imread (…, Name, Value)	使用一个或多个名称-值对组参数以及前面语法中的任何输入参数指定特定格式的选项
[A, map] =imread (…)	将 filename 中的索引图像读入 A，并将其关联的颜色图读入 map。图像文件中的颜色图值会自动重新调整到范围 [0, 1] 内
[A, map, alpha] =imread (…)	在 [A, map] =imread (…) 的基础上返回图像透明度，仅适用于 PNG、CUR 和 ICO 文件。对于 PNG 文件，返回 alpha 通道（如果存在）

例 2-11：显示路径下的图片。

解：MATLAB 程序如下。

```
>> clear
>> close all
>> A=imread('tizi.jpg');          % 读取当前路径下的 jpg 的图片
>> imshow(A)                      % 显示图片
```

运行结果如图 2-4 所示。

图 2-4　显示餐厅图片

2.3.2 图像的显示

图像的显示可将数字图像转化为适合人们使用的形式，便于观察和理解。图形窗口 Figure 只是图形用户界面的一个普通的窗口。

经常用到的图像显示命令是 imshow 命令，该命令用于将读入的图片显示出来，其常用的使用格式见表 2-16。

表 2-16　imshow 命令的使用格式

命令格式	说　明
imshow（I）	显示灰度图像 I，I 为显示的图像矩阵
imshow（I，[low high]）	显示灰度图像 I，其值域为 [low high]，[low high] 为灰度图像的灰度范围。高于 high 的范围显示为白色，低于 low 显示为黑色。范围内的像素按比例拉伸显示为不同等级的灰色
imshow（RGB）	显示真彩色图像
imshow（I，[]）	显示灰度图像 I，I 中的最小值显示为黑色，最大值显示为白色
imshow（BW）	显示二值图像
imshow（X，map）	显示索引色图像，X 为图像矩阵，map 为调色板
imshow（filename）	显示存储在由 filename 定的图形文件中的图像
imshow（…，Name，Value）	使用名称-值对组控制运算的各个方面来显示图像
himage=imshow（…）	返回所生成的图像对象的句柄 himage

第3章 插值算法

内容指南

工程实践中，能够测量的数据通常是一些不连续的点，而实际应用中往往需要知道这些离散点以外的其他点的数值。根据已知的点进行数据、模型的处理和分析，而有时候已知的数据是极少的，不足以支撑分析的进行，此时就需要使用一些数学的方法扩充数据集来满足需求。这就需要用到插值算法来解决这些问题。

数值插值算法包括拉格朗日（Lagrange）插值、埃尔米特（Hermite）插值、牛顿（Newton）插值、分段插值、样条插值等几种，本章将进行详细介绍。

内容要点

- 插值问题
- 基本插值计算
- 多项式插值法
- 常用多项式插值
- 分段插值
- 三次样条插值
- 二次、三次混合插值

3.1 插值问题

现代机械工业中进行零件的数控加工，根据设计可以给出零件外形曲线的某些形值点，加工时为控制每步走刀方向及步数要求计算出零件外形曲线中其他点的函数值，才能加工出外表光滑的零件。这就是函数插值的问题。

所谓“插值”，就是要在原有离散数据之间插入一些值，这就要求插值函数必须通过所有的离散点，插值函数在离散点之外的那些点都相当于“插入”的值。插值误差通常考虑的是逐点误差或最大模误差，插值的好坏往往通过某些局部的性质来体现，如龙格现象或吉布斯振荡。

3.1.1 插值算法概述

设函数 $y=f(x)$ 在区间［a，b］上有定义，且已知在点 $a \leqslant x_0 < x_1 < \cdots < x_n \leqslant b$ 上的值分别为：y_0，y_1，…，y_n，若存在一简单函数 $p(x)$，使

$$p(x)=y_i \qquad (i=0,\ 1,\ 2,\ \cdots,\ n)$$

则称 $p(x)$ 为 $f(x)$ 的插值函数，点 x_0，x_1，…，x_n 称为插值节点，包含插值节点的区间［a，b］称为插值区间，求插值函数 $p(x)$ 的方法称为插值法。

若 $p(x)$ 是次数不超过 n 的代数多项式，即 $p(x)=a_0+a_1x+\cdots+a_nx^n$。若 $p(x)$ 为分段多项式，就称为分段插值，若 $p(x)$ 为三角多项式，就称为三角插值。

已知 n 次插值多项式 $p_n(x)=a_0+a_1x+a_2x^2+\cdots+a_nx^n$，但是对于一个实验中得到的结果来

说，并不是每一次都会使用高次插值进行分析，因为

$$R_n(x)=f(x)-p_n(x)=\frac{f^{(n+1)}(\xi)}{(n+1)!}\omega_{n+1}(x)$$

有时候截断误差并不一定会随着 n 的增大而减小，这时候往往会使用低次插值，例如，一次差值和二次差值。

3.1.2 线性插值

线性插值是用一系列首尾相连的线段依次连接相邻各点，每条线段内的点的高度作为插值获得的高度值。线性插值是利用两点确定一条直线的原理，利用两点之间一条直线来实现插值，得到拟合曲线。

假设已知坐标（x_0，y_0）与（x_1，y_1），求［x_0，x_1］区间内某一位置 x 在直线上的值。根据图 3-1 所示，得到两点式直线方程：

$$\frac{y-y_0}{y_1-y_0}=\frac{x-x_0}{x_1-x_0}$$

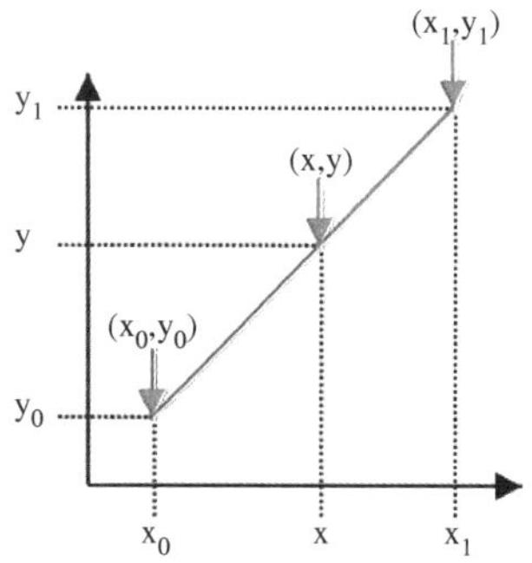

图 3-1　直线图

假设方程两边的值为 α，那么这个值就是插值系数（从 x_0 到 x 的距离与从 x_0 到 x_1 距离的比值）。由于 x 值已知，所以可以从公式得到 α 的值：

$$a=\frac{x-x_0}{x_1-x_0}$$

同样：

$$a=\frac{y-y_0}{y_1-y_0}$$

这样，在代数上就可以表示成为：

$$y=(1-\alpha)y_0+\alpha y_1$$

或者：

$$y=y_0+\alpha(y_1-y_0)$$

通过 α 就可以直接得到 y。

实际上，即使 x 不在 x_0 到 x_1 之间，并且 α 也不在 0~1 之间，这个公式也是成立的。在这种情况下，该方法称作线性外插。

3.2 基本插值计算

科学和工程问题可以通过诸如采样、实验等方法获得若干离散的数据，根据这些数据，希望

得到一个连续的函数（也就是曲线）或者更加密集的离散方程与已知数据相吻合，这个过程就称作拟合。通过拟合得到的函数获得未知点数据的方法，称作插值。其中，拟合函数经过所有已知点的插值方法，称作内插，拟合函数经过未知点的插值方法，称作外推。

3.2.1 插值算法分类

MATLAB 提供的基本插值方法有多种，例如，nearest（最邻近插值算法）、linear（线性插值算法，默认时表示线性插值）、spline（样条插值算法）、pchip（Hermite 埃尔米特算法）、cubic（卷积插值算法）等。

下面分别介绍基本插值算法。

1. 最近邻插值算法

该算法是最简单的插值法，也称零阶插值法。不需要计算，选择离它所映射到的位置最近的输入像素的灰度值为插值结果即可。

在一维空间中，最近点插值就相当于四舍五入取整。在二维图像中，像素点的坐标都是整数，该方法就是选取离目标点最近的点。该算法会在一定程度上损失空间对称性。

2. 双线性插值算法

双线性插值又称一阶插值法，它要经过三次插值才能获得最终结果，是对最近邻插值法的一种改进。该算法先对两水平方向进行一阶线性插值，然后再在垂直方向上进行一阶线性插值。

3. Hermite 算法

Hermite 算法执行三次插值以生成具有连续一阶导数（C1）的分段多项式。该算法保持斜率，避免平台区的波动。每当有三个或更多个连续共线点时，就会出现平台区，将这些点用一条直线相连。为了确保两个数据点之间的区域是平坦的，在这两个点之间插入一个额外的数据点。

4. 修正 Hermite 算法

当两个具有不同斜率的平台区相遇时，对原始 Hermite 算法所做的修改会对斜率更接近于零的一侧赋予更多权重。原始 Hermite 算法对两边的点赋予相等的权重，从而均匀地划分波动。修正 Hermite 算法优先考虑更接近水平的一侧，这样更直观并可避免过冲。

5. 样条插值算法

样条插值算法执行三次插值以产生具有连续二阶导数的分段多项式，相当于常规多项式插值，但不太容易受到高次数据点之间剧烈振荡的影响。这种方法仍容易受到数据点之间的过冲和振荡的影响。

6. 卷积插值算法

卷积插值算法可以产生整体上光滑的曲线，但容易产生较剧烈的波动，使得曲线的最高点比最高的节点还高，曲线的最低点比最低的节点还低。该算法适用于均匀间隔的数据。

如果想要保证各段曲线连接处光滑（一阶导数相同），并且不想使用除法运算，可以考虑 Cubic 插值函数：

$$v=[(v_3-v_2)-(v_0-v_1)]t^3+[2(v_0-v_1)-(v_3-v_2)]t^2+(v_2-v_0)t+v_1$$

其中，v 代表插值点，v_0、v_1、v_2、v_3 代表 4 个连续的节点。t 取值为 [0，1]，将会产生一段连接 v_1 和 v_2 的曲线。也就是说，如果有 n 个节点，Cubic 插值函数将会产生（n-2）段曲线，位于首尾两端的节点不会纳入曲线。

7. 线性插值算法

线性插值算法就是使用待求变量附近的两个数据点，通过两点之间得到一条直线的原理，得到待求变量所在的直线，再根据直线方程得到待求变量的函数值，最终以函数值为返回值。

线性插值算法的特点是计算简便，但光滑性很差。如果用线性插值算法拟合一条光滑曲线，对每一段线段，原曲线在该段内二阶导数绝对值的最大值越大，拟合的误差越大。

3.2.2 一次插值函数

MATLAB 提供了 interp1 函数利用不同算法对离散数据进行一次插值计算，该函数的使用格式见表 3-1。

表 3-1 interp1 调用格式

调用格式	说明
yi=interp1（x，Y，xi）	对一组节点（x，Y）进行插值，计算插值点 xi 的函数值。x 为节点向量值，Y 为对应的节点函数值；如果 Y 为矩阵，则插值对 Y 的每一列进行；如果 Y 的维数超过 x 或 xi 的维数，返回 NaN
yi=interp1（Y，xi）	默认 x=1：n，n 为 Y 的元素个数值
yi=interp1（x，Y，xi，method）	method 指定的是插值使用的算法，默认为线性算法；其值可以是以下几种类型： nearest 线性最近项插值； linear 线性插值（默认）； next 下一个邻点插值； previous 上一个邻点插值； spline 三次样条插值； pchip 分段三次埃尔米特插值； makima 修正的三次 Hermite 插值； cubic、v5cubic 三次卷积插值
yi=interp1（Y，xi，method）	指定备选插值方法中的任意一种，并使用默认样本点

其中，对于 nearest 和 linear 方法，如果 xi 超出 x 的范围，返回 NaN；而对于其他几种方法，系统将对超出范围的值进行外推计算，见表 3-2。

表 3-2 外推计算

调用格式	说明
yi=interp1（x，Y，xi，method，'extrap'）	利用指定的方法对超出范围的值进行外推计算
yi=interp1（x，Y，xi，method，extrapval）	返回标量 extrapval 为超出范围值
pp=interp1（x，Y，method，'pp'）	利用指定的方法产生分段多项式

例 3-1：观察使用游标卡尺对同一零件不同次数（每 2h 一次）测量结果的变化关系。记录 24h 内进行 12 次的独立测量数据，测得次数 t 与测量结果 L 的数据见表 3-3。对测量结果按照每一小时测一次进行插值计算。

表 3-3 次数 t 与测量结果 L 的关系

次数 t	1	2	3	4	5	6	7	8	9	10	11	12
测量结果 L/mm	6.24	6.28	6.28	6.20	6.22	6.24	6.24	6.26	6.28	6.20	6.20	6.24

解：MATLAB 程序如下。

```
>> close all              % 关闭当前已打开的文件
>> clear                  % 清除工作区的变量
>> t=1:12;                % 创建次数 t 的数据
```

```
>> L=[6.24 6.28 6.28 6.20 6.22 6.24 6.24 6.26 6.28 6.20 6.20 6.24];
                                          % 输入测量结果 L 的数据
>> ti=linspace(1,12,24);                  % 按照每一小时测一次,计算次数
>> Li=interp1(t,L,ti);                    % 计算每一小时测一次的插值结果
>> h=plot(t,L,'o-',ti,Li,'r* -');         % 用红色的"* "描绘相应的数据点
>> title('游标卡尺测量数据与插值数据')       % 添加标题
>> legend(h,'测量数据','插值数据')
```

插值结果如图 3-2 所示。

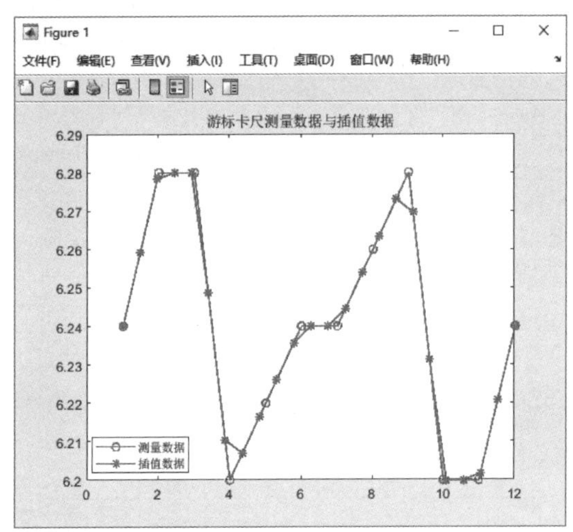

图 3-2 游标卡尺数据插值

例 3-2：求 40Cr 的不同系数下许用抗压弯应力、许用剪切应力、许用端面承压应力的插值。应力表见表 3-4。

表 3-4 应力表 （单位：MPa）

系 数	许用抗压弯应力	许用剪切应力	许用端面承压应力
1.48	331.1	192.2	496.7
1.34	365.7	211.1	548.6
1.22	401.7	231.9	602.6

解：MATLAB 程序如下。

```
>> A=[311.1 192.2 496.7;365.7 211.1 548.6;401.7 231.9 602.6];
>> x=[1.48 1.34 1.22];                    % 创建 x 的数据
>> y=A(:,1);                              % 定义许用抗压弯应力数据
>> xi=linspace(1.48,1.22,10);             % 定义添加插值数据个数
>> subplot(231)
>> yi=interp1(x,y,xi,'nearest');          % 使用最近邻点插值计算插值
>> h=plot(x,y,'o-',xi,yi,'r* -');         % 用红色的"* "描绘相应的数据点
>> title('最近邻点插值')                    % 添加标题
>> subplot(232)
```

```
>> yi=interp1(x,y,xi','linear');          % 使用线性插值算法计算插值结果
>> h=plot(x,y,'o-',xi,yi,'r* -');         % 用红色的"*"描绘相应的数据点
>> title('线性插值')                       % 添加标题
>> subplot(233)
>> yi=interp1(x,y,xi,'spline');           % 使用三次样条插值算法计算插值结果
>> h=plot(x,y,'o-',xi,yi,'r* -');         % 用红色的"*"描绘相应的数据点
>> title('三次样条插值')                   % 添加标题
>> subplot(234)
>> yi=interp1(x,y,xi,'pchip');            % 使用分段三次埃尔米特插值计算插值结果
>> h=plot(x,y,'o-',xi,yi,'r* -');         % 用红色的"*"描绘相应的数据点
>> title('分段三次埃尔米特插值')           % 添加标题
>> subplot(2,3,5)
>> yi=interp1(x,y,xi,'next');             % 使用下一个邻点插值算法计算插值结果
>> h=plot(x,y,'o-',xi,yi,'r* -');         % 用红色的"*"描绘相应的数据点
>> title('下一个邻点插值')                 % 添加标题
>> subplot(2,3,6)
>> yi=interp1(x,y,xi,'makima');           % 使用修正的三次埃尔米特插值算法计算插值结果
>> h=plot(x,y,'o-',xi,yi,'r* -');         % 用红色的"*"描绘相应的数据点
>> title('修正的三次埃尔米特插值')         % 添加标题
```

插值结果如图 3-3 所示。

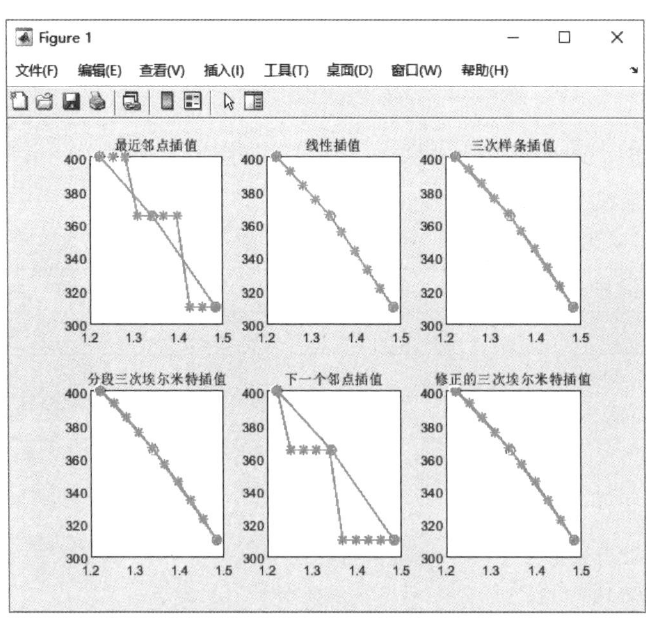

图 3-3　应力数据插值

例 3-3：对正弦函数进行插值计算。

解：在命令行窗口中输入以下命令。

```
>> close all          % 关闭所有打开的文件
>> clear              % 清除工作区的变量
```

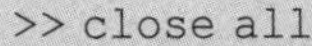

```
>> x=0:2* pi;
>> y=sin(x);
>> xx=0:0.5:2* pi;
% 对 sin 函数进行分段线性插值,默认的算法是分段线性插值
>> y1=interp1(x,y,xx,'linear');
>> subplot(2,2,1);
>> plot(x,y,'o',xx,y1,'r')
>> title('分段线性插值')
% 最近邻插值
>> y2=interp1(x,y,xx,'nearest');
>> subplot(2,2,2);
>> plot(x,y,'o',xx,y2,'r');
>> title('最近邻插值')

% 样条线性插值
>> y3=interp1(x,y,xx,'spline');
>> subplot(2,2,3);
>> plot(x,y,'o',xx,y3,'r')
>> title('样条插值')

% Hermite 插值法
>> y4=interp1(x,y,xx,'pchip');
>> subplot(2,2,4);
>> plot(x,y,'o',xx,y4,'r');
>> title('Hermite 插值')
```

插值结果如图 3-4 所示。

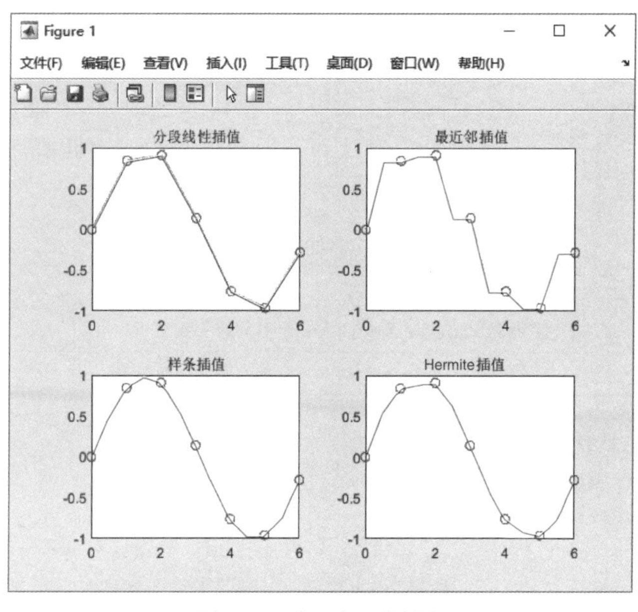

图 3-4 对正弦函数插值

例 3-4：使用线性算法对 $e^x\sin x$ 进行插值。

解：在命令行中窗口输入以下命令。

```
>> close all                          % 关闭所有打开的文件
>> clear                              % 清除工作区的变量
>> x=0:0.5:10;                        % 定义取值范围和取值点,步长值为 0.5
>> y=exp(x).* sin(x);                 % 定义函数表达式
>> xi=0:.1:10;                        % 定义插值点,步长值为 0.1
>> yi=interp1(x,y,xi);                % 对函数进行分段线性插值
>> plot(x,y,'o',xi,yi)                % 分别描绘原始曲线和插值曲线
```

插值结果如图 3-5 所示。

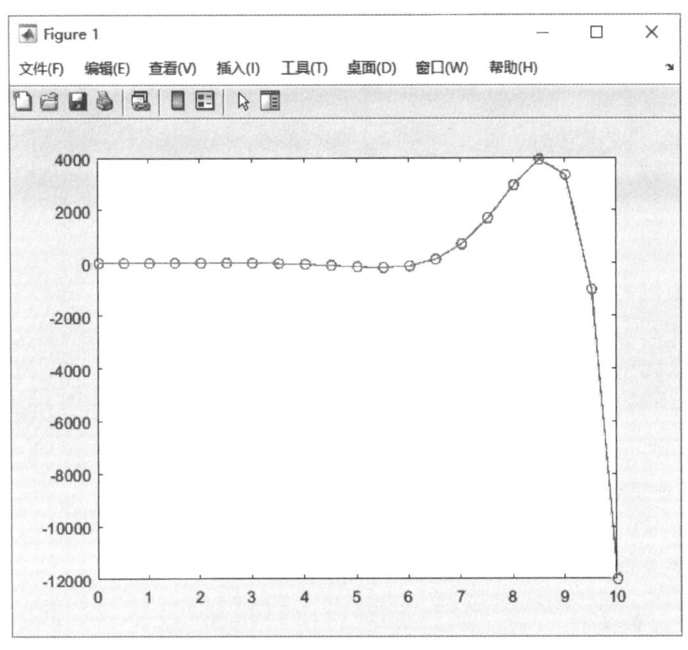

图 3-5　函数分段线性插值

MATLAB 提供了 interpft 函数利用 FFT 算法对离散数据进行一次插值计算，该函数的使用格式见表 3-5。

表 3-5　interpft 调用格式

调用格式	说　明
y=interpft（X，n）	使用 FFT 方法在 X 中插入 n 个等间距一维数据
y=interpft（X，n，dim）	使用 FFT 方法在 X 中插入 n 个等间距 dim 维数据

例 3-5：使用 FFT 算法对 $e^x\cos x$ 进行插值。

解：在命令行窗口中输入以下命令。

```
>> close all                          % 关闭所有打开的文件
>> clear                              % 清除工作区的变量
>> x=0:0.5:10;                        % 定义取值范围和取值点,步长值为 0.5
```

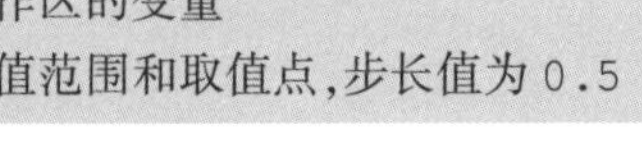

```
>> x1=linspace(0,10,10);                    % 定义取值范围和取值点个数
>> x2=linspace(0,10,50);                    % 定义取值范围和取值点个数
>> x3=linspace(0,10,100);                   % 定义取值范围和取值点个数
>> y=exp(x).* cos(x);                       % 定义函数表达式
>> y1=interpft(y,10);                       % 对函数进行 FFT 插值
>> y2=interpft(y,50);                       % 对函数进行 FFT 插值
>> y3=interpft(y,100);                      % 对函数进行 FFT 插值
>> h=plot(x,y,'o',x1,y1,x2,y2,'m--',x3,y3,'r* ');% 分别描绘原始曲线和点数为 10 的插值曲线,点数为 50 的插值曲线,点数为 100 的插值曲线
>> legend(h,'原始数据','n=10 FFT 插值','n=50 FFT 插值','n=100 FFT 插值')
```

插值结果如图 3-6 所示。

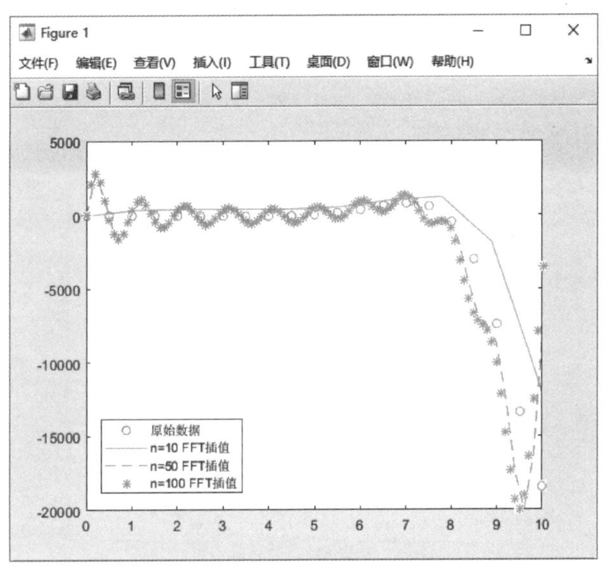

图 3-6 用 FFT 算法插值

例 3-6：已知某批电线的使用寿命服从正态分布 $N(\mu, \sigma^2)$，今从中抽取 4 组进行使用寿命试验，测得数据如下（单位：h）：2501，2253，2467，2650，计算测量数据插值。

解：MATLAB 程序如下：

```
>> clear
>> x1=linspace(1,4,4);          % 定义原始数据个数为 4
>> x2=linspace(1,4,10);         % 定义插值数据个数为 10,计算内插
>> x3=1:10;                     % 定义插值数据个数为 10,进行外推计算
>> X=[2501,2253,2467,2650];
>> y1=interpft(X,10);           % 使用 FFT 算法在 X 区间中插入 10 个等间距一维数据
>> y2=interp1(x1,X,x2);         % 使用线性插值算法在原始数据上插入 10 个插值数据,计算内插
>> y3=interp1(x1,X,x3,'linear','extrap');  % 使用线性插值算法插入 10 个插值数据,进行外推计算
>> subplot(221)
>> h=plot(x1,X,'o',x2,y1,'r');             % 用红色的线描绘相应的数据点
```

```
>> title('FFT 插值')                          % 添加标题
>> subplot(222)
>> h=plot(x1,X,'o',x2,y2,'r');                % 用红色的线描绘相应的数据点
>> title('线性内插')                           % 添加标题
>> subplot(223)
>> h=plot(x1,X,'o',x3,y3,'r');                % 用红色的线描绘相应的数据点
>> title('线性外推')                           % 添加标题
>> subplot(224)
>> y4=interp1(x1,X,x2,'pchip');               % 使用分段三次埃尔米特插值计算插值结果
>> h=plot(x1,X,'o-',x2,y4,'r* -');            % 用红色的"* "描绘相应的数据点
>> title('分段三次埃尔米特插值')                 % 添加标题
```

插值结果如图 3-7 所示。

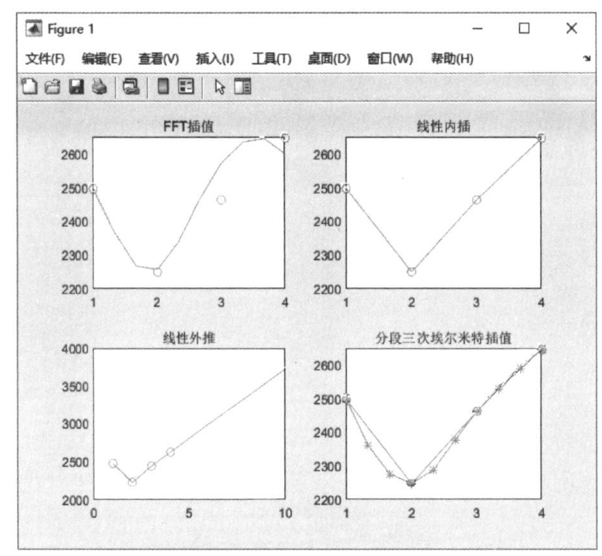

图 3-7 试验数据插值

3.2.3 二次插值

按照线性插值的形式，以每 3 个相邻点做插值，就得到了二次插值：

$$y=\frac{(x-x_{i+1})\cdot(x-x_{i+2})}{(x_i-x_{i+1})\cdot(x_i-x_{i+2})}\cdot y_i+\frac{(x-x_i)\cdot(x-x_{i+2})}{(x_{i+1}-x_i)\cdot(x_{i+1}-x_{i+2})}\cdot y_{i+1}+\frac{(x-x_i)\cdot(x-x_{i+1})}{(x_{i+2}-x_i)\cdot(x_{i+2}-x_{i+1})}\cdot y_{i+2}$$

二次插值是比线性插值更高一阶的插值方法，是利用一段抛物线来拟合数据点中相邻的 3 个点，以构成整个插值多项式，因而更加平滑，在大多数情况下也更加逼近精确解。

二次插值在每段二次曲线内是光滑的，但在每条曲线的连接处其光滑性可能甚至比线性插值还差。二次插值只适合 3 个节点的情形，当节点数超过 3 个时，就需要使用分段插值法。

MATLAB 中用来进行二次插值的函数是 interp2，该函数的使用方式见表 3-6。

在工程实际中，一些比较复杂的问题通常是多维问题，因此多维插值就更显重要。本节重点介绍二次插值，三次和 *N* 次插值的函数分别是 interp3 和 interp*n*，这些函数不再赘述。

表 3-6 interp2 调用格式

调用格式	说明
ZI=interp2（X，Y，Z，XI，YI）	返回以 X、Y 为自变量，Z 为函数值，对位置 XI、YI 的插值，X、Y 必须为单调的向量或用单调的向量以 meshgrid 格式形成的网格格式
ZI=interp2（Z，XI，YI）	X=1：n，Y=1：m，[m，n] =size（Z）
ZI=interp2（Z）	在 Z 的各点间插入数据点对 Z 扩展一次
ZI=interp2（Z，k）	在 Z 的各点间插入数据点对 Z 进行扩展。一次执行 k 次，默认为 1 次，在样本值之间生成 2^k-1 个插入点
ZI=interp2（…，method）	method 指定的是插值使用的算法，默认为线性算法。其值可以是以下几种类型： nearest 线性最近项插值； linear 线性插值（默认）； spline 三次样条插值； cubic 三次卷积插值； makima：修正的三次 Hermite 插值。在查询点插入的值基于次数最大为 3 的多项式的分段函数，使用各维中相邻网格点的值进行计算
ZI=interp2（…，method，extrapval）	返回标量 extrapval 为超出范围值

例 3-7：对曲面函数进行二次插值。

解：在命令行窗口中输入以下命令。

```
>> close all                                   % 关闭所有打开的文件
>> clear                                       % 清除工作区的变量
>> x=-4:0.25:4;                                % 定义 x、y 的取值范围及元素间隔值
>> y=x;
>> [X,Y]=meshgrid(x,y);                        % 定义网格数据
>> Z=-X.^4+Y.^3-X.^2-Y.^2-2* X* Y;             % 定义函数表达式
>> [XI,YI]=meshgrid(-4:0.1:4,-4:0.1:4);        % 以指定的向量返回二次网格的坐标
>> ZI=interp2(X,Y,Z,XI,YI);                    % 使用线性插值返回双变量函数在特定查
询点的插入值。结果始终穿过函数的原始采样
>> mesh(X,Y,Z),hold,mesh(XI,YI,ZI+500)         % 创建三次网格,保留图形窗口中的绘图,
然后创建插值后的三次网格
>> title('网格曲面')                            % 添加图形标题
已锁定最新绘图
```

插值结果如图 3-8 所示。

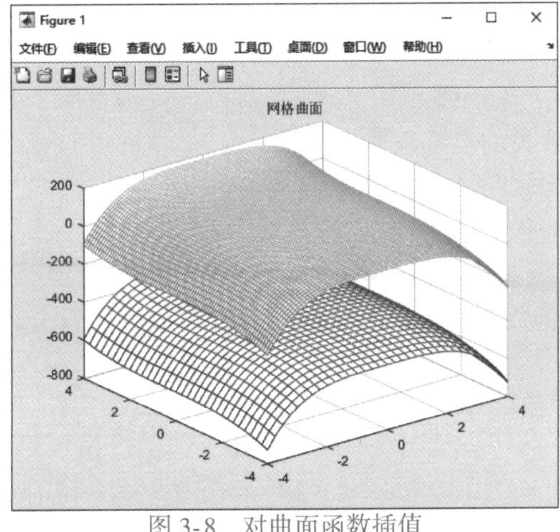

图 3-8 对曲面函数插值

3.3 多项式插值法

在自然科学和工程中有很多问题的解决归结为利用实验中得到的一些数据来作为根据求解几个变量之间的函数关系。在这种情况下，利用这些数据点进行插值分析来得到一个多项式函数关系式是至关重要的。

3.3.1 计算插值多项式

多项式运算是数学中最基本的运算之一。在高等代数中，多项式一般可表示为以下形式：

$$f(x) = a_0x^n + a_1x^{n-1} + ... + a_{n-1}x + a_n$$

对于这种表示形式，很容易用它的系数向量来表示，即：

$$\boldsymbol{p} = [a_0, a_1, ..., a_{n-1}, a_n]$$

在 MATLAB 中正是用这样的系数向量来表示多项式的。

1. 多项式的构造

多项式可以直接用向量表示，因此，构造多项式最简单的方法就是直接输入向量。这种方法可通过函数 poly2sym 来实现。其调用格式如下：

poly2sym（***p***）

其中，***p*** 为多项式的系数向量。

例 3-8：直接用向量构造多项式示例。

解：MATLAB 程序如下。

```
>> p=[1 -2 5 6];
>> poly2sym(p)
ans=
x^3-2* x^2+5* x+6
```

2. 插值多项式的构造

对于区间 $[x_1, x_2]$ 上的系数 $[a, b, c, d]$，对应的多项式为：

$$f(x) = a(x - x_1)^3 + b(x - x_1)^2 + c(x - x_1) + d$$

分段多项式参数信息如下。

- form：分段多项式结构体 pp。
- breaks：断点，包含严格递增元素的长度为 L+1 的向量，这些元素代表 L 个区间中每个区间的开始点和结束点。
- coefs：多项式系数，L×k 矩阵。其中行 coefs（i,:）包含第 i 个区间［breaks（i），breaks（i+1）］上 k 次多项式的局部系数。
- pieces：区间数 L=［x1，x2］。
- order：多项式的阶。
- dim：目标的维度。

在 MATLAB 中，mkpp 函数利用样条工具函数对离散数据进行分段多项式插值计算，该函数的使用格式见表 3-7。

表 3-7 mkpp 调用格式

调用格式	说明
pp=mkpp（breaks，coefs）	根据其间断数 breaks 和系数 coefs 生成分段多项式 pp
pp=mkpp（breaks，coefs，d）	根据其间断数 breaks、系数 coefs 和维度 d 生成分段多项式 pp

在 MATLAB 中，unmkpp 函数利用分段插值多项式计算多项式参数，该函数的使用格式见表 3-8。

表 3-8 unmkpp 调用格式

调用格式	说明
[breaks, coefs, L, order, dim] =unmkpp (pp)	从分段多项式结构体 pp 的字段中提取参数信息

例 3-9：提取多项式 $f(x)=x^2+x+1$ 在 [0,3] 内的信息。

解：在命令行窗口中输入以下命令。

```
>> close all                              % 关闭所有打开的文件
>> clear                                  % 清除工作区的变量
>> poly2sym([1 1 1])                      % 直接用向量构造多项式
ans =

x^2+x+1
>> pp=mkpp([0 3],[1 1 1])                 % 为区间[0,3]内的多项式创建分段多项式结构体
pp =

  包含以下字段的 struct:
form:'pp'
breaks:[0 3]
coefs:[1 1 1]
pieces:1
order:3
dim:1
>> [breaks,coefs,L,order,dim]=unmkpp(pp)  % 从该结构体的字段中提取信息
breaks =

   0     3
coefs =

   1     1     1
L =

   1
order =

   3
dim =

   1
```

3.3.2 计算多项式插值

在 MATLAB 中，ppval 函数利用不同算法对离散数据进行分段多项式插值计算，该函数的使用格式见表 3-9。

表 3-9 ppval 调用格式

调用格式	说明
v=ppval（pp，xq）	对一组节点（pp，xq）进行插值，计算插值点 xq 的函数值。pp 是分段多项式

例 3-10：计算多项式 $f(x)=x^2+x+1$ 在［-3,0］［0,3］［3,6］内的插值。

解：在命令行窗口中输入以下命令。

```
>> close all                                    % 关闭所有打开的文件
>> clear                                        % 清除工作区的变量
>> pp=mkpp([0 3],[1 1 1]);                      % 为区间[0,3]内的多项式创建分段多项式结构体
>> v1=ppval(pp,-3:0.1:0);                       % 计算在[0,3]内的插值
>> v2=ppval(pp,0:0.1:3);                        % 计算在[4,6]内的插值
>> v3=ppval(pp,3:0.1:6);                        % 计算在[0,6]内的插值
>> plot(-3:0.1:0,v1,'g* ',0:0.1:3,v2,'bp',3:0.1:6,v3,'r* -');
                                                % 描绘相应的数据点
>> hold on
>> line([-3 -3],ylim,'LineStyle','--')          % 添加垂直线,显示多项式汇合的点
>> line([0 0],ylim,'LineStyle','--')
>> line([3 3],ylim,'LineStyle','--')
>> line([6 6],ylim,'LineStyle','--')
>> title('多项式插值')                            % 添加标题
```

插值结果如图 3-9 所示。

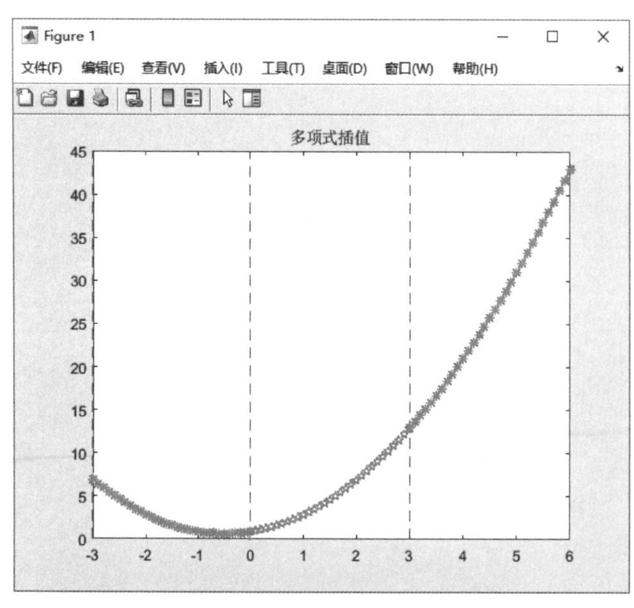

图 3-9 多项式插值

例 3-11：计算多项式 $f(x)=x^3+2x^2+6x+5$ 在 [−5，5] 内的插值。

解：在命令行窗口中输入以下命令。

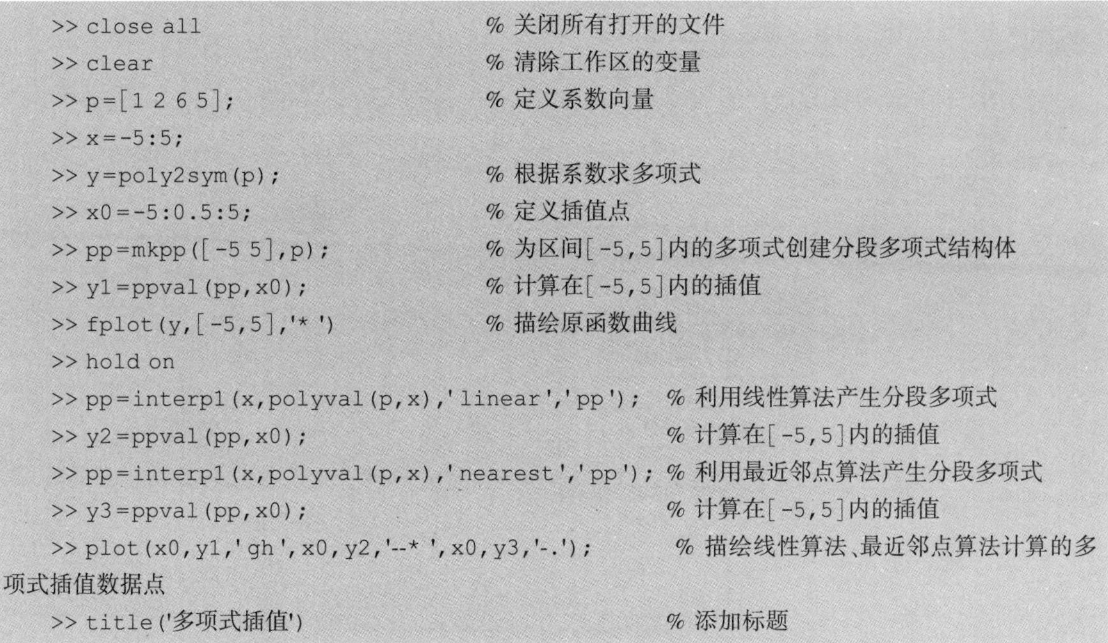

```
>> close all                                  % 关闭所有打开的文件
>> clear                                      % 清除工作区的变量
>> p=[1 2 6 5];                               % 定义系数向量
>> x=-5:5;
>> y=poly2sym(p);                             % 根据系数求多项式
>> x0=-5:0.5:5;                               % 定义插值点
>> pp=mkpp([-5 5],p);                         % 为区间[-5,5]内的多项式创建分段多项式结构体
>> y1=ppval(pp,x0);                           % 计算在[-5,5]内的插值
>> fplot(y,[-5,5],'* ')                       % 描绘原函数曲线
>> hold on
>> pp=interp1(x,polyval(p,x),'linear','pp');  % 利用线性算法产生分段多项式
>> y2=ppval(pp,x0);                           % 计算在[-5,5]内的插值
>> pp=interp1(x,polyval(p,x),'nearest','pp'); % 利用最近邻点算法产生分段多项式
>> y3=ppval(pp,x0);                           % 计算在[-5,5]内的插值
>> plot(x0,y1,'gh',x0,y2,'--* ',x0,y3,'-.');   % 描绘线性算法、最近邻点算法计算的多项式插值数据点
>> title('多项式插值')                          % 添加标题
```

插值结果如图 3-10 所示。

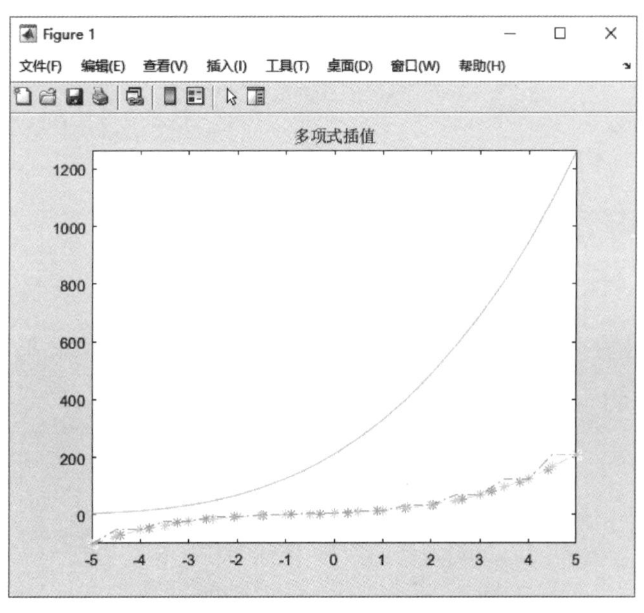

图 3-10 多项式插值

从图 3-10 所示可以看出，多项式插值的五角星线已经严重偏离了原函数的星线。

3.4 常用多项式插值

多项式插值算法是最常见的一种函数插值。从几何上看可以理解为：已知平面上 $n+1$ 个不同点，要寻找一条 n 次多项式曲线通过这些点。多项式插值算法一般有两种常见方法，一个是拉格朗日插值，另一个是牛顿插值。

3.4.1 拉格朗日（Lagrange）插值

拉格朗日插值法算法程序框图如图 3-11 所示。

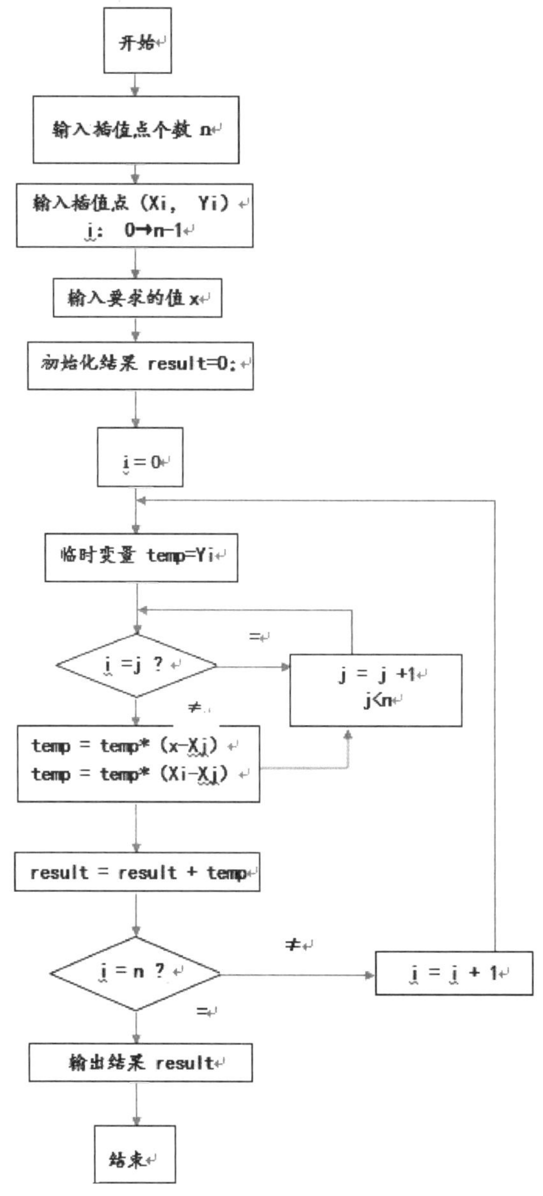

图 3-11　拉格朗日插值法算法程序框图

给定 n 个插值节点 x_1，x_2，…，x_n 和对应的函数值 y_1，y_2，…，y_n，利用 n 次拉格朗日插值多项式公式：

$$L_n(x) = \sum_{k=0}^{n} y_k l_k(x)$$

其中

$$l_k(x)=\frac{(x-x_0)\cdots(x-x_{k-1})(x-x_{k+1})\cdots(x-x_n)}{(x_k-x_0)\cdots(x_k-x_{k-1})(x_k-x_{k+1})\cdots(x_k-x_n)}$$

可以得到插值区间内任意 x 的函数值 y：

$$y(x)=L_n(x)$$

从公式中可以看出，生成的多项式与用来插值的数据密切相关，数据变化则函数就要重新计算，所以当插值数据特别多的时候，计算量会比较大。MATLAB 中并没有现成的拉格朗日插值命令，下面是用 M 语言编写的函数文件。

```
function yy=lagrange(x,y,xx)
% Lagrange 插值,求数据(x,y)所表达的函数在插值点 xx 处的插值
m=length(x);
n=length(y);
if m~=n,error('向量 x 与 y 的长度必须一致');
end
s=0;
for i=1:n
  t=ones(1,length(xx));
  for j=1:n
      if j~=i
        t=t.* (xx-x(j))/(x(i)-x(j));
      end
  end
  s=s+t* y(i);
end
yy=s;
```

一个 n 次的拉格朗日插值函数可以绘制经过（n+1）个节点的曲线，但运算量非常大。而且在次数比较高时，容易产生剧烈的振荡（龙格现象）。所以要选择位置特殊的节点（如切比雪夫多项式的零点）进行插值，或使用多个次数较低的拉格朗日函数分段插值。拉格朗日多项式插值也存在连接处不光滑的问题。

例 3-12：求测量点数据（见表 3-10）。用拉格朗日插值在［-0.2，0.3］区间以 0.01 为步长进行插值。

表 3-10 测量点数据

x	0.1	0.2	0.15	0	-0.2	0.3
y	0.95	0.84	0.86	1.06	1.5	0.72

解：在命令行窗口中输入以下命令。

```
>> close all                              % 关闭所有打开的文件
>> clear                                  % 清除工作区的变量
>> x=[0.1,0.2,0.15,0,-0.2,0.3];           % 输入测量数据
>> y=[0.95,0.84,0.86,1.06,1.50,0.72];
>> xi=-0.2:0.01:0.3;                      % 定义插值点
>> yi=lagrange(x,y,xi)                    % 计算数据(x,y)表示的函数在插值点 xi 处的值
yi =
  1 至 7 列
    1.5000    1.2677    1.0872    0.9515    0.8539    0.7884    0.7498
```

```
  8 至 14 列
    0.7329    0.7335    0.7475    0.7714    0.8022    0.8371    0.8739
  15 至 21 列
    0.9106    0.9456    0.9777    1.0057    1.0291    1.0473    1.0600
  22 至 28 列
    1.0673    1.0692    1.0660    1.0582    1.0464    1.0311    1.0130
  29 至 35 列
    0.9930    0.9717    0.9500    0.9286    0.9084    0.8898    0.8735
  36 至 42 列
    0.8600    0.8496    0.8425    0.8387    0.8380    0.8400    0.8441
  43 至 49 列
    0.8493    0.8546    0.8583    0.8586    0.8534    0.8401    0.8158
  50 至 51 列
    0.7770    0.7200
>> plot(x,y,'r*',xi,yi,'b');    % 使用红色星号和蓝色线条分别描绘原始曲线和插值曲线
>> title('lagrange');           % 添加标题
```

结果如图 3-12 所示。

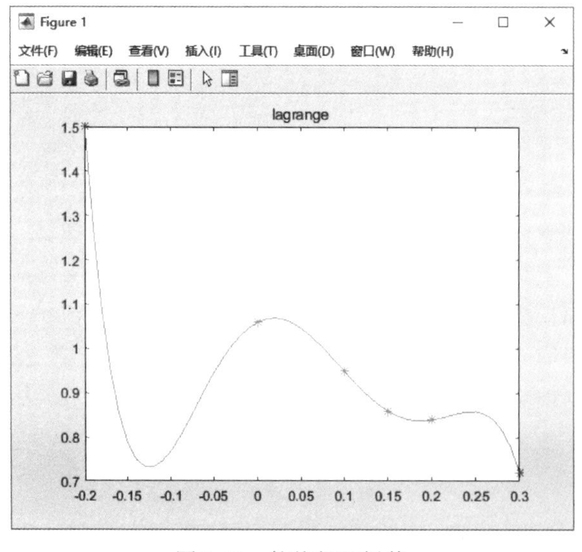

图 3-12　拉格朗日插值

从图 3-12 中可以看出，拉格朗日插值的一个特点是：拟合出的多项式通过每一个测量数据点。

3.4.2 牛顿（Newton）插值

拉格朗日插值每增加一个节点，整个函数就要重新计算，计算量巨大。从算法角度考虑，提出了便于计算的插值方法，也就是牛顿插值公式。牛顿插值每增加一个点只需要在多项式的最后增加一项，而且各基函数的系数可以递归计算，减少了很多计算量。

牛顿（Newton）插值公式是数值插值方法的一种形式。牛顿插值引入了差商的概念，可用于计算牛顿多项式形式的多项式插值的系数。

设函数 $f(x)$，已知 $n+1$ 个插值节点为 (x_i, y_i)，$i=0, 1, \cdots, n$，定义 $f(x)$ 在 x_i 的零阶差商为 $f(x_i)$；$f(x)$ 在点 x_i 与 x_j 的一阶差商为：

$$f(x_i,x_j)=\frac{f(x_i)-f(x_i)}{x_j-x_i}$$

$f(x)$ 在点 x_i，x_j，x_k 的二阶差商为：

$$f(x_i,x_j,x_k)=\frac{f(x_i,x_k)-f(x_i,x_j)}{x_k-x_i}$$

通常，$f(x)$ 在点 x_0，x_1，…，x_k 的 k 阶差商为：

$$f(x_0, x_1, \cdots, x_k)=\frac{f(x_1, x_2, \cdots, x_k)-f(x_0, x_1, \cdots, x_{k-1})}{x_k-x_0}$$

可将 k 阶差商 $f(x_0, x_1, \cdots, x_k)$ 表示为函数值 $f(x_0)$，$f(x_1)$，…，$f(x_k)$ 的组合：

$$f(x_0, x_1, \cdots, x_k)=\sum_{i=1}^{k}\frac{f(x_i)}{\Pi_{j=0,\ j=i}^{k}(x_i-x_j)}$$

$f(x)$ 的各阶差商：

$$f(x, x_0)=\frac{f(x_0)-f(x)}{x_0-x}$$

$$f(x, x_0, x_1)=\frac{f(x_0, x_1)-f(x, x_0)}{x_1-x}$$

$$\cdots$$

$$f(x, x_0, x_1, \cdots, x_n)=\frac{f(x_0, x_1, \cdots, x_n)-f(x, x_0, \cdots, x_{n-1})}{x_n-x}$$

分别变形可得：

$$f(x)=f(x_0)+(x-x_0)f(x, x_0)$$

$$f(x, x_0)=f(x_0, x_1)+(x-x_1)f(x, x_0, x_1)$$

$$\cdots$$

$$f(x, x_0, \cdots, x_n)=f(x_0, x_1, \cdots, x_n)+(x-x_n)f(x, x_0, \cdots, x_n)$$

依次代入，可得牛顿插值公式：

$$f(x)=f(x_0)+(x-x_0)f(x_0, x_1)+(x-x_0)(x-x_1)f(x_0, x_1, x_2)+\cdots+(x-x_0)(x-x_1)\cdots(x-x_{n-1})f(x_0, x_1, \cdots, x_n)$$

可记为：

$$f(x)=N_n(x)+R_n(x)$$

其中，$R_n(x)$ 为牛顿插值公式的余项或截断误差，当 n 趋于无穷大时为零。

MATLAB 中并没有现成的牛顿插值命令，下面是用 M 语言编写的牛顿插值函数文件 newton. m。

```
function yi=newton(x,y,xi)
% Newton 基本插值公式
% x 为向量,全部的插值节点
% y 为向量,差值节点处的函数值
% xi 为标量,是自变量
% yi 为 xi 处的函数估计值
n=length(x);
m=length(y);
% 计算均差表 Y
```

```
Y=zeros(n);
Y(:,1)=y';
for k=1:n-1
    for i=1:n-k
        Y(i,k+1)=(Y(i+1,k)-Y(i,k))/(x(i+k)-x(i));
    end
end
% 计算牛顿插值公式
yi=0;
for i=1:n
    z=1;
    for k=1:i-1
        z=z.* (xi-x(k));
    end
    yi=yi+Y(1,i)* z;
end
```

牛顿插值作为一种常用的数值拟合方法，因其计算简单，方便进行大量插值点的计算，且逻辑清楚，便于编程计算，在实验分析中具有广泛的应用。特别是实验中经常出现只能测量得到离散数据点的情况，或者只能用数值解表示某对应关系之时，可以使用牛顿插值公式，对离散点进行拟合，得到较为准确的函数解析值。

例 3-13：A、B、C 三种微生物在低温、常温、高温下的存活时间见表 3-11，比较微生物 A 在不同温度下的不同插值。

表 3-11　给定数据　（单位：min）

种　类	低　温	常　温	高　温
A	128.8	334.7	385.5
B	246.4	142	369.7
C	270.6	156.3	406

解：在命令行窗口中输入以下命令。

```
>> close all                        % 关闭所有打开的文件
>> clear                            % 清除工作区的变量
>> Y=[128.8 334.7 385.5;246.4 142 369.7;270.6 156.3 406];
>> y=Y(1,:);
>> x=1:3;
>> x0=[0:0.1:3];                    % 定义插值点,间隔值为 0.1
>> y0=newton(x,y,x0);               % 对函数进行牛顿插值
>> y1=interp1(x,y,x0);              % 对函数进行分段线性插值
>> plot(x,y,'o',x0,y0);             % 用圆圈绘制原始数据,用黑色实线绘制牛顿插值的曲线
>> hold on                          % 保留当前图形窗口中的绘图
>> plot(x0,y1,'r--');               % 用红色虚线绘制取值点步长值为 0.1 的分段线性函数曲线
>> y2=lagrange(x,y,x0);             % 对函数进行拉格朗日插值
>> plot(x0,y2,'g* ')                % 用绿色星号描绘拉格朗日插值的曲线
>> y3=interpft(y,length(x0));       % 对函数进行 FFT 插值
>> plot(x0,y3,'b^')                 % 用蓝色三角形符号描绘 FFT 插值的曲线
```

结果如图 3-13 所示。

从图 3-13 中可以看出，傅里叶插值 FFT 处的三角形蓝色线已经严重偏离了原函数的虚线，而拉格朗日插值、分段线性插值、牛顿插值的曲线是收敛的。

牛顿插值绘制的曲线与拉格朗日插值的曲线略有不同。次数较高时，牛顿插值也会产生剧烈的振荡。

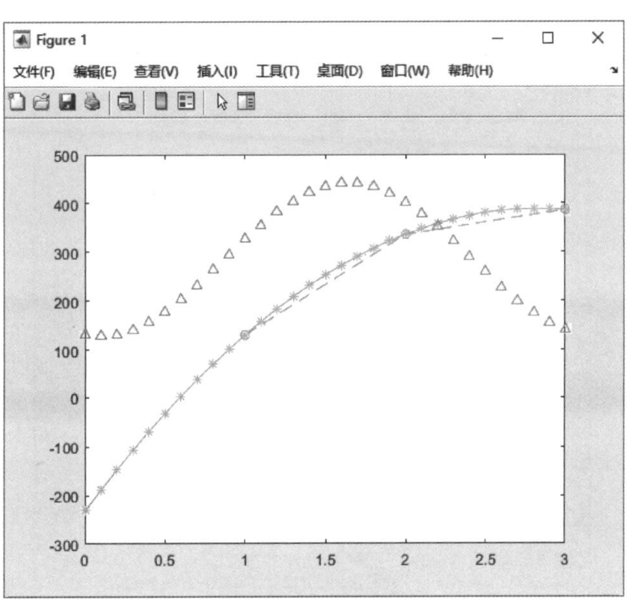

图 3-13　插值比较

例 3-14：通过下面插值函数在［-1，1］区间以 0.1 为步长进行牛顿插值。

$f_1(x)=5x^2+2x+1$、$f_2(x)=x^3+5x^2+2x+1$、$f_3(x)=3x^5-x^4+x^3+5x^2+2x+1$

解：在命令行窗口中输入以下命令。

```
>> close all                                    % 关闭所有打开的文件
>> clear                                        % 清除工作区的变量
>> x=[-1:0.5:1];                                % 定义取值区间和取值点,间隔值为 0.5
>> x0=[-1:0.1:1];                               % 定义插值点,间隔值为 0.1
>> y1=5* x.^2+2* x+1;                           % 定义函数表达式,自变量为 x
>> y2=x.^3+5* x.^2+2* x+1;                      % 定义函数表达式,自变量为 x
>> y3=3* x.^5-x.^4+x.^3+5* x.^2+2* x+1;         % 定义函数表达式,自变量为 x
>> y01=newton(x,y1,x0);                 % 对函数进行牛顿插值
>> y02=newton(x,y2,x0);                 % 对函数进行牛顿插值
>> y03=newton(x,y3,x0);                 % 对函数进行牛顿插值
>> subplot(131)
>> plot(x,y1,'--');                     % 用虚线绘制原曲线
>> hold on                              % 保留当前图形窗口中的绘图
>> plot(x0,y01,'k* ');                  % 用黑色虚线绘制取值点步长值为 0.1 的函数曲线 1
>> subplot(132)
>> plot(x,y2,'--');                     % 用虚线绘制原曲线
>> hold on                              % 保留当前图形窗口中的绘图
```

```
>> plot(x0,y02,'r-')              % 用红色实线描绘牛顿插值的曲线 2
>> subplot(133)
>> plot(x,y3,'--');               % 用虚线绘制原曲线
>> hold on                        % 保留当前图形窗口中的绘图
>> plot(x0,y03,'mh-.')            % 用品红色点画线描绘牛顿插值的曲线 3
```

插值结果如图 3-14 所示。

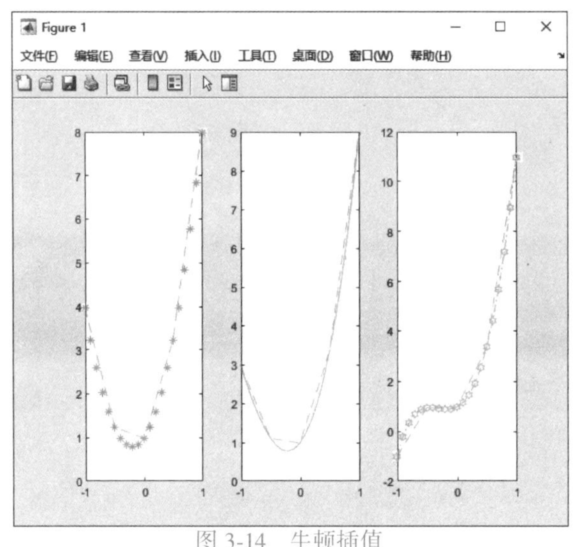

图 3-14　牛顿插值

从图 3-14 中可以看出，插值多项式次数高精度未必显著提高，插值多项式次数越高舍入误差可能显著增大。

3.4.3 埃尔米特（Hermite）插值

不少实际的插值问题既要求节点上函数值相等，又要求对应的导数值也相等，甚至要求高阶导数也相等，满足这种要求的插值多项式就是埃尔米特插值多项式。

埃尔米特插值方法不但规定了各节点的坐标值，还规定了曲线在每个节点的各阶导数，这样就可以既保持曲线的稳定，又保证在连接处足够光滑。

已知 n 个插值节点 x_1，x_2，…，x_n 和对应的函数值 y_1，y_2，…，y_n 以及一阶导数值 y_1'，y_2'，…，y_n'，则在插值区域内任意 x 的函数值 y 为：

$$y(x) = \sum_{i=1}^{n} h_i[(x_i - x)(2a_i y_i - y_i') + y_i]$$

其中：

$$h_i = \prod_{j=1,j\neq i}^{n} \left(\frac{x - x_j}{x_i - x_j}\right)^2$$

$$a_i = \sum_{i=1,j\neq i}^{n} \frac{1}{x_i - x_j}$$

MATLAB 没有现成的埃尔米特插值命令，下面是用 M 语言编写的函数文件。

```
function yy=hermite(x0,y0,y1,x)
% hermite 插值,求数据(x0,y0)所表达的函数、y1 所表达的导数值以及在插值点 x 处的插值
n=length(x0);
```

```
m=length(x);
for k=1:m
    yy0=0;
    for i=1:n
        h=1;
        a=0;
        for j=1:n
            if j~=i
                h=h* ((x(k)-x0(j))/(x0(i)-x0(j)))^2;
                a=1/(x0(i)-x0(j))+a;
            end
        end
        yy0=yy0+h* ((x0(i)-x(k))* (2* a* y0(i)-y1(i))+y0(i));
    end
    yy(k)=yy0;
end
```

例 3-15：某次实验中测得的某质点的速度和加速度随时间的变化见表 3-12，求质点在时刻 1.8 处的速度。

表 3-12 质点的速度和加速度数据

t	0.1	0.5	1	1.5	2	2.5	3
y	0.95	0.84	0.86	1.06	1.5	0.72	1.9
y1	1	1.5	2	2.5	3	3.5	4

解：在命令行窗口中输入以下命令。

```
>> close all                          % 关闭所有打开的文件
>> clear                              % 清除工作区的变量
>> t=[0.1 0.5 1 1.5 2 2.5 3];         % 输入实验数据
>> y=[0.95 0.84 0.86 1.06 1.5 0.72 1.9];
>> y1=[1 1.5 2 2.5 3 3.5 4];
>> yy=hermite(t,y,y1,1.8)             % 利用自定义函数求数据(t,y)表示的函数在插值点 1.8
处的值,其中函数的导数值为 y1
yy=
    1.3298
>> t1=[0.1:0.01:3];              % 定义插值点
>> yy1=hermite(t,y,y1,t1);       % 利用自定义函数求数据(t,y)表示的函数在各个插值点处的值
>> plot(t,y,'o',t,y1,'* ',t1,yy1,'k')  % 分别绘制速度曲线、加速度曲线和速度插值曲线
```

插值结果如图 3-15 所示。

例 3-16：计算正弦函数的多项式插值。

解：在命令行窗口中输入以下命令。

```
>> close all                     % 关闭所有打开的文件
>> clear                         % 清除工作区的变量
>> t=0:0.5* pi:2* pi;            % 定义自变量范围
```

```
>> y=sin(t);                            % 定义函数表达式
>> y1=cos(t);                           % 定义函数导数表达式
>> t1=0:0.05* pi:2* pi;                 % 定义插值点
>> yy1=hermite(t,y,y1,t1);              % 利用自定义函数求数据(t,y)表示的函数在各个插值点处的值
>> yy2=newton(t,y,t1);                  % 对函数进行牛顿插值
>> yy3=lagrange(t,y,t1);                % 计算数据(x,y)表示的函数在插值点 ti 处的拉格朗日(Lagrange)插值
>> h=plot(t,y,'o',t1,yy1,'b:',t1,yy2,'r--',t1,yy3,'k:');
                                        % 分别绘制函数曲线、埃尔米特插值曲线、牛顿插值曲线和拉格朗日(Lagrange)插值曲线
>> legend(h,'原始曲线','埃尔米特插值','牛顿插值','拉格朗日插值')
```

插值结果如图 3-16 所示。

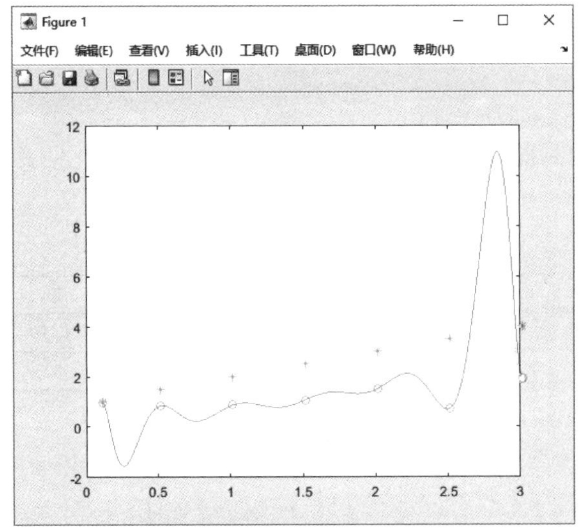

图 3-15　埃尔米特插值

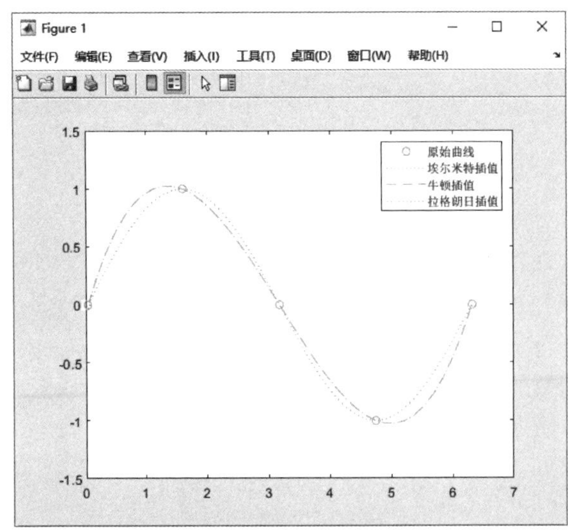

图 3-16　多项式插值

3.5 分段插值

分段插值就是对每一个分段区间（x_i，x_{i+1}）分别进行插值，最后所得插值函数为分段函数。

利用多项式进行函数的拟合与插值并不是次数越高精度越高。早在20世纪初龙格（Runge）就给出了一个等距节点插值多项式不收敛的例子，从此这种高次插值的病态现象称为龙格现象。

3.5.1 龙格函数

在多项式插值中，一般情况下，多项式的次数越高，需要的数据就越多，而预测也就越准确。

1901年，Carl Runge发表了关于高次多项式插值风险的研究结果，给出一个简单的函数：

$$f(x)=\frac{1}{1+25x^2}$$

该函数称为龙格函数。在数值分析中，高次插值会产生龙格现象。即在两端处波动极大，产生明显的振荡。针对此问题，人们通过插值点用折线连接起来逼近原曲线，这就是所谓的分段线性插值。

例3-17：在Runge给出的等距节点插值多项式不收敛的例子中，函数为 $f(x)=\frac{1}{1+x^2}$，在[-5，5]区间以0.1为步长分别进行拉格朗日插值和分段线性插值，比较两种插值结果。

解：在命令行窗口中输入以下命令。

```
>> close all                  % 关闭所有打开的文件
>> clear                      % 清除工作区的变量
>> x=[-5:1:5];                % 定义取值区间和取值点,间隔值为 1
>> y=1./(1+x.^2);             % 定义函数表达式,自变量为 x
>> x0=[-5:0.1:5];             % 定义插值点,间隔值为 0.1
>> y0=lagrange(x,y,x0);       % 对函数进行拉格朗日插值
>> y1=1./(1+x0.^2);           %定义函数表达式,,自变量为 x0
>> y2=interp1(x,y,x0);        % 对函数进行分段线性插值
>> plot(x0,y0,'o');           % 用圆圈绘制拉格朗日插值的曲线
>> hold on                    % 保留当前图形窗口中的绘图
>> plot(x0,y1,'k--');         % 用黑色虚线绘制取值点步长值为 0.1 的函数曲线
>> plot(x0,y2,'r*')           % 用红色星号描绘分段线性插值的曲线
```

插值结果如图3-17所示。

从图3-17中可以看出，拉格朗日插值处的圆圈线已经严重偏离了原函数的虚线，而分段线性插值处的星号线是收敛的。

3.5.2 分段线性插值

分段线性插值就是利用每两个相邻的插值基点做线性插值，可以得到分段线性插值函数：

$$y(x)=l_i(x)f_i+l_{i+1}(x)f_{i+1}，\ x\in\lfloor x_i,x_{i+1}\rfloor，\ (i=0,1,2,\cdots,n)$$

其中

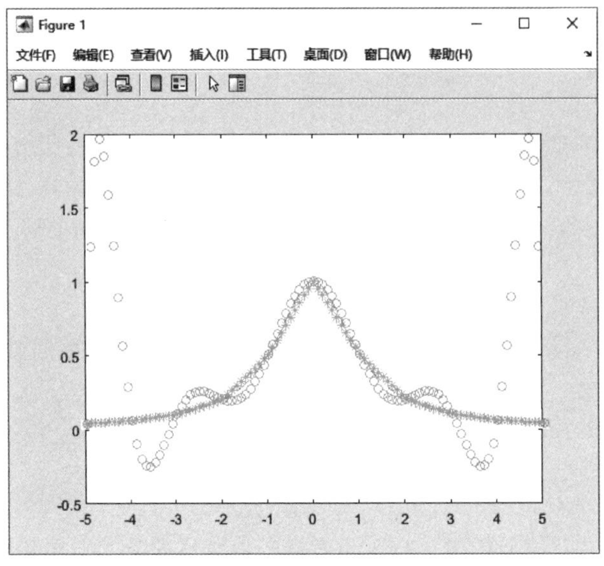

图 3-17　Runge 现象

$$l_i(x)=\frac{x-x_{i+1}}{x_i-x_{i+1}},\ l_{i+1}(x)=\frac{x-x_I}{x_{i+1}-x_i}$$

设分段线性插值函数为 $y(x)$，则具有以下性质：

1）$y(x)$可以分段表示并且 $y_i(x)$在每个小区间 $[x_{i-1},\ x_i]$ 上都是线性函数。

2）$y_i(x)=f(x_i)=f_I$，$(i=0,1,2,\cdots,n)$。

3）$y(x)$在整个区间 $[a,b]$ 上连续。

例 3-18：某市环保检测中心网站公布 2012 年 3 月 31 日的 PM2. 5 研究性检测部分数据见表 3-13（时间间隔为 4h），分别计算 PM2. 5 研究性检测数据不同时间间隔（时间间隔为 2h、1h、10min）下的插值。

表 3-13　PM2. 5 研究性检测部分数据

时间	0：00	4：00	8：00	12：00	16：00	20：00
PM2. 5/(mg/m^3)	0. 027	0. 035	0. 032	0. 014	0. 016	0. 032

解：MATLAB 程序如下。

```
>> close all                                   % 关闭当前已打开的文件
>> clear                                       % 清除工作区的变量
>> t=0:4:20;                                   % 创建时间 t 的数据
>> P=[0.027 0.035 0.032 0.014 0.016 0.032];    % 输入数据
>> t1=0:2:20;                                  % 按照每 2h 测一次,计算次数
>> t2=0:1:20;                                  % 按照每 1h 测一次,计算次数
>> t3=0:1/6:20;                                % 按照每 10min 测一次,计算次数
>> P1=interp1(t,P,t1);                         % 计算每 2h 测一次的插值结果
>> P2=interp1(t,P,t2);                         % 计算每 1h 测一次的插值结果
>> P3=interp1(t,P,t3);                         % 计算每 10min 测一次的插值结果
>> subplot(131)
>> h=plot(t,P,'r',t1,P1,'gh');                 % 用红色的线描绘相应的数据点
```

```
>> subplot(132)
>> h=plot(t,P,'r',t2,P2,'bo');              % 用红色的线描绘相应的数据点
>> subplot(133)
>> h=plot(t,P,'r',t3,P3,'m^');              % 用红色的线描绘相应的数据点
```

插值结果如图 3-18 所示。

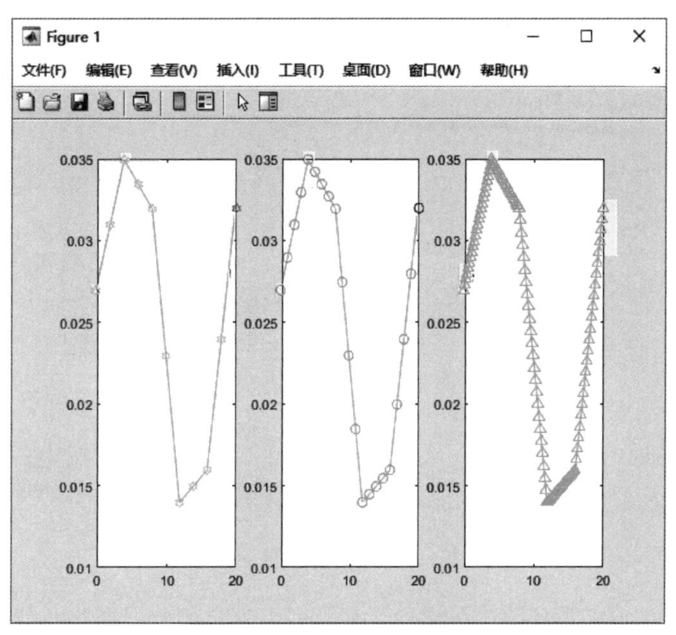

图 3-18 分段线性插值

分段线性插值函数的序列具有一致的收敛性，弥补了高阶拉格朗日插值方法的不足。但该算法存在插值精度低、基点处不光滑的缺陷，可以通过增加插值点提高插值精度。

例 3-19：某短跑运动员在集训中的 6 次测试成绩（单位：s）如下：12.5，12.7，12.1，12.8，12.4，12.5，计算该短跑运动员测试 10 次的线性分段插值与拉格朗日插值。

解：MATLAB 程序如下。

```
>> close all                                % 关闭当前已打开的文件
>> clear                                    % 清除工作区的变量
>> t=1:6;                                   % 创建次数 t 的数据
>> y=[12.5 12.7 12.1 12.8 12.4 12.5];       % 输入数据
>> ti=linspace(1,6,10);                     % 定义测试 10 次时间点
>> yi=interp1(t,y,ti);                      % 计算测试 10 次的插值结果
>> yii=lagrange(t,y,ti);                    % 计算拉格朗日插值
>> h=plot(t,y,'o-',ti,yi,'r* -',ti,yii,'b-.');
>> title('测试成绩与插值数据')              % 添加标题
>> legend(h,'原始曲线','线性插值','拉格朗日插值')
```

插值结果如图 3-19 所示。

从图 3-19 中可以看出，红色星曲线比蓝色点画线更贴近圆圈原始曲线。分段线性插值是通过顺次连接各插值点形成线段，从而逼近原始曲线。分段线性插值克服了拉格朗日插值法的非收

敛性。

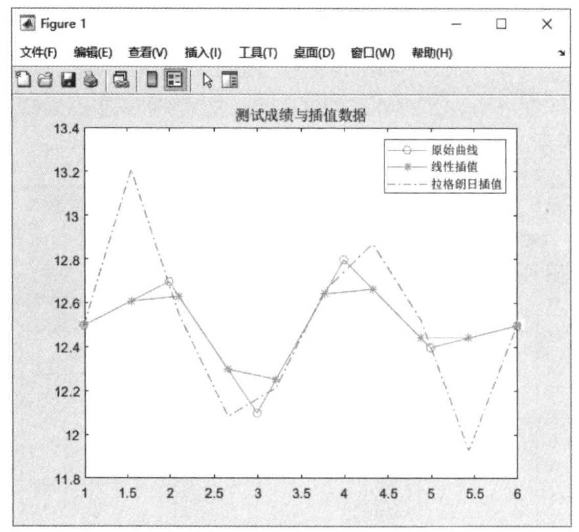

图 3-19　数据插值比较

选取跟节点 x 最近的三个节点 x_{i-1}，x_i，x_{i+1} 进行二次插值。即在内一个区间 $[x_{i+1},\ x_{i+1}]$ 上，取：

$$f(x) \approx L_2(x) = \sum_{k=i-1}^{i+1}\left[y_k \prod_{j=i-1}^{i+1} \frac{(x - x_j)}{x_k - x_i} \right]$$

这种分段的低次插值称为分段二次插值，在几何上就是用分段抛物线代替 $y=f(x)$，故分段二次插值又称为分段抛物插值。

3.5.3 分段三次（埃尔米特）插值

为了克服线性插值一阶导数不连续的缺点，采取分段 Hermite 插值。直接使用埃尔米特插值得到的多项式次数较高，也存在着龙格现象，因此在实际应用中，往往使用分段三次埃尔米特插值多项式。分段三次埃尔米特插值实际就是找四个点分段三次进行插值计算。

在 MATLAB 中，pchip 函数用于进行分段三次 Hermite 插值多项式，该函数的使用形式见表 3-14。

表 3-14　pchip 调用格式

调用格式	说　明
p=pchip（x，y，xq）	计算出三次 Hermite 样条插值的分段多项式 p，x 是样本点，y 是样本点 x 处的函数值，xq 为查询点，可以用函数 ppval（pp，x）计算多项式在 x 处的值
pp=pchip（x，y）	计算分段多项式

例 3-20：计算正弦函数的线性插值、分段三次插值和埃尔米特插值，预测下一个周期函数值。

解：在命令行窗口中输入以下命令。

```
>> close all                    % 关闭所有打开的文件
>> clear                        % 清除工作区的变量
>> t=0:0.2* pi:2* pi;           % 定义自变量范围
```

```
>> y=sin(t);                              % 定义函数表达式
>> y1=cos(t);                             % 定义函数导数表达式
>> t1=2* pi:0.1* pi:4* pi;                % 定义插值点
>> yy1=pchip(t,y,t1);                     % 求数据(t,y)表示的函数在各个插值点处的值
>> yy2=hermite(t,y,y1,t1);                % 对函数进行埃尔米特插值
>> yy3=interp1(t,y,t1,'pchip','extrap');  % 计算分段三次外推值
>> h=plot(t,y,'o',t1,yy1,'b',t1,yy2,'r--',t1,yy3,'m>:');
                                          % 分别绘制函数曲线和插值曲线
>> legend(h,'原始曲线','分段三次插值','埃尔米特插值','分段三次外推插值')
```

插值结果如图 3-20 所示。

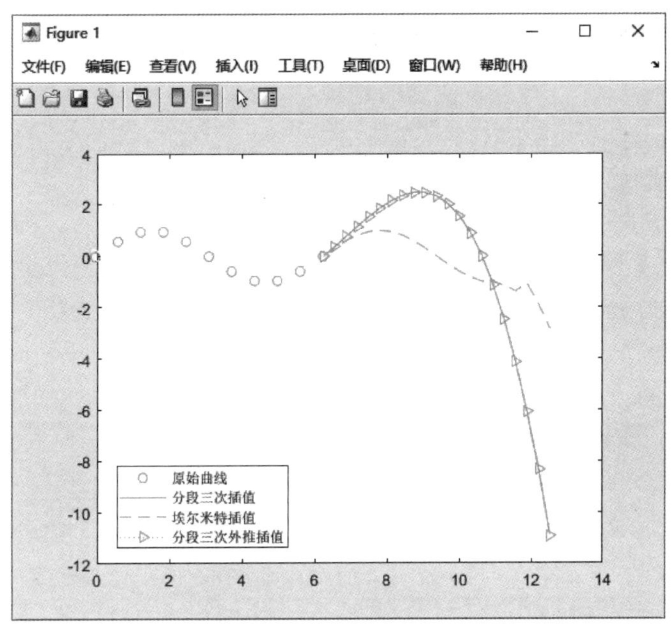

图 3-20 分段三次插值

例 3-21：销售业绩分析表见表 3-15。可以通过收入提成的实际工资数据简单看出销售员的销售水平，计算该公司的销售员基本工资插值。

表 3-15 销售业绩分析表 （单位：元）

员工编号	基本工资	收入提成	住房补助	请假费	加班费
ST001	2400	1400	120	60	100
ST002	2800	1325	120	0	100
ST003	2400	1475	120	0	0
ST004	3200	1380	120	200	200
ST005	2400	1470	120	50	200
ST006	1600	1495	120	100	200
ST007	2000	1300	120	0	100
ST008	2400	1400	120	0	0

解：MATLAB 程序如下。

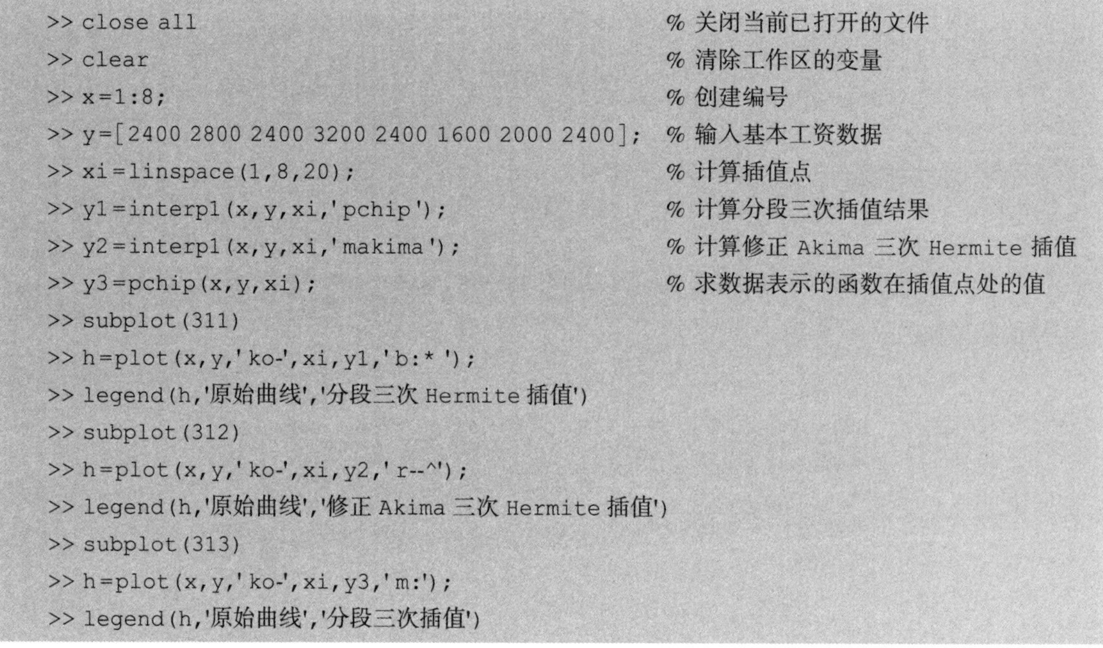

```
>> close all                                        % 关闭当前已打开的文件
>> clear                                            % 清除工作区的变量
>> x=1:8;                                           % 创建编号
>> y=[2400 2800 2400 3200 2400 1600 2000 2400];     % 输入基本工资数据
>> xi=linspace(1,8,20);                             % 计算插值点
>> y1=interp1(x,y,xi,'pchip');                      % 计算分段三次插值结果
>> y2=interp1(x,y,xi,'makima');                     % 计算修正 Akima 三次 Hermite 插值
>> y3=pchip(x,y,xi);                                % 求数据表示的函数在插值点处的值
>> subplot(311)
>> h=plot(x,y,'ko-',xi,y1,'b:* ');
>> legend(h,'原始曲线','分段三次 Hermite 插值')
>> subplot(312)
>> h=plot(x,y,'ko-',xi,y2,'r--^');
>> legend(h,'原始曲线','修正 Akima 三次 Hermite 插值')
>> subplot(313)
>> h=plot(x,y,'ko-',xi,y3,'m:');
>> legend(h,'原始曲线','分段三次插值')
```

插值结果如图 3-21 所示。

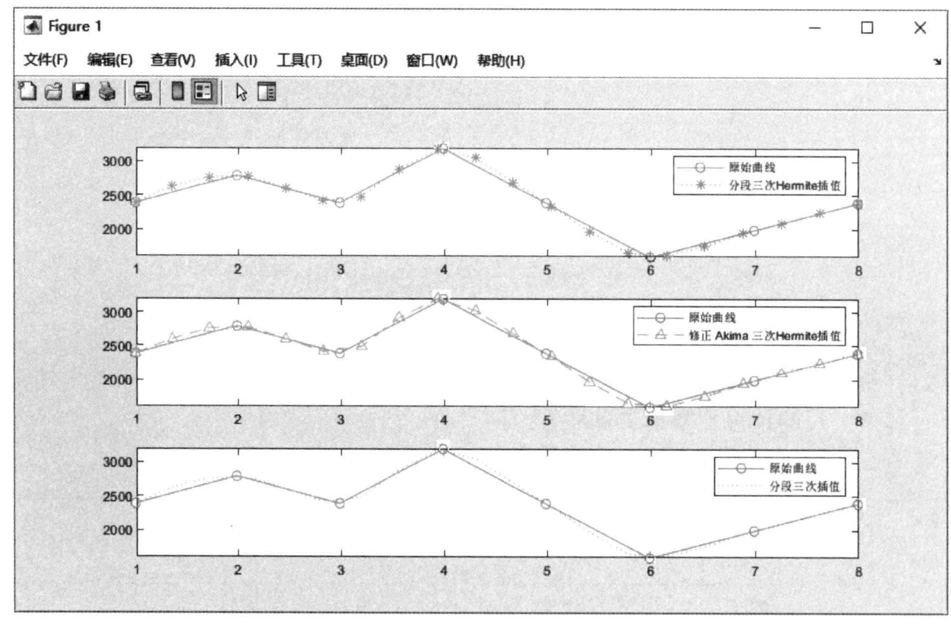

图 3-21　数据分段三次插值比较

3.6　三次样条插值

为了避免高次插值可能出现的大幅度波动现象，在实际应用中通常采用分段低次插值来提高近似程度。例如，可用分段线性插值或分段三次埃尔米特插值来逼近已知函数，但它们的总体光

滑性较差。为了克服这一缺点，提出了一种全局化的分段插值方法——三次样条插值。

设 $y=f(x)$ 在点 x_0，x_1，x_2，…，x_n 的值为 y_0，y_1，y_2，…，y_n 若函数 $S(x)$ 满足下列条件：

1）$S(x_i)=f(x_i)=y_i$，$i=0$，1，2，…，n。

2）在每个子区间 $[x_i, x_{i+1}]$($i=0$，1，2，…，$n-1$) 上 $S(x)$ 为三次多项式。

3）$S(x)$ 在 $[a, b]$ 上二阶连续可微。

则称 $S(x)$ 为函数 $f(x)$ 三次样条插值函数。

$S(x)$ 除了满足基本插值条件 $s(x_i)=f_i$ 外，还应具有如下形式：

$$s(x)=\begin{cases} S_0(x), & x\in[x_0, x_1] \\ S_1(x), & x\in[x_1, x_2] \\ \vdots & \\ S_{n-1}(x), & x\in[x_{n-1}, x_n] \end{cases} \qquad S_i(x)\in C^3([x_i, x_{i+1}])$$

并且满足条件：

$$\begin{cases} S_{i-1}(x_i)=S_i(x_i) \\ S'_{i-1}(x_i)=S'_i(x_i) \\ S''_{i-1}(x_i)=S''_i(x_i) \end{cases}$$

3.6.1 样条曲线

在工程实际中，往往要求一些图形是二阶光滑的，如高速飞机的机翼形线。早期的工程制图在制作的时候，将样条（富有弹性的细长木条）固定在样点上，其他地方自由弯曲，然后画下整条的曲线，称为样条曲线。

1. Bezier 样条

Bezier（贝塞尔）样条是法国工程师皮埃尔·贝塞尔（Pierre Bézier）在 1962 年为了设计汽车主体外形曲线而提出的。其一般表达式为：

$$P(u)=\sum_{k=0}^{n} C_n^k P_k u^k (1-u)^{n-k}$$

其中，u 取值为 $[0, 1]$；P_k（$k=0$，…，n）为（$n+1$）个节点；n 称为阶数。

Bezier 样条还可以递归定义为：

$$P(u)=P_{p_0p_1\cdots p_n}(u)=u(1-u)P_{p_0p_1\cdots p_{n-1}}(u)+uP\,P_{p_1p_2\cdots p_n}(u)$$

其中，n 阶 Bezier 样条是两条（$n-1$）阶 Bezier 样条的插值。当阶数 $n=1$ 时，Bezier 插值退化成线性插值。改变任意一个控制点的位置，整条曲线的形状都会发生变化。

比较常用的 Bezier 样条是 3 次 Bezier：

$$P(u)=(u^3, u^2, u, 1)\begin{pmatrix} -1 & 3 & -3 & 1 \\ 3 & -6 & 0 & 0 \\ -3 & 3 & 0 & 0 \\ 1 & 06 & 0 & 0 \end{pmatrix}\begin{pmatrix} p_0 \\ p_1 \\ p_2 \\ p_3 \end{pmatrix}$$

Beizer 样条在首尾端的切线是前两个点和最后两个点的连线。除了第一个点和最后一个点，其他控制点一般都不在曲线上。

Bezier 样条可以实现非常快速的运算。为了方便说明，将 3 次 Bezier 样条表示成如下形式：

$$P(u)=au^3+bu^2+cu+d$$

$$\begin{cases}a=-p_0+3p_1-3p_2+p_3\\b=3p_0-6p_1+3p_2\\c=-3p_0+3p_1\\d=p_0\end{cases}$$

对于任意给定的 u，可以通过合并的方式将原来的 7 次乘法、4 次加法减少为 3 次乘法、3 次加法：

$$P(u)=((au+b)u+c)u+d$$

一般情况下，应用 Bezier 样条绘制曲线时，都是先给定一个很小的步长 t（步长足够小才能保证 Bezier 曲线的精确），t 从 0 取到 1，从头到尾绘制整条曲线。在 t 不变的条件下，可以使用更快速的差分方法，利用前一个点计算出下一个点的值，将每步的计算量减小到只有 3 次加法：

$$\begin{cases}x_k+\Delta x_k=x_{k+1}\\\Delta x_{k-1}+\Delta_0 x_{k-1}=\Delta x_k\\\Delta_2 x_{k-2}+\Delta_3 x_{k-2}=\Delta_0 x_{k-1}\\\Delta_3 x_{k-2}=6at^3\end{cases}$$

只需要在绘制曲线之前计算 4 个常数，就可以很快地计算出曲线上的所有点：

$$\begin{cases}x_0=d\\\Delta x_0=at^3+bt^2+ct\\\Delta_2 x_0=6at^3+2bt^2\end{cases}$$

采用这种方式，Bezier 样条的运算量只随阶数线性增长。

2. NURBS 样条

NURBS（Non-Uniform Rational B-Splines，非均匀有理 B-样条），是贝塞尔样条的推广。“非均匀”的意思是控制点的间隔可以是不均匀的，“有理”的意思是各控制点带有不同的权值。和 Bezier 样条相比，它对曲线形状的控制更自由。

$$P(u)=\frac{\sum_{k=0}^{m}B_{k,d}(u)w_k p_k}{\sum_{k=0}^{m}B_{k,d}(u)w_k},\quad u_{\min}\leqslant u\leqslant u_{\max}$$

其中基函数 $B(k,d)$ 与 B-样条的基函数相同；$w(k)$ 为各点的权因子。和 B-样条一样，改变一个控制点的位置，只改变它所在的 n 段曲线的形状，而不对其余的（m-n）段曲线产生影响。

3.6.2 三次样条插值

样条曲线实际上是由分段三次曲线连接而成，在连接点上要求二阶导数连续。这种方法在数学上被概括发展为数学样条，其中最常用的就是三次样条函数。三次样条插值可以很好地保持数据光滑性和连续性，减少信息量的损失。

在 MATLAB 中，提供了 spline 函数进行三次样条插值，spline 函数的使用形式见表 3-16。

表 3-16　spline 调用格式

调用格式	说　明
pp=spline（x，Y）	计算出三次样条插值的分段多项式，可以用函数 ppval（pp，x）计算多项式在 x 处的值
yy=spline（x，Y，xx）	用三次样条插值，利用 x 和 Y 在 xx 处进行插值，等同于 yi=interp1（x，Y，xi，'spline'）

例 3-22：对函数$\sqrt{x^2+x}$进行分段线性插值、分段三次埃尔米特插值、三次样条插值。

解：在命令行窗口中输入以下命令。

```
>> close all                          % 关闭所有打开的文件
>> clear                              % 清除工作区的变量
>> x=0:.25:1;                         % 定义取值点
>> Y=sqrt(x.^2+x);                    % 定义函数
>> xx=0:.1:1;                         % 设置插值点
>> YY1=interp1(x,Y,xx);               % 对函数进行分段线性插值
>> YY2=pchip(x,Y,xx);                 % 对函数进行分段三次埃尔米特插值
>> YY3=spline(x,Y,xx);                % 对函数进行三次样条插值
>> h=plot(x,Y,'o',xx,YY1,'b-',xx,YY2,'r* ',xx,YY3,'k-');
                                      % 绘制函数的原始曲线和插值曲线
>> legend(h,'原始曲线','分段线性插值','分段三次埃尔米特插值','分段三次样条插值')
```

插值结果如图 3-22 所示。

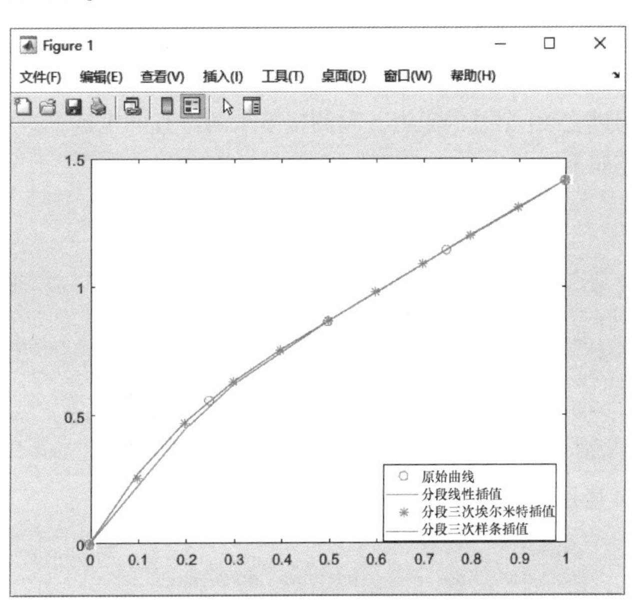

图 3-22 分段数据插值比较

例 3-23：计算正弦函数三次样条插值和分段三次埃尔米特插值的对比。

解：MATLAB 程序如下。

```
>> close all                          % 关闭当前已打开的文件
>> clear                              % 清除工作区的变量
>> x=-pi:pi;
>> y=sin(x);
>> new_x=-pi:0.1:pi;
>> p1=pchip(x,y,new_x);               % 计算分段三次埃尔米特插值
>> p2=spline(x,y,new_x);              % 计算三次样条插值
>> plot(x,y,'o',new_x,p1,'r-',new_x,p2,'b-')
>> legend('样本点','三次埃尔米特插值','三次样条插值','Location','SouthEast')
```

插值结果如图 3-23 所示。

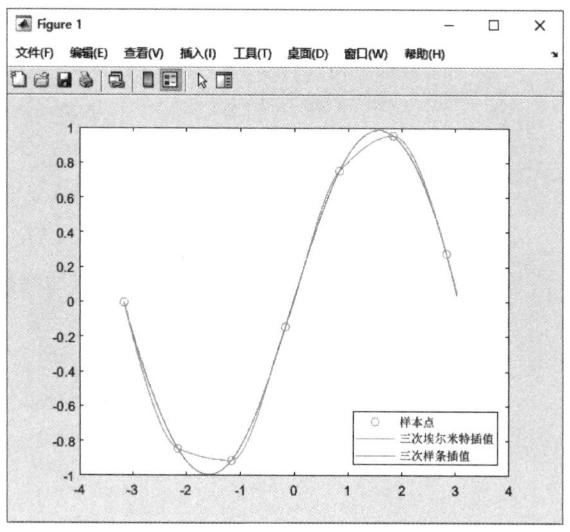

图 3-23 数据三次插值比较

例 3-24：根据小明过去 10 个月的工资，预测接下来两个月的工资。

解：MATLAB 程序如下。

```
>> close all                                    % 关闭当前已打开的文件
>> clear                                        % 清除工作区的变量
>> p=[13312.6,13377,13441,13506,13573,13642,13712,13786,13863,13953];
>> month=1:10;
>> p1=pchip(month,p,11:12);                     % 分段三次埃尔米特插值预测
>> p2=spline(month,p,11:12);                    % 三次样条插值预测
>> plot(month,p,'o',11:12,p1,'r* -',11:12,p2,'bx-')
>> legend('样本','三次埃尔米特插值预测','三次样条插值预测','Location','SouthEast')
```

插值结果如图 3-24 所示。

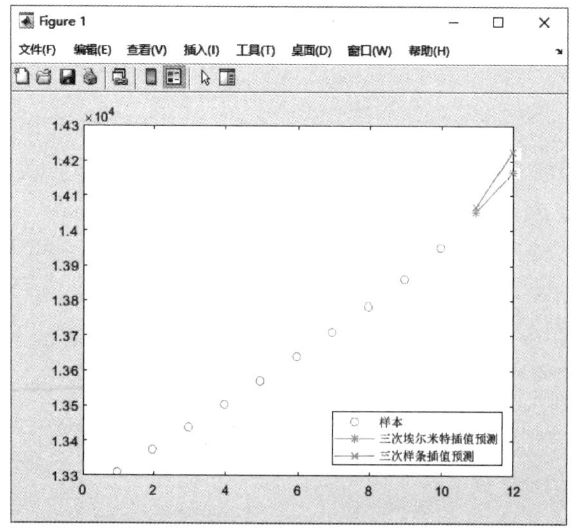

图 3-24 工资预测

3.7 二次、三次混合插值

可以使用二次和三次插值方法计算半无限约束中的峰值，估计需要增加还是减少数据点。该算法还可以通过外插曲线并将其与曲线中的其他点进行比较来计算内插的有效性。当峰值接近约束边界（即零）时，建议的采样间隔减小。

3.7.1 半无限规划

1978 年由著名的运筹学家 A. Charnes，W. W. Cooper 和 E. Rhodes 首先提出了用一个被称为数据包络分析（Data Envelopment Analysis，简称 DEA）的方法，去评价部门间的相对有效性（因此被称为 DEA 有效）。他们的第一个模型被命名为 CCR 模型，从生产函数角度看，这一模型是用来研究具有多个输入、特别是具有多个输出的“生产部门”，同时为“规模有效”与“技术有效”的十分理想且卓有成效的方法。1984 年 R. D. Banker，A. Charnes 和 W. W. Cooper 给出了一个被称为 BCC 的模型，1985 年 Charnes，Cooper 和 B. Golany，L. Seiford，J. Stutz 给出了另一个模型（称为 CCGSS 模型），这两个模型可用来研究生产部门间的“技术有效”性。1986 年 Charnes，Cooper 和魏权龄为了进一步地估计“有效生产前沿面”，利用 Charnes，Cooper 和 K. Kortanek 于 1962 年首先提出的半无限规划理论，研究了具有无穷多个决策单元的情况。

半无限有约束多元函数最优解问题的标准形式为：

$$\min_x f(x)$$

$$\text{subjectto}$$

$$C(x) \leqslant 0$$

$$Ceq(x) = 0$$

$$Ax \leqslant b$$

$$Aeqx = beq$$

$$lb \leqslant x \leqslant ub$$

$$K_1(x,\ w_1) \leqslant 0$$

$$K_2(x,\ w_2) \leqslant 0$$

$$\cdots$$

$$K_n(x,\ w_n) \leqslant 0$$

其中：x、b、beq、lb、ub 都是向量；A、Aeq 是矩阵；$C(x)$、$Ceq(x)$、$K_i(x,w_i)$是返回向量的函数，$f(x)$为目标函数；$f(x)$、$C(x)$、$Ceq(x)$是非线性函数；$K_i(x,w_i)$为半无限约束。

3.7.2 二次、三次混合插值函数

MATLAB 优化工具箱中的函数 fseminf 采用二次、三次混合插值法，结合逐次二次规划方法求解上述问题。该函数的使用形式见表 3-17。

表 3-17　fseminf 调用格式

调用格式	说　明
x=fseminf（fun，x0，ntheta，seminfcon）	给定初始点 x0，求由函数 seminfcon 中的 ntheta 半无限约束条件约束的函数 fun 的极小点 x
x=fseminf（fun，x0，ntheta，seminfcon，A，b）	求解上述问题，同时试图满足线性不等式约束 A * X<=b
x=fseminf（fun，x0，ntheta，seminfcon，A，b，Aeq，beq）	求解同时带有线性等式约束 Aeq * X=Beq 和线性不等式约束 A * X<=B 的半无限问题，若无不等式约束，则令 A=［］和 B=［］
x=fseminf（fun，x0，ntheta，seminfcon，A，b，Aeq，beq，lb，ub）	函数作用同上，并且定义变量 x 所在集合的上下界，如果没有 x 上下界则分别用空矩阵代替。如果问题中无下界约束，则令 lb（i）=-Inf；同样，如果问题中无上界约束，则令 ub（i）=Inf
x=fseminf（fun，x0，ntheta，seminfcon，A，b，Aeq，beq，lb，ub，options）	用 options 参数指定的优化参数进行最小化。其中，options 可取值为：Display，TolX，TolFun，TolCon，DerivativeCheck，Diagnostics，FunValCheck，GradObj，MaxFunEvals，MaxIter，DiffMinChange，DiffMaxChange 和 TypicalX
x=fseminf（problem）	求 problem 的最小值，其中 problem 是一个结构体
［x，fval］=fseminf（...）	同时返回目标函数在解 x 处的值 fval
［x，fval，exitflag］=fseminf（...）	返回 exitflag 值，描述函数计算的退出条件
［x，fval，exitflag，output］=fseminf（...）	返回同上述格式的值，另外，返回包含 output 结构的输出
［x，fval，exitflag，output，lambda］=fseminf（...）	返回 lambda 在解 x 处的结构参数

为了更明确各个参数的意义，下面将各参数含义总结如下。

- $x0$ 为初始估计值。
- fun 为目标函数，其定义方式与前面相同。
- A、b 由线性不等式约束 $A \cdot x \leq b$ 确定，没有，则 $A=$［］，$b=$［］。
- Aeq、beq 由线性等式约束 $Aeq \cdot x = beq$ 确定，没有，则 $Aeq=$［］，$beq=$［］。
- lb、ub 由变量 x 的范围 $l\ b \leq x \leq u\ b$ 确定。
- options 为优化参数。
- ntheta 为半无限约束的个数。

seminfcon 用来确定非线性约束向量 C 和 Ceq 以及半无限约束的向量 K_1，K_2，…，K_n，通过指定函数柄来使用。例如：

```
x=fseminf(@ myfun,x0,ntheta,@ myinfcon)
```

先建立非线性约束和半无限约束函数文件，并保存为 myinfcon. m 文件。

```
function[C,Ceq,K1,K2,…,Kntheta,S]=myinfcon(x,S)
                    % S 为向量 w 的采样值
                    % 初始化样本间距
ifisnan(S(1,1)),
S=…                 % S 有 ntheta 行 2 列
end
w1=…                %计 算样本集
w2=…                % 计算样本集
…
```

```
wntheta=…                    % 计算样本集
K1=…                         % 在 x 和 w 处的第 1 个半无限约束值
K2=…                         % 在 x 和 w 处的第 2 个半无限约束值
…
Kntheta=…                    % 在 x 和 w 处的第 ntheta 个半无限约束值
C=…                          % 在 x 处计算非线性不等式约束值
Ceq=…                        % 在 x 处计算非线性等式约束值
```

如果没有约束，则相应的值取为“［］”，如 Ceq=［］。其中

- fval 为在 x 处的目标函数最小值。
- exitflag 为终止迭代的条件。
- output 为输出的优化信息。
- lambda 为解 x 的 Lagrange 乘子。

例 3-25：求最优化问题。

$$f(x)=(x-0.5)^2+(x_2-0.5)^2+(x_3-0.5)^2$$

subjectto

$$K_1(x,\ w_1)=\sin(w_1x_1)\cos(w_1x_2)-\frac{1}{1000}(w_1-50)^2-\sin(w_1x_3)-x_3\leqslant 1$$

$$K_2(x,\ w_2)=\sin(w_2x_2)\cos(w_2x_1)-\frac{1}{1000}(w_2-50)^2-\sin(w_2x_3)-x_3-1\leqslant 0$$

$$1\leqslant w_1\leqslant 100$$

$$1\leqslant w_2\leqslant 100$$

将约束方程化为标准形式：

$$K_1(x,\ w_1)=\sin(w_1x_1)\cos(w_1x_2)-\frac{1}{1000}(w_1-50)^2-\sin(w_1x_3)-x_3-1\leqslant 0$$

$$K_2(x,\ w_2)=\sin(w_2x_2)\cos(w_2x_1)-\frac{1}{1000}(w_2-50)^2-\sin(w_2x_3)-x_3-1\leqslant 0$$

解：

首先建立目标函数文件和约束函数文件。

目标函数文件 funsif：

```
function f=funsif(x)
% 这是一个演示函数
f=sum((x-0.5).^2);
```

约束函数文件：

```
function[C,Ceq,K1,K2,S]=funsifcon(X,S)
% 这是一个演示函数
% 初始化样本间距
ifisnan(S(1,1)),
  S=[0.2  0;0.2  0];
end
% 产生样本集
w1=1:S(1,1):100;
w2=1:S(2,1):100;
% 计算半无限约束
```

```
K1=sin(w1* X(1)).* cos(w1* X(2))-1/1000* (w1-50).^2-sin(w1* X(3))-X(3)-1;
K2=sin(w2* X(2)).* cos(w2* X(1))-1/1000* (w2-50).^2-sin(w2* X(3))-X(3)-1;
% 无限非线性约束
C=[];Ceq=[];
% 绘制半无限约束图形
plot(w1,K1,'-',w2,K2,':'),title('Semi-infinite constraints')
```

在命令行窗口中初始数据：

```
>> x0=[0.5;0.2;0.3];        % 定义初始点
```

调用函数解上述问题得：

```
>> [X,FVAL,EXITFLAG,OUTPUT,LAMBDA]=fseminf(@ funsif,x0,2,@ funsifcon)

Local minimum possible. Constraints satisfied.

fseminf stopped because the size of the current search direction is less than
twice the value of the step size tolerance and constraints are
satisfied to within the value of the constraint tolerance.

<stopping criteria details>

X=
    0.6675
    0.3012
    0.4022
FVAL=
    0.0771
EXITFLAG=
    4
OUTPUT=
  包含以下字段的 struct:
         iterations:8
funcCount:32
lssteplength:1
          stepsize:2.2773e-04
          algorithm:'active-set'
firstorderopt:0.0437
constrviolation:-0.0058
                message:'↵ Local minimum possible. Constraints satisfied.↵↵ fseminf stopped because the size of the current search direction is less than ↵twice the value of the step size tolerance and constraints are ↵satisfied to within the value of the constraint tolerance.↵↵<stopping criteria details>↵↵ Optimization stopped because the norm of the current search direction,1.744858e-04,↵is less than 2* options.StepTolerance=1.000000e-04,and the maximum constraint ↵violation,-5.824517e-03,is less than options.ConstraintTolerance=1.000000e-06.↵↵'
```

```
LAMBDA=
  包含以下字段的 struct:
        lower:[3×1 double]
        upper:[3×1 double]
eqlin:[0×1 double]
eqnonlin:[0×1 double]
ineqlin:[0×1 double]
ineqnonlin:[0×1 double]
```

同时，得到半无限的约束图，用来演示约束边界上两个函数如何达到峰值，如图 3-25 所示。

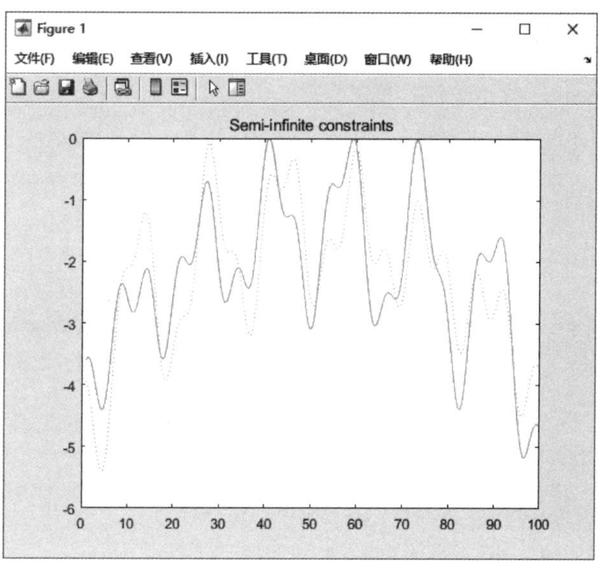

图 3-25 半无限的约束图

例 **3-26**：求下面问题。

$$f(x) = (x_1 - 0.3)^2 + (x_2 - 0.3)^2 + (x_3 - 0.3)^2$$

subjectto

$$K_1(x, w) = \sin(w_1x_1)\cos(w_1x_2) - \frac{1}{1000}(w_1 - 50)^2 - \sin(w_1x_3) - x_3 +$$

$$\sin(w_2x_2)\cos(w_1x_1) - \frac{1}{1000}(w_2 - 50)^2 - \sin(w_2x_3) - x_3 \leqslant 1.5$$

$$1 \leqslant w_1 \leqslant 100$$

$$1 \leqslant w_2 \leqslant 100$$

初始点为 x0= [0.25, 0.25, 0.25]。

解：

首先建立目标函数文件和约束函数文件。

目标函数文件：

```
function f=funsif1(x)
% 这是一个演示函数
f=sum((x-0.3).^2);
```

约束函数文件：

```
function[C,Ceq,K1,s]=funsifcon1(X,s)
% 这是一个演示函数
% 初始化样本间距
ifisnan(s(1,1)),
  s=[2 2];
end
% 设置样本集
w1x=1:s(1,1):100;
w1y=1:s(1,2):100;
[wx,wy]=meshgrid(w1x,w1y);
% 计算半无限约束函数值
K1=sin(wx* X(1)).* cos(wx* X(2))-1/1000* (wx-50).^2-sin(wx* X(3))-X(3)+...
sin(wy* X(2)).* cos(wx* X(1))-1/1000* (wy-50).^2-sin(wy* X(3))-X(3)-1.5;
% 无限非线性约束
C=[];Ceq=[];
% 作约束曲面图形
m=surf(wx,wy,K1,'edgecolor','none','facecolor','interp');
camlight headlight
title('Semi-infinite constraint')
drawnow
```

在命令行窗口中初始数据：

```
>> x0=[0.25;0.25;0.25];        % 定义初始值
```

调用函数求解：

```
>> [X,FVAL,EXITFLAG,OUTPUT,LAMBDA]=fseminf(@ funsif1,x0,1,@ funsifcon1)
Local minimum possible.Constraints satisfied.
fseminf stopped because the predicted change in the objective function
is less than the value of the function tolerance and constraints
are satisfied to within the value of the constraint tolerance.
<stopping criteria details>
X=
    0.3174
    0.2825
    0.2851
FVAL=
  8.3101e-04
EXITFLAG=
    5
OUTPUT=
  包含以下字段的 struct:
        iterations:5
funcCount:21
```

```
    lssteplength:1
            stepsize:0.0030
            algorithm:'active-set'
    firstorderopt:0.0227
    constrviolation:-0.0089
                message:'↵ Local minimum possible. Constraints satisfied.↵↵ fseminf stopped because the predicted change in the objective function ↵is less than the value of the function tolerance and constraints ↵ are satisfied to within the value of the constraint tolerance.↵↵<stopping criteria details>↵↵Optimization stopped because the predicted change in the objective function,↵4.194489e-05,is less than options.FunctionTolerance=1.000000e-04,and the maximum constraint ↵violation,-8.940592e-03,is less than options.ConstraintTolerance=1.000000e-06.↵↵'
    LAMBDA=
      包含以下字段的 struct:
          lower:[3×1 double]
          upper:[3×1 double]
    eqlin:[0×1 double]
    eqnonlin:[0×1 double]
    ineqlin:[0×1 double]
    ineqnonlin:[0×1 double]
```

经过 5 次迭代，得到最优解，同时得到如图 3-26 所示的最优解图。

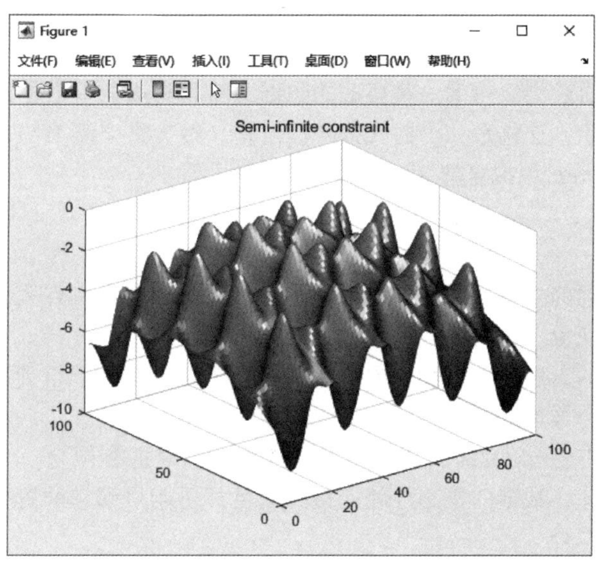

图 3-26 最优解

第 4 章　拟 合 算 法

内容指南

MATLAB 是一个很强大的数据处理软件，是人们进行数据分析的得力助手。一般在做社会调研或科学研究时，会得到很多实验数据，许多实际问题都用函数来表示某种内在联系或规律，而不少函数都只能通过实验和观测来求解。为了对实践中的某个物理量进行观测，在若干个不同的地方得到大量观测值，采用拟合算法，利用一个拟合函数来逼近所给的物理量观测值，使拟合函数曲线最逼近所有点。

内容要点

- 拟合算法
- 最小二乘法
- 数据拟合
- 线性拟合
- 多项式拟合

4.1　拟合问题

工程实践中，只能通过测量得到一些离散的数据，然后利用这些数据得到一个光滑的曲线来反映某些工程参数的规律，这就是一个曲线拟合的过程。本节将介绍 MATLAB 的曲线拟合命令以及用 MATLAB 实现的一些常用拟合算法。

4.1.1 插值算法与拟合算法

在插值算法中，得到的多项式要经过所有样本点。但是如果样本点太多，那么这个多项式次数过高，就会造成龙格现象。

尽管可以选择分段的方法避免这种现象，但是更多时候更倾向于得到一条确定的曲线，尽管这条曲线不能经过每一个样本点，但只要保证误差足够小即可。

一般情况下，当样本点 $n>30$ 时，即为大样本数据，此时适合拟合。大样本的情况下可以用中心极限定理和大数定律，数据的正态性就能得到满足，还能得到它的置信区间。所以样本点比较多的时候，优先选择拟合。

（1）插值算法　最后算出来的函数要经过原数据点，在保证误差较小的情况下找一条曲线，使拟合函数与所有点都很接近，不要求经过所有点。

（2）拟合算法　拟合问题的目标是寻求一个函数（曲线），使得该曲线在某种准则下与所有的数据点最为接近，即曲线拟合的最好（最小化损失函数）。

4.1.2 曲线拟合问题

在处理数据时，常要把实验获得的一系列数据点绘制成曲线以反映物理量间的关系。为了使曲线能代替数据点的分布规律，则要求所绘制曲线是平滑的，即要尽可能使各数据点对称且均匀分布在曲线两侧。由于目测有误差，所以，同一组数据点不同的实验者可能绘制成几条不同的曲线（或直线），而且似乎都满足上述平滑的条件。“曲线拟合”问题用于研究最贴合数据的曲线，一般来说曲线拟合的任务有以下两个。

1）物理量 y 与 x 间的函数关系已经确定，只有其中的常数未定（及具体形式未定）时，根据数据点拟合出各常数的最佳值。

2）在物理量 y 与 x 间函数关系未知时，从函数点拟合出 y 与 x 函数关系的经验公式以及求出各个常数的最佳值。

拟合问题的目标是寻求一个函数（曲线），使得该曲线在某种准则下与所有的数据点最为接近，即曲线拟合的最好。在拟合问题中不需要曲线一定经过给定的点。拟合曲线通过图形可以直观地显示曲线的接近程度，但无法定性、定量地比较不同曲线的拟合程度，下面介绍评价拟合的几个参数。

1）拟合优度（可决系数）R^2。

$$0 \leqslant R^2 = \frac{SSR}{SST} = \frac{SST - SSE}{SST} = 1 - \frac{SST - SSE}{SST} \leqslant 1$$

R^2越接近 1，说明误差平方和越接近 0，误差越小说明拟合的越好。

2）总体平方和 SST（Total sum of squares）：

$$SST = \sum_{i=1}^{n} (y_i - \bar{y})^2$$

3）误差平方和 SSE（The sum of squares due to error）：

$$SSE = \sum_{i=1}^{n} (y_i - \hat{y}_i)^2$$

4）回归平方和 SSR（sum of squares of the regression）：

$$SSR = \sum_{i=1}^{n} (\hat{y}_i - \bar{y})^2$$

可以证明：$SST=SSE+SSR$（需要求导得到的两个等式）。

5）拟合优度：

$$0 \leqslant R^2 = \frac{SSR}{SST} = \frac{SST - SSE}{SST} = 1 - \frac{SSE}{SST} \leqslant 1$$

$SST=SSE+SSR$。

常见的曲线拟合方法如下。

1）使偏差绝对值之和最小：

$$\min_{\varphi} \sum_{i=1}^{m} |\delta_i| = \sum_{i=1}^{m} |\varphi(x_i) - y_i|$$

2）使偏差绝对值最大的最小：

$$\min_{\varphi} \max_{i} |\delta_i| = |\varphi(x_i) - y_i|$$

3）使偏差平方和最小：

$$\min_{\varphi} \sum_{i=1}^{m} \delta_i^2 = \sum_{i=1}^{m} [\varphi(x_i) - y_i]^2$$

按偏差平方和 SSE 最小的原则选取拟合曲线，并且采取二项式方程为拟合曲线的方法，称为最小二乘法。

拟合优度只适用于线性函数，SSE 误差平方和，适合所有拟合函数好坏评价，可以比较线性函数和其他函数（如复杂的指数函数）之间拟合的好坏。编写如下 M 文件 Fitevaluation. m。

```
function[SSE,R_2]=Fitevaluation(y_hat,y)
% Fitevaluation 函数用于评价拟合函数的好坏
```

```
                                          % y_hat 为拟合函数,y 为原始函数
                                          % mean()是求均值的函数。
SSR=sum((y_hat-mean(y)).^2);              % 回归平方和
SSE=sum((y_hat-y).^2);                    % 误差平方和
SST=sum((y-mean(y)).^2);                  % 总体平方和
R_2=SSR/SST;                              % 拟合优度
```

4.1.3 求解拟合曲线步骤

根据平面上的观测点，要求确定一个函数曲线 $y=f(x)$，使曲线尽量接近这些点，实现这个愿望的方法简称为曲线拟合。拟合函数的确定是整个拟合过程的重中之重。

根据被拟合的函数是线性还是非线性的，拟合分为线性拟合与非线性拟合。线性一般指函数的形式是否为直线方程 $f(x)=ax+b$，$y=b_0+b_1\times1+b_2\times2+\cdots+b_m\times m$；一般的二次多项式 $f(x)=c+bx+ax^2$ 属于非线性。

找出 y 和 x 之间的拟合曲线步骤如下。

1. 根据已知数据做散点图

根据散点图看点的走势，选择拟合曲线的类型是线性或非线性。

2. 确定拟合函数

在对拟合曲线一无所知的情况下，可以先绘制数据的粗略图形，或许从中观测出拟合曲线的类型。

1）由散点图选用一条线性直线拟合数据。

设 $y=kx+b$，计算 k，b 为何值时，样本点和拟合曲线最接近。可使用最小二乘法求解最合适的 k 和 b。

2）由散点图选用一条非线性曲线拟合数据，根据不同的算法选择不同的曲线类型。

3. 评价拟合函数

一般地，对数据进行多种曲线类型的拟合，再根据评价参数值选择最优拟合。

当散点图走势是直线时，优先选线性拟合，评价指标为 *SSE* 和 *R* 平方，*SSE* 越小越好，*R* 平方越大越好。

选择其他的函数时 *SSE* 越小越好，且不是线性拟合时不能用 *R* 平方来评价。其他函数形式应当越简单越好。

例 4-1：利用以下美国人口普查局提供的世界人口数据（见表 4-1）以及指数模型来推测 2020 年的世界人口。

表 4-1　世界人口数据

年　份	人口数/百万	年增长率（%）
2008	6708.2	1.166
2009	6786.4	1.140
2010	6863.8	1.121
2011	6940.7	1.107
2012	7017.5	1.107
2013	7095.2	

解：在命令行窗口中输入以下命令：

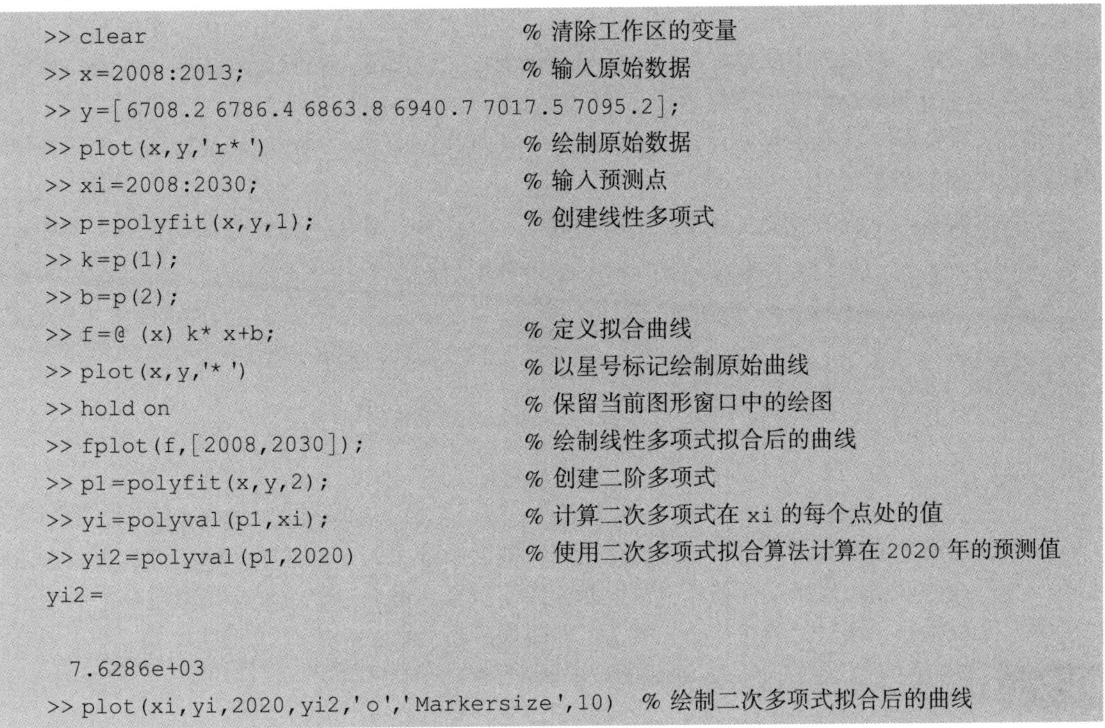

```
>> clear                                   % 清除工作区的变量
>> x=2008:2013;                            % 输入原始数据
>> y=[6708.2 6786.4 6863.8 6940.7 7017.5 7095.2];
>> plot(x,y,'r* ')                         % 绘制原始数据
>> xi=2008:2030;                           % 输入预测点
>> p=polyfit(x,y,1);                       % 创建线性多项式
>> k=p(1);
>> b=p(2);
>> f=@ (x) k* x+b;                         % 定义拟合曲线
>> plot(x,y,'* ')                          % 以星号标记绘制原始曲线
>> hold on                                 % 保留当前图形窗口中的绘图
>> fplot(f,[2008,2030]);                   % 绘制线性多项式拟合后的曲线
>> p1=polyfit(x,y,2);                      % 创建二阶多项式
>> yi=polyval(p1,xi);                      % 计算二次多项式在 xi 的每个点处的值
>> yi2=polyval(p1,2020)                    % 使用二次多项式拟合算法计算在 2020 年的预测值
yi2=

  7.6286e+03
>> plot(xi,yi,2020,yi2,'o','Markersize',10)  % 绘制二次多项式拟合后的曲线
```

结果如图 4-1 所示。

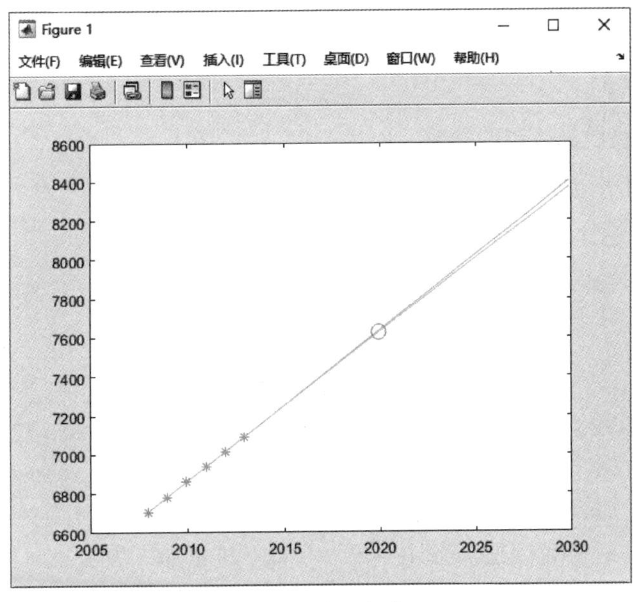

图 4-1　线性拟合

4.2　最小二乘法

最小二乘法最早称为回归分析法，由英国著名的生物学家、统计学家道尔顿（F. Gallton）——达

尔文的表弟所创。早年间，道尔顿致力于化学和遗传学领域的研究，他研究父亲与儿子身高之间的关系时，建立了回归分析法。现在回归分析法已远非道尔顿的本意，已经成为探索变量之间关系最重要的方法，用以找出变量之间关系的具体表现形式。后来，回归分析法从其方法的数学原理——误差平方和最小出发，改称为最小二乘法。

最小二乘法是一种在误差估计、不确定度、系统辨识及预测、预报等数据处理诸多学科领域得到广泛应用的数学工具。

在科学实验与工程实践中，经常进行测量数据$\{(x_i,y_i),i=0,1,\cdots,m\}$的曲线拟合，其中$y_i=f(x_i),i=0,1,\cdots,m$。要求一个函数$y=S^*(x)$与所给数据$\{(x_i,y_i),i=0,1,\cdots,m\}$拟合，若记误差$\delta_i=S^*(x_i)-y_i,i=0,1,\cdots,m,\delta=(\delta_0,\delta_1,\cdots,\delta_m)^T$。设$\varphi_0,\varphi_1,\cdots,\varphi_n$是$C[a,b]$上的线性无关函数族，在$\varphi=\text{span}\{\varphi_0(x),\varphi_1(x),\cdots,\varphi_n(x)\}$中找一个函数$S^*(x)$，使误差平方和：

$$||\delta||^2=\sum_{i=0}^{m}\delta_i^{\ 2}=\sum_{i=0}^{m}[S^*(x_i)-y_i]^2=\min_{S(x)\in\varphi}\sum_{i=0}^{m}[S(x_i)-y_i]^2$$

其中

$$S(x)=a_0\varphi_0(x)+a_1\varphi_1(x)+\cdots+a_n\varphi_n(x)\quad(n<m)$$

这就是所谓的曲线拟合的最小二乘法，是曲线拟合最常用的一个方法。最小二乘法用于曲线拟合，所拟合的曲线可以是线性拟合也可以是非线性拟合。最小二乘法拟合类型包括：线性最小二乘法，加权最小二乘法，鲁棒最小二乘法，非线性最小二乘法。

4.2.1 线性最小二乘法

由实验测得的数据是

$x=x_1$，x_2，…，x_n时，对应的y值是$y=y_1$，y_2，…，y_n。由数据点在x，y坐标中的分布规律可以判断出两个变量间呈线性关系：

$$y=a+bx$$

式中，a，b为要用实验数据确定的常数。

要根据测量数据求出最佳的a和b。对满足线性关系的一组等精度测量数据（x_i，y_i），假定自变量x_i的误差可以忽略，则在同一x_i下，测量点y_i和直线的点$a+bx_i$的偏差d_i如下：

$$d_1=y_1-a-bx_1$$

$$d_1=y_1-a-bx_1$$

$$d_n=\frac{7}{y_n-a-bx_n}$$

显然最好测量点都在直线上（即$d_1=d_2=\cdots=d_n=0$），求出的a和b是最理想的。但测量点不可能都在直线上，这样只有考虑d_1、d_2、…、d_n为最小，也就是考虑$d_1+d_2+\cdots+d_n$为最小，但因d_1、d_2、…、d_n有正有负，加起来可能相互抵消，因此不可取；而$|d_1|+|d_2|+\cdots+|d_n|$又不好解方程，因而不可行。现采取一种等效方法：当$d_1^{\ 2}+d_2^{\ 2}+\cdots+d_n^{\ 2}$对$a$和$b$为最小时，$d_1$、$d_2$、…、$d_n$也为最小。取（$d_1^{\ 2}+d_2^{\ 2}+\cdots+d_n^{\ 2}$）为最小值，求$a$和$b$的方法称为最小二乘法。

1. 线性最小二乘法的思路

1）为了精确地描述Y与X之间的关系，必须使用这两个变量的所有观察值。

2）验证Y与X之间是否是直线关系（协方差或相关系数）。可用一条直线描述它们之间的关系。

第一种定义：$\hat{y}_i=kx_i+b$

$$\hat{k},\ \hat{b} = \text{agr}\min_{k,\ b}\left(\sum_{i=1}^{n} |y_i - \hat{y}_i|^2\right)$$

第二种定义：$\hat{y}_i = kx_i + b$

$$\hat{k},\ \hat{b} = \text{agr}\min_{k,\ b}\left(\sum_{i=1}^{n} (y_i - \hat{y}_i)^2\right)$$

3）找一条直线使得这些点到该直线的纵向距离的和（平方和）最小。

2. 线性最小二乘法分类

用回归变量 X 来拟合响应变量 Y，其中 Y 中的每个变量，存在内部方差（*var*）和外部协方差（*cov*），构成协方差阵（*vcv*），存在残差计算公式：min *RSS* = 误差项 $T*$ *vcv*-1 * 误差项。

1）如果存在外部协方差，即协方差阵不是对角阵，就是广义最小二乘（Generalized Least Squares），是用迭代的松弛算法对线性最小二乘估计的一种改进。

2）如果协方差阵是对角阵，且对角线各不相等，就是权重最小二乘。

3）如果协方差阵是对角阵，且对角线相同，就是普通最小二乘。普通最小二乘法（Ordinary Least Squares，OLS），是一种线性最小二乘法，用于估计线性回归模型中的未知参数。

4.2.2 加权最小二乘法

基于最小二乘估计的多元线性回归是将所有样本点都赋予一样的权重，并且作为非异常值来处理，但若其中存在异常值，该方法得到的估计值将受到不小的影响。为了解决此问题，引入加权最小二乘估计。

加权最小二乘（均方）估计的原理是：给每个样本点不一样的权重，偏差较大的样本点权重小，偏差较小的样本点权重大，这样即使出现异常点也不会对最后的估计值产生较大的影响。通过拟合数据和绘制残差来确定方差是否为常数。

加权最小均方估计的步骤如下。

1）选取用 LS 估计的 $\hat{\beta}^{(0)} = (X^TX)^{-1}X^TY$ 为迭代初始值，求出初始残差 e。

2）标准化残差得到 u，由 $W_i = \varphi(u_i)/u_i$ 每个样本的初始权重。

3）利用 $\hat{\beta} = (X^TWX)^{-1}X^TWY$ 求得 $\hat{\beta}^{(1)}$ 代替 $\hat{\beta}^{(0)}$，求得新残差。

4）返回步骤 2），依次迭代计算 $\hat{\beta}^{(i)}$。当相邻两步回归系数的差的绝对值的最大值小于预先设定的标准误差时，迭代结束，即 $\max|\hat{\beta}^{(i)} - \hat{\beta}^{(i-1)}| < \varepsilon$。

4.2.3 鲁棒最小二乘法

最小二乘拟合的主要缺点是对离群点的敏感性差，离群值对拟合有很大影响，因为残差平方放大了这些极端数据点的影响。鲁棒最小二乘法的主要思想是对误差大的样本进行抑制，减小它们对结果的影响，假定响应误差 error 服从正态分布 error $\sim N(0,\sigma^2)$，且极小。

为了最小化异常值的影响，可以使用鲁棒最小二乘法（稳健的最小二乘回归）来拟合数据。MATLAB 曲线拟合工具箱提供了以下两种鲁棒最小二乘法。

1）最小绝对残差（LAR）。用 LAR 方法计算的拟合曲线，将残差的绝对值降到最小，而不是平方差。因此，极值对拟合的影响较小。

2）Bisquare 权值。这种方法最小化了一个加权平方和，其中赋予每个数据点的权重取决于该点离拟合曲线有多远。曲线附近的点权重增大，距离曲线较远的点可以减小权重，距离曲线更远的点得到的权重为零。

在大多数情况下，更倾向于 Bisquare 权值法。因为该方法找到一条适合大部分数据的曲线，并将离群值的影响降到最低。

4.2.4 非线性最小二乘法

非线性最小二乘问题的一般形式为：

$$\min S(x)=f^T(x)f(x)=\|f(x)\|^2$$

其中：

$$f(x)=(f_1(x),f_2(x),\cdots,f_m(x))^T$$

$$x=(x_1,\ x_2,\ \cdots,\ x_n)^T$$

非线性最小二乘法实质是用线性函数来近似非线性函数，再模仿线性最小二乘法求解。

在实际应用中，特别是数据拟合时存在大量这种类型的问题，如非线性参数估计等。控制系统中也经常会遇见这类问题，例如，希望系统输出的 $y(x,t)$ 跟踪某一个连学的期望轨迹，该问题可以表示为：

$$\min\int_{t_1}^{t_2}[y(x,t)-\varphi(t)]^2\mathrm{d}t$$

将问题离散化得到：

$$\min F(x)=\sum_{i=1}^{m}\bar{y}(x,t_i)-\bar{\varphi}(t_i)$$

最小二乘问题的梯度和海色矩阵具有特殊的结构，定义 $f(x)$ 的雅克比矩阵，则 $f(x)$ 的梯度和 $f(x)$ 的海色矩阵定义为：

$$\nabla f(x)=2J(x)^Tf(x)$$

$$H(x)=4J(x)^TJ(x)+Q(x)$$

其中，

$$Q(x)=\sum_{i=1}^{m}\sqrt{2f_i(x)H_i(x)}$$

1. 高斯-牛顿法

在高斯-牛顿法中，每个迭代周期均会得到搜索方向 d。它是最小二乘问题的一个解。高斯-牛顿法用来求解如下问题：

$$\min\|J(x_k)d_k-f(x_k)\|$$

当 $Q(x)$ 有意义时，高斯-牛顿法经常会碰到一些问题，而这些问题可以用 Levenberg-Marquadt 方法来克服。

2. Levenberg-Marquadt 法

LM（Levenberg-Marquardt）算法属于信赖域法，该法将变量行走的长度控制在一定的信赖域之内，保证泰勒展开有很好的近似效果。LM 算法使用了一种带阻尼的高斯–牛顿方法解决最小二乘问题。

3. 'Trust-Region '信赖域法

信赖域法（Trust-region methods）又称为 TR 法，它是一种最优化方法，能够保证最优化总体收敛。现今，信赖域算法广泛应用于应用数学、物理、化学、工程学、计算机科学、生物学与医学等学科。

信赖域算法实质是在一个可信赖的步长范围内，用另外一个函数去代替原始目标函数，求得在该范围内的一个极小值。

4.3 数据拟合

在生产实践和科学实验中，经常会遇到大量的不同类型的数据，这些数据提供了有用的信息，可以帮助人们认识事物的内在规律。

在实际应用中，怎样由测量的数据设计和确定最贴近的拟合曲线，关键在于选择适当的拟合曲线类型，有时根据专业知识和工作经验即可确定拟合曲线类型。本节介绍如何通过选择拟合模型、拟合类型定义拟合算法，确定拟合函数，通过该函数绘制拟合曲线。

4.3.1 拟合模型

数据拟合是指根据实验获得的数据，建立自变量与因变量之间的函数关系，为进一步的深入研究提供工具。曲线拟合就是计算出两组数据之间的一种函数关系，由此可描绘其变化曲线（拟合曲线）及估计非采集数据对应的变量信息。同样地，曲面拟合就是计算出三组数据之间的一种函数关系。

在 MATLAB 曲线拟合工具箱中，为曲线和曲面拟合提供了特定的库模型，定义了拟合函数类型，分别见表 4-2、表 4-3。这些库模型名作为输入参数，应用到后面的拟合函数中。

表 4-2 曲线的库模型

曲线的库模型类型	描　述
distribution	分布模型
exponential	指数函数和两个指数函数之和
fourier	傅里叶级数
gaussian	高斯模型
interpolant	插值模型，包括线性、最近邻、三次样条和保形三次样条
polynomial	多项式模型
power	幂函数和两个幂函数之和
rational	有理方程模型
sin	正弦模型
spline	三次样条和光滑样条模型

表 4-3 曲面的库模型

曲面的库模型类型	描　述
interpolant	插值模型，包括线性插值、最近邻插值、三次样条插值、双调和插值及薄板样条插值
lowess	低阶平滑模型
polynomial	多项式模型，达到五度

模型库下还包括不同的模型名，下面具体介绍常用的模型。

1. 多项式拟合模型

1）多项式曲线拟合模型与对应的方程式如下。

- poly1：$Y=p1*x+p2$。
- poly2：$Y=p1*x^2+p2*x+p3$。
- poly3：$Y=p1*x^3+p2*x^2+\cdots+p4$。
- poly9：$Y=p1*x^9+p2*x^8+\cdots+p10$。

2）多项式曲面拟合模型如下。

- poly21：$Z=p00+p10*x+p01*y+p20*x^2+p11*x*y$。
- poly13：$Z=p00+p10*x+p01*y+p11*x*y+p02*y^2+p12*x*y^2+p03*y^3$。
- poly55：$Z=p00+p10*x+p01*y+\cdots+p14*x*y^4+p05*y^5$。

2. 样条拟合

样条模型适用于曲线拟合，而不是曲面拟合。

- cubicspline：三次插值样条。
- Smoothingspline：平滑样条。

3. 分布模型

分布模型的名称与方程如下。

- Weibull：$Y=a*b*x^{(b-1)}*\exp(-a*x^b)$。

4. 指数模型

指数模型的名称和方程如下。

- exp1：$Y=a*\exp(b*x)$。
- exp2：$Y=a*\exp(b*x)+c*\exp(d*x)$。

5. 傅里叶级数模型

傅里叶级数模型的名称和方程如下。

- fourier1：$Y=a0+a1*\cos(x*p)+b1*\sin(x*p)$。
- fourier2：$Y=a0+a1*\cos(x*p)+b1*\sin(x*p)+a2*\cos(2*x*p)+b2*\sin(2*x*p)$。
- fourier3：$Y=a0+a1*\cos(x*p)+b1*\sin(x*p)+\cdots+a3*\cos(3*x*p)+b3*\sin(3*x*p)$。
- fourier8：$Y=a0+a1*\cos(x*p)+b1*\sin(x*p)+\cdots+a8*\cos(8*x*p)+b8*\sin(8*x*p)$。

6. 高斯模型

高斯模型的名称和方程如下。

- gauss1：$Y=a1*\exp(-((x-b1)/c1)^2)$。
- gauss2：$Y=a1*\exp(-((x-b1)/c1)^2)+a2*\exp(-((x-b2)/c2)^2)$。
- gauss3：$Y=a1*\exp(-((x-b1)/c1)^2)+\cdots+a3*\exp(-((x-b3)/c3)^2)$。
- gauss8：$Y=a1*\exp(-((x-b1)/c1)^2)+\cdots+a8*\exp(-((x-b8)/c8)^2)$。

7. 幂模型

幂模型的名称和方程如下。

- power1：$Y=a*x^b$。
- power2：$Y=a*x^b+c$。

8. 有理模型

有理模型是多项式上的多项式，分母的主导系数设为 1。其名称和方程如下。

- rat02：$Y=(p1)/(x^2+q1*x+q2)$。
- rat21：$Y=(p1*x^2+p2*x+p3)/(x+q1)$。
- rat55：$Y=(p1*x^5+\cdots+p6)/(x^5+\cdots+q5)$。

9. 正弦模型

正弦模型的名称和方程的求和如下。

◆ sin1 $Y=a1*\sin(b1*x+c1)$。

◆ sin2 $Y=a1*\sin(b1*x+c1)+a2*\sin(b2*x+c2)$。

◆ sin3 $Y=a1*\sin(b1*x+c1)+\cdots+a3*\sin(b3*x+c3)$。

◆ sin8 $Y=a1*\sin(b1*x+c1)+\cdots+a8*\sin(b8*x+c8)$。

10. 插值模型

1）曲线曲面。

◆ Linearinterp：线性插值。

◆ Nearestinterp：最近邻插值。

◆ Cubicinterp：三次样条插值。

2）曲线。

◆ Pchipinterp：保形分段三次 Hermite 插值。

3）曲面。

◆ Biharmonicinterp：双谐波网格数据插值。

◆ thinplateinterp：薄板样条插值。

11. 低阶（Lowess）模型

低阶模型只适用曲面拟合。

◆ Lowess：局部线性回归。

◆ Loess：局部二次回归。

例 4-2：多项式拟合示例。

解：在命令行窗口中输入以下命令。

```
>> clear                                    % 清除工作区的变量
>> x=2008:2013;                             % 输入原始数据
>> y=[ 6708.2 6786.4 6863.8 6940.7 7017.5 7095.2];
>> plot(x,y,'r*')                           % 绘制原始数据
>> fittype1=fittype('poly1')                % 构建线性多项式曲线
fittype1=
    Linear model Poly1:
fittype1(p1,p2,x)=p1* x+p2
>> fittype2=fittype('poly2')                % 构建二次多项式曲线

fittype2=
    Linear model Poly2:
fittype2(p1,p2,p3,x)=p1* x^2+p2* x+p3
>> fittype3=fittype('exp1')                 % 构建一次指数模型曲线
fittype3=
    General model Exp1:
fittype3(a,b,x)=a* exp(b* x)
>> fittype4=fittype('exp2')                 % 构建二次指数模型曲线
fittype4=
```

```
    General model Exp2:
fittype4(a,b,c,d,x)=a* exp(b* x)+c* exp(d* x)
>> myfit1=fit(x',y',fittype1)     % 计算系数,创建线性多项式拟合函数
myfit1=
    Linear model Poly1:
myfit1(x)=p1* x+p2
    Coefficients (with 95% confidence bounds):
      p1=      77.29  (76.99,77.59)
      p2=  -1.485e+05  (-1.491e+05,-1.479e+05)
>> myfit2=fit(x',y',fittype2)     % 计算系数,创建二次多项式拟合函数
myfit2=
    Linear model Poly2:
myfit2(x)=p1* x^2+p2* x+p3
    Coefficients (with 95          % confidence bounds):
      p1=    -0.0875  (-0.3087,0.1337)
      p2=      429.1  (-460.4,1319)
      p3=  -5.022e+05  (-1.396e+06,3.92e+05)
>> myfit3=fit(x',y',fittype3)     % 计算系数,创建一次指数拟合函数

myfit3=
    General model Exp1:
myfit3(x)=a* exp(b* x)
    Coefficients (with 95          % confidence bounds):
      a=  1.153e-06  (7.895e-07,1.516e-06)
      b=     0.0112  (0.01104,0.01135)

>> myfit4=fit(x',y',fittype4)     % 计算系数,创建二次指数拟合函数
myfit4=
    General model Exp2:
myfit4(x)=a* exp(b* x)+c* exp(d* x)
    Coefficients (with 95          % confidence bounds):
      a=  1.153e-06
      b=     0.0112
      c=          0
      d=    -0.2121
>> subplot(221)
>> plot(myfit2,x,y)                % 绘制拟合曲线与原始数据
>> legend('原始数据','线性多项式拟合曲线');
>> subplot(222)
>> plot(myfit2,x,y)                % 绘制拟合曲线与原始数据>> legend('原始数据','二次多项
式拟合曲线');
>> subplot(223)
>> plot(myfit3,x,y)                % 绘制拟合曲线与原始数据
>> legend('原始数据','一次指数拟合曲线');
>> subplot(224)
>> plot(myfit4,x,y)                % 绘制拟合曲线与原始数据
>> legend('原始数据','二次指数拟合曲线');
```

结果如图 4-2 所示。

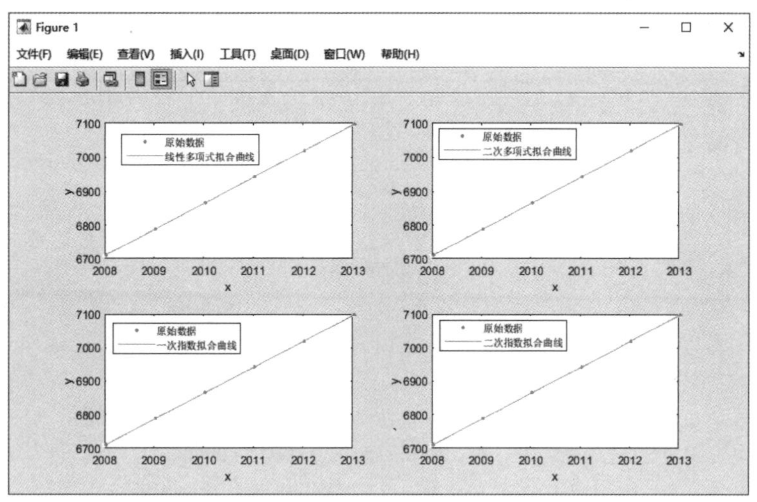

图 4-2 多项式拟合

4.3.2 拟合类型

在由方程 $y=f(x)=a+(b\times c)+(c\times x^2)$ 定义的模型中，x 是自变量，y 是因变量，a、b、c 是系数。当需要研究 x、y 这两个变量之间的关系时，经常要用到曲线拟合。曲线拟合不仅能给出拟合后的关系式，还能用图形直观地展现出变量之间的关系。

在 MATLAB 中，fittype 函数根据不同的拟合模型或自定义模型定义拟合函数类型，可以满足数据的线性拟合和非线性拟合，该函数的使用方式见表 4-4。

表 4-4 fittype 调用格式

调用格式	说明
aFittype=fittype（libraryModelName）	创建 libraryModelName 指定的模型 • poly1：线性多项式曲线 • poly11：线性多项式曲面 • poly2：二次多项式曲线 • linearinterp：分段线性插值 • cubicinterp：分段三次插值 • smoothingspline：平滑样条（曲线） • lowess：局部线性回归（曲面）
aFittype=fittype（expression）	expression 为指定的模型创建适合类型，可以为自定义函数
aFittype=fittype（expression，Name，Value）	使用一个或多个指定的附加选项构造 FIT 类型
aFittype=fittype（linearModelTerms）	linearModelTerms 指定自定义线性模型的适配类型
aFittype=fittype（linearModelTerms，Name，Value）	使用一个或多个指定的附加选项构造线性拟合类型
aFittype=fittype（anonymousFunction）	anonymousFunction 指定自定义模型拟合函数
aFittype=fittype（anonymousFunction，Name，Value）	使用一个或多个指定的附加选项构造模拟拟合类型

例 4-3：某型号飞机速度进行了 10 次测试，测得的最大飞行速度见表 4-5，试利用这些数据对测试次数与飞行速度进行拟合。

表 4-5　飞机速度测试数据

测试次数 x	1	2	3	4	5	6	7	8	9	10
飞机速度 y	422.2	417.5	426.5	420.3	425.9	423.1	412.3	431.5	441.3	423.0

解：在命令行窗口中输入以下命令。

```
>> close all                                    % 关闭所有打开的文件
>> clear                                        % 清除工作区的变量
>> x=[1 2 3 4 5 6 7 8 9 10];                    % 测试次数数据
>> y=[422.2 417.5 426.3 420.3 425.9 423.1 412.3 431.5 441.3 423.0];   % 飞机速度数据
>> f1=fittype('poly3');                         % 构造三次多项式拟合函数类型
>> y1=fit(x',y',f1);                            % 计算拟合函数
>> f2=fittype('gauss1');                        % 构造一次高斯拟合函数类型
>> y2=fit(x',y',f2);                            % 计算拟合函数
>> f3=fittype('fourier1');                      % 构造一次 Fourier 拟合函数类型
>> y3=fit(x',y',f3);                            % 计算拟合函数
>> f4=fittype('rat02');                         % 构造有理式拟合函数类型
>> y4=fit(x',y',f4);                            % 计算拟合函数
>> subplot(221)
>> plot(y1,x,y)                                 % 绘制原始数据与三次多项式拟合
>> title('三次多项式拟合')
>> subplot(222)
>> plot(y2,x,y)                                 % 绘制原始数据与一次高斯拟合
>> title('高斯拟合')
>> subplot(223)
>> plot(y3,x,y)                                 % 绘制原始数据与 Fourier 拟合
>> title('Fourier 拟合')
>> subplot(224)
>> plot(y4,x,y)                                 % 绘制原始数据与有理式拟合
>> title('有理式拟合')
```

结果如图 4-3 所示。

例 4-4：选择函数 $r=e^{\cos t}-2\cos 4t+(\sin t/12)^5$ 的最佳拟合曲线。

解：在命令行窗口中输入以下命令。

```
>> close all                              % 关闭所有打开的文件
>> clear                                  % 清除工作区的变量
>> x=linspace(0,24* pi,100);
>> y=exp(cos(x))-2* cos(4.* x)+(sin(x./12)).^5;
>> f=fittype('poly3')                     % 构造一个 fittype 对象的三次多项式库模型
>> myfit=fit(x',y',f)                     % 创建三次多项式拟合函数
f=

    Linear model Poly3:
    f(p1,p2,p3,p4,x)=p1* x^3+p2* x^2+p3* x+p4
```

```
myfit=

    Linear model Poly3:
myfit(x)=p1* x^3+p2* x^2+p3* x+p4
    Coefficients (with 95% confidence bounds):
      p1=   4.035e-05  (5.229e-07,8.017e-05)
      p2=    -0.00458  (-0.009149,-1.106e-05)
      p3=      0.1251  (-0.02273,0.2729)
      p4=      0.9002  (-0.3804,2.181)
>> plot(myfit,x,y)      % 绘制拟合曲线与原始数据
```

结果如图4-4所示。

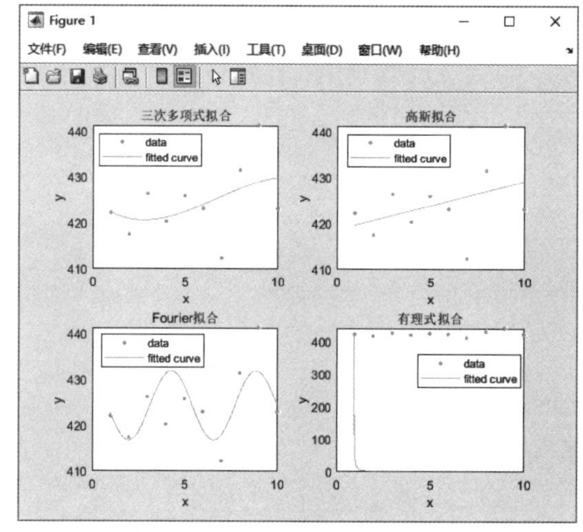

图4-3 数据拟合比较

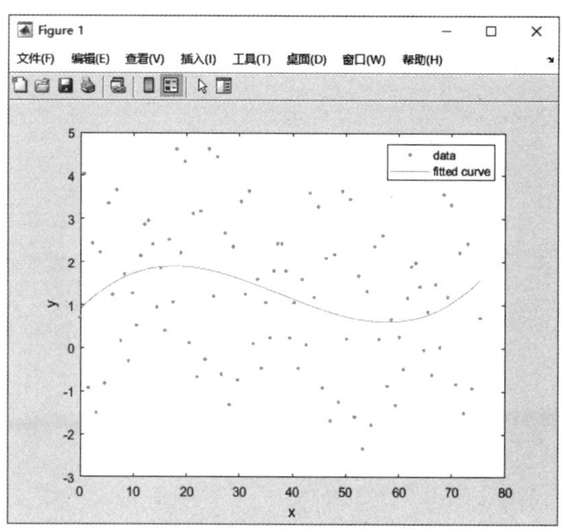

图4-4 多项式拟合

三次多项式拟合结果偏离曲线，使用分段线性插值拟合数据。

```
>> ft1=fittype('linearinterp');          % 构造一个分段线性插值模型
>> f1=fit(x',y',ft1);                    % 创建分段线性插值拟合函数对象
>> plot(f1,x,y)                          % 绘制拟合曲线与原始数据
```

结果如图 4-5 所示。

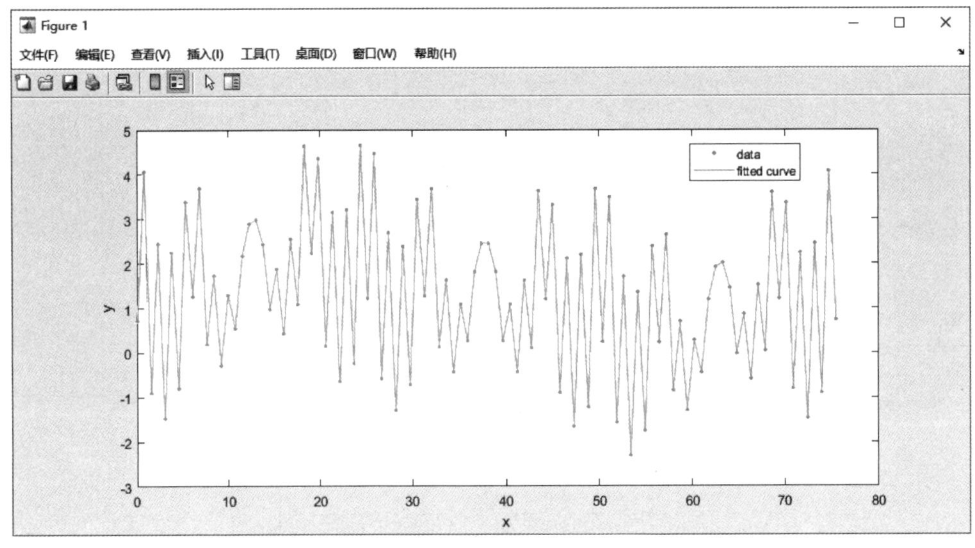

图 4-5　分段拟合

例 4-5：绘制最佳拟合曲线。

解：在命令行窗口中输入以下命令。

```
>> close all                    % 关闭所有打开的文件
>> clear                        % 清除工作区的变量
>> [x,y]=titanium;              % 加载数据
>> plot(x,y)                    % 绘制原始数据
```

结果如图 4-6 所示。

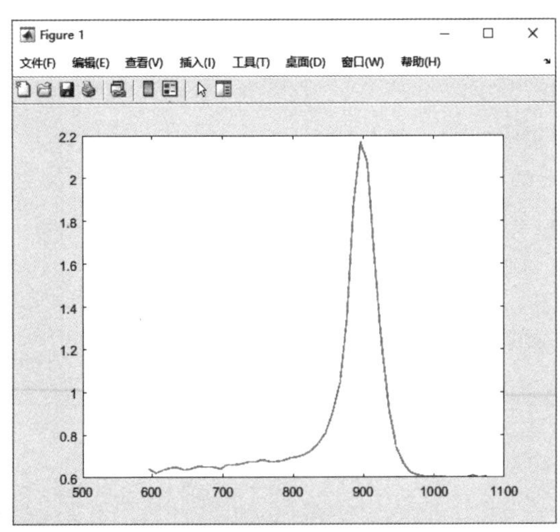

图 4-6　原始数据

```
                                                   % 根据原始点数据自定义拟合曲线
>> ft=fittype({'x','sin(x)','cos(x)','1'})         % 自定义构造多项式
ft=

```

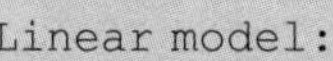

```
    Linear model:
    ft(a,b,c,d,x)=a* x+b* sin(x)+c* cos(x)+d
>> f=fit(x',y',ft);                                % 创建拟合函数对象
```

```
>> plot(f,x,y)                                     % 绘制拟合曲线与原始数据
>> hold on
```

结果如图 4-7 所示。

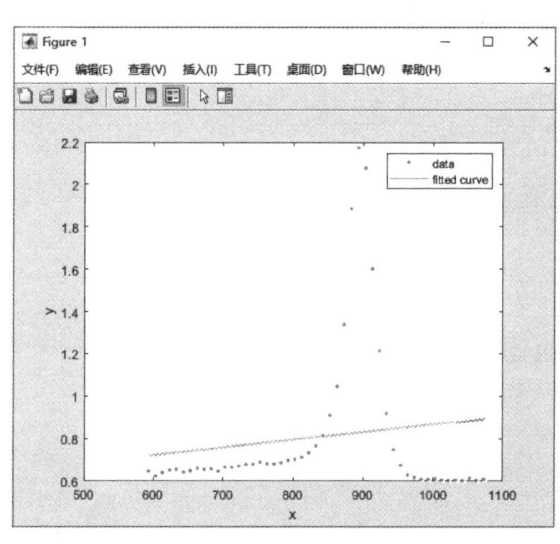

图 4-7　线性多项式拟合

```
                                     % 拟合曲线偏离数据点,选择高斯曲线
>> ft=fittype('gauss1')              % 定义高斯模型多项式
ft=

    General model Gauss1:
    ft(a1,b1,c1,x)=  a1* exp(-((x-b1)/c1)^2)
>> f1=fit(x',y',ft);                 % 创建高斯拟合函数对象
>> plot(f1,'k--',x,y)                % 绘制拟合曲线与原始数据
```

结果如图 4-8 所示。

```
                               % 拟合曲线偏离数据点,选择高阶高斯曲线
>> ft=fittype('gauss4')        % 定义 4 次高斯模型多项式
ft=

    General model Gauss4:
    ft(a1,b1,c1,a2,b2,c2,…,a4,b4,c4,x)=
            a1* exp(-((x-b1)/c1)^2)+a2* exp(-((x-b2)/c2)^2)+
            a3* exp(-((x-b3)/c3)^2)+a4* exp(-((x-b4)/c4)^2)
>> f2=fit(x',y',ft);           % 创建高斯拟合函数对象
```

```
>> plot(f2,'m-.',x,y)     % 绘制拟合曲线与原始数据
```

结果如图 4-9 所示。

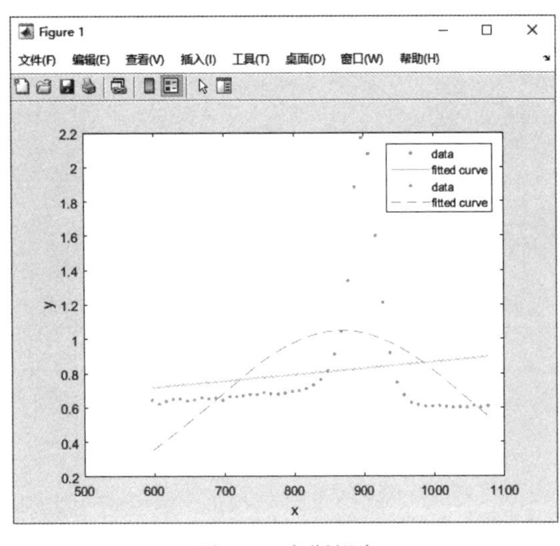

图 4-8　高斯拟合

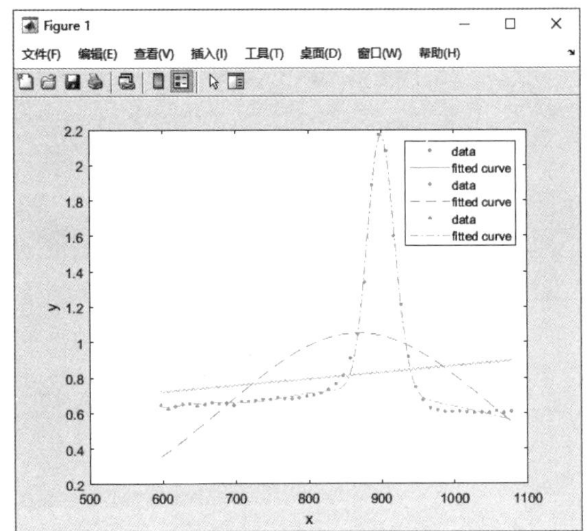

图 4-9　高阶高斯拟合

例 4-6：比较考试成绩的分段拟合曲线。

解：在命令行窗口中输入以下命令。

```
>> close all                        % 关闭所有打开的文件
>> clear                            % 清除工作区的变量
>> loadexamgrades                   % 加载期末考试某年级 120 名学生五门考试成绩
>> x=(1:120)';                      % 定义列向量
>> y=grades(:,1);                   % 抽取第一门考试成绩作为原始数据
>> ft1=fittype('linearinterp');     % 构造一个分段线性插值模型
>> ft2=fittype('cubicinterp');      % 构造一个分段三次插值模型
>> f1=fit(x,y,ft1);                 % 创建分段线性插值拟合函数对象
>> f2=fit(x,y,ft2);                 % 创建分段三次插值拟合函数对象
>> subplot(121)
>> plot(f1,x,y)                     % 绘制拟合曲线与原始数据
>> title('分段线性插值拟合')
>> subplot(122)
>> plot(f2,x,y)                     % 绘制拟合曲线与原始数据
>> title('分段三次插值拟合')
```

结果如图 4-10 所示。

例 4-7：比较考试成绩的分段拟合与样条拟合。

解：在命令行窗口中输入以下命令。

```
>> close all                  % 关闭所有打开的文件
>> clear                      % 清除工作区的变量
>> loadexamgrades             % 加载期末考试某年级 120 名学生五门考试成绩
>> x=(1:120)';                % 定义列向量
```

```
>> y=grades(:,1);                       % 抽取第一门考试成绩作为原始数据
>> ft1=fittype('linearinterp');         % 构造一个分段线性插值模型
>> ft2=fittype('smoothingspline');      % 构造一个平滑样条曲线模型
>> f1=fit(x,y,ft1);                     % 创建分段线性插值拟合函数对象
>> f2=fit(x,y,ft2);                     % 创建平滑样条拟合函数对象
>> subplot(121)
>> plot(f1,x,y)                         % 绘制拟合曲线与原始数据
>> title('分段线性插值拟合')
>> subplot(122)
>> plot(f2,x,y)                         % 绘制拟合曲线与原始数据
>> title('平滑样条拟合')
```

结果如图 4-11 所示。

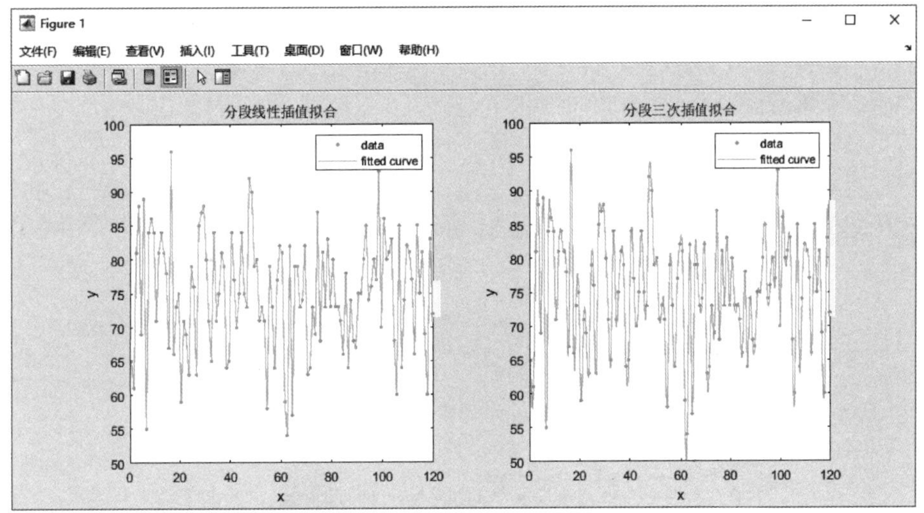

图 4-10　分段拟合

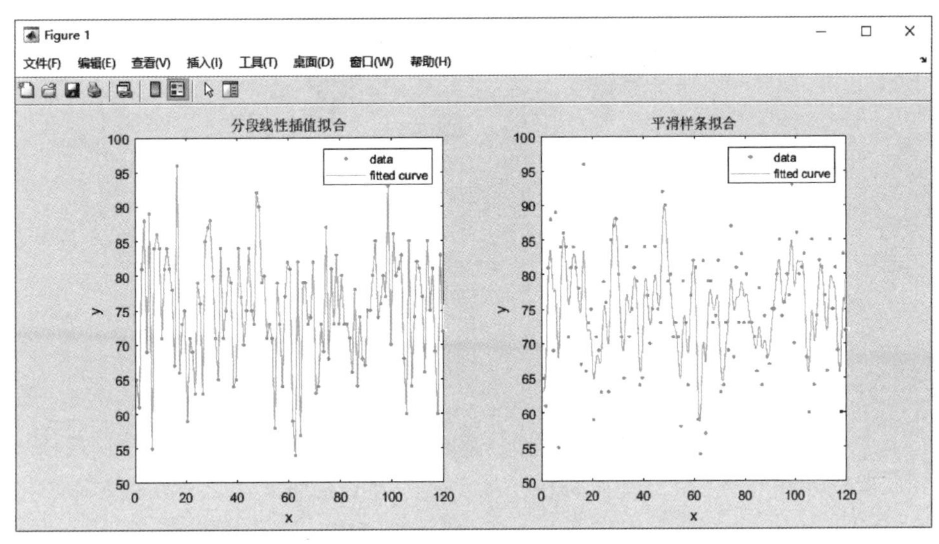

图 4-11　考试成绩样条拟合

例 4-8：创建曲面模型拟合。

解：在命令行窗口中输入以下命令。

```
>> close all                              % 关闭所有打开的文件
>> clear                                  % 清除工作区的变量
>> t=linspace(0.2* pi,800)';
>> X=t.* cos(t);
>> Y=t.* sin(t);
>> Z=t;
>> subplot(121)
>> fitType=fittype('poly11');             % 构造一个分段线性回归曲面模型
>> f1=fit([X Y],Z,fitType);               % 创建曲面拟合对象
>> plot(f1,[X Y],Z);
>> title('分段线性回归拟合')
>> subplot(122)
>> fitType=fittype('lowess');             % 构造一个局部线性回归曲面模型
>> f2=fit([X Y],Z,fitType);               % 创建曲面拟合对象
>> plot(f2,[X Y],Z);
>> title('局部线性回归拟合')
```

结果如图 4-12 所示。

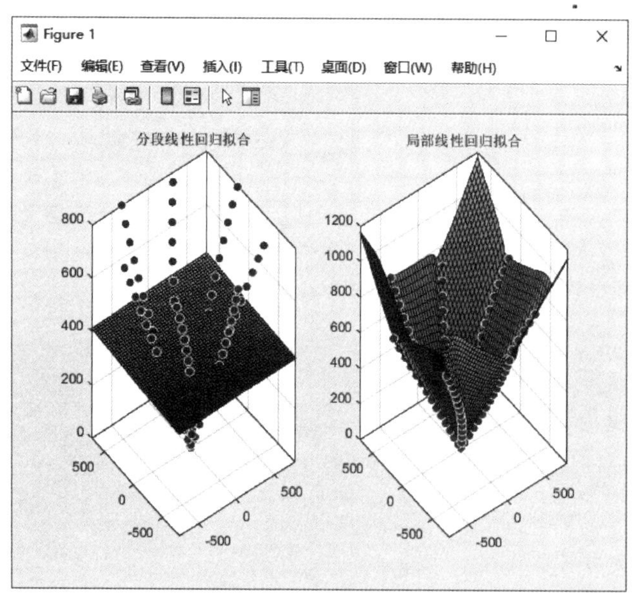

图 4-12　线性回归拟合

4.3.3 拟合算法

MATLAB 中在拟合数据时采用最小二乘法。最小二乘法是一种优化算法，最小二乘法的目的有两个：一是要将误差 ri 最小化，二是将误差最小化的方法是使误差的平方和 S 最小化。其中，误差：

$$ri = yi - \hat{y}i$$

残差的求和平方：

$$S = \sum_{i=1}^{n} r_i^2 = \sum_{i=1}^{n} (yi - \hat{y}i)^2$$

拟合选项设置的拟合方法 Method 包括：NearestInterpolant：最近邻插值；LinearInterpolant：线性插值；PchipInterpolant：分段三次 Hermite 插值（仅曲线）；CubicSplineInterpolant：三次样条插值；BiharmonicInterpolant：双调和曲面插值；SmoothingSpline：平滑样条；LowessFit：低度平滑（仅限于曲面）；LinearLeastSquares：线性最小二乘；NonlinearLeastSquares：非线性最小二乘。

在 MATLAB 中，fitoptions 函数用于设置拟合算法选项，该函数的使用方式见表 4-6。

表 4-6　fitoptions 调用格式

调用格式	说　明
fitOptions = fitoptions	创建默认的拟合选项对象
fitOptions = fitoptions（libraryModelName）	根据 libraryModelName（系统定义）指定的库模型创建默认的拟合选项对象
fitOptions = fitoptions（libraryModelName，Name，Value）	使用一个或多个指定的附加选项为指定的库模型创建拟合选项
fitOptions = fitoptions（fitType）	使用 fitType 自定义模型的拟合选项
fitOptions = fitoptions（Name，Value）	使用一个或多个指定的附加选项创建拟合选项，见表 4-7
newOptions = fitoptions（fitOptions，Name，Value）	修改现有的拟合选项对象 fitOptions 并返回更新的拟合选项
newOptions = fitoptions（options1，options2）	组合现有的拟合选项对象 options1 和 options2

表 4-7　参数对选项

适用对象	参　数	说　明	值
所有方法	Normalize	数据中心和缩放选项	off（默认），on
	Exclude	异常点	表达式 ｜ 索引向量 ｜ 逻辑向量
	Weights	权重	[ ]（默认），矢量
	problem	要分配给问题相关常量的值	单元阵列 ｜ 双倍
平滑选项	SmoothingParam	平滑参数	（0，1）范围内的标量值
	Span	在局部回归中使用的数据点的比例	0.25（默认），范围内的标量值（0，1）
线性和非线性最小二乘法	Robust	鲁棒线性最小二乘拟合方法	off（默认），LAR（最小绝对残差）｜ Bisquare（指定二分权值）
	Lower	拟合系数的下界	[ ]（默认），矢量
	Upper	拟合系数的上界	[ ]（默认），矢量
非线性最小二乘法	StartPoint	系数初值	[ ]（默认），矢量
	Algorithm	拟合过程算法	Trust-Region（默认），Levenberg-MarQuardt
	DiffMaxChange	有限差分梯度系数的最大变化	0.1（默认）
	DiffMinChange	有限差分梯度系数的最小变化	10-8（默认）
	Display	命令行窗口中的显示选项	notify（默认），final ｜ iter ｜ off

（续）

适用对象	参　数	说　明	值
非线性最小二乘法	MaxFunEvals	允许的最大模型评估数	600（默认）
	MaxIter	允许的最大迭代次数	400（默认）
	TolFun	模型值的终止公差	10-6（默认）
	TolX	系数值的终止公差	10-6（默认）

例 4-9：设置拟合选项。

解：在命令行窗口中输入以下命令。

```
>> close all                                   % 关闭所有打开的文件
>> clear                                       % 清除工作区的变量
>> fo1=fitoptions('poly3')                     % 定义三次多项式模型
fo1=

    Normalize:'off'                            % 不使用数据中心和缩放
      Exclude:[]                               % 无异常点
      Weights:[]                               % 未权重,默认均为 1
       Method:'LinearLeastSquares'             % 使用线性最小二乘法
       Robust:'Off'                            % 未使用鲁棒最小二乘法
        Lower:[1×0 double]                     % 设置拟合边界
        Upper:[1×0 double]
>> fo2=fitoptions('Method','LinearLeastSquares','Lower',zeros(10,1),'Upper',
ones(10,1))                                    % 使用线性最小二乘法,设置拟合边界
fo2=

    Normalize:'off'                            % 不使用数据中心和缩放
      Exclude:[]                               % 无异常点
      Weights:[]                               % 未权重,默认均为 1
       Method:'LinearLeastSquares'             % 使用线性最小二乘法
       Robust:'Off'                            % 未使用鲁棒最小二乘法
        Lower:[0 0 0 0 0 0 0 0 0 0]            % 设置拟合边界
        Upper:[1 1 1 1 1 1 1 1 1 1]
>> fo3=fitoptions('Method','NonlinearLeastSquares','Algorithm','Levenberg-Mar-
Quardt')                                       % 使用非线性最小二乘法 LM 算法
fo3=
        Normalize:'off'                        % 不使用数据中心和缩放
          Exclude:[]                           % 无异常点
          Weights:[]                           % 未权重,默认均为 1
           Method:'NonlinearLeastSquares'      % 使用非线性最小二乘法
           Robust:'Off'                        % 未使用鲁棒最小二乘法
StartPoint:[1×0 double]
```

```
            Lower: [1×0 double]                    % 设置拟合边界
            Upper: [1×0 double]
        Algorithm: 'Levenberg-Marquardt'           % 显示使用的算法为 LM 算法
DiffMinChange: 1.0000e-08                          % 显示有限差分梯度系数的变化
DiffMaxChange: 0.1000
          Display: 'Notify'                        % 设置命令行窗口中的显示
MaxFunEvals: 600                                   % 允许的最大模型评估数
MaxIter: 400                                       % 允许的最大迭代次数
TolFun: 1.0000e-06                                 % 模型值的终止公差
TolX: 1.0000e-06                                   % 系数值的终止公差
```

例 4-10：比较函数的鲁棒线性最小二乘拟合方法。

解：在命令行窗口中输入以下命令。

```
>> close all                                   % 关闭所有打开的文件
>> clear                                       % 清除工作区的变量
>> x=(1:50)'/50* pi;                           % 创建 0 到 π 的向量,默认元素间隔为 pi/50
>> y=sin(x).^3+sin(x);                         % 定义函数
>> y(1:5)=pi;y(20:30)=pi;                      % 创建离散值
>> ft=fittype('poly3');                        % 构造一个三次多项式的拟合模型
>> fo1=fitoptions('poly3','Robust','LAR');          % 使用 LAR 最小绝对残差
>> fo2=fitoptions('poly3','Robust','Bisquare');     % 使用指定二分权值
>> f1=fit(x,y,ft,fo1);                              % 创建线性插值拟合函数对象
>> f2=fit(x,y,ft,fo2);                              % 创建线性插值拟合函数对象
>> subplot(121)
>> plot(f1,x,y)                                     % 绘制拟合曲线与原始数据
>> title('LAR 最小绝对残差拟合')
>> subplot(122)
>> plot(f2,x,y)                                     % 绘制拟合曲线与原始数据
>> title('指定二分权值拟合')
```

结果如图 4-13 所示。

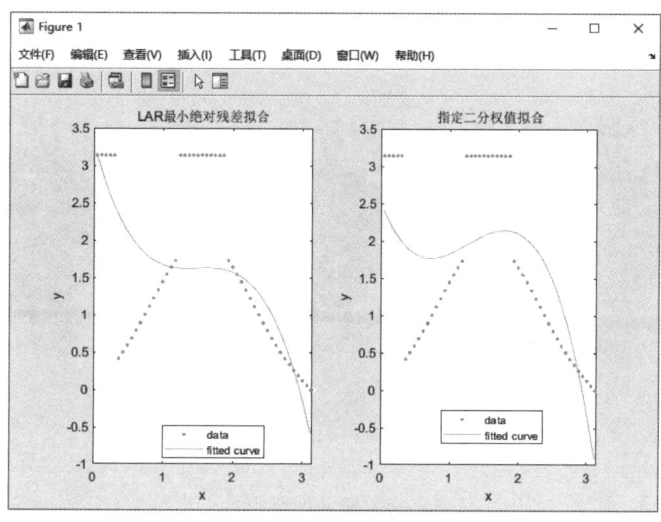

图 4-13　多项式拟合

鲁棒最小二乘法主要是对误差大的样本进行抑制，减小它们对结果的影响。

例 4-11：创建函数的曲面模型拟合。

解：在命令行窗口中输入以下命令。

```
>> close all                                   % 关闭所有打开的文件
>> clear                                       % 清除工作区的变量
>> t=(0:pi/100:pi)';                           % 创建局部线性回归曲面拟合对象
>> X=sin(t).* cos(10* t);                      % 输入函数表达式
>> Y=sin(t).* sin(10* t);
>> Z=cos(t);
>> subplot(131)
>> f1=fit([X Y],Z,'lowess');                   % 创建局部线性回归曲面拟合对象
>> plot(f1,[X Y],Z);
>> title('分段线性回归拟合')
>> subplot(132)
>> fitOptions=fitoptions('Method','BiharmonicInterpolant')
>> f2=fit([X Y],Z,'lowess',fitOptions);   % 创建局部线性回归曲面拟合对象,进行双调和
曲面插值拟合
>> plot(f2,[X Y],Z);
>> title('双调和曲面插值拟合')
>> subplot(133)
>> fitOptions=fitoptions('Method','LowessFit');
>> f3=fit([X Y],Z,'lowess',fitOptions);   % 创建局部线性回归曲面拟合对象,进行低度平
滑拟合
>> plot(f3,[X Y],Z);
>> title('低度平滑拟合')
```

结果如图 4-14 所示。

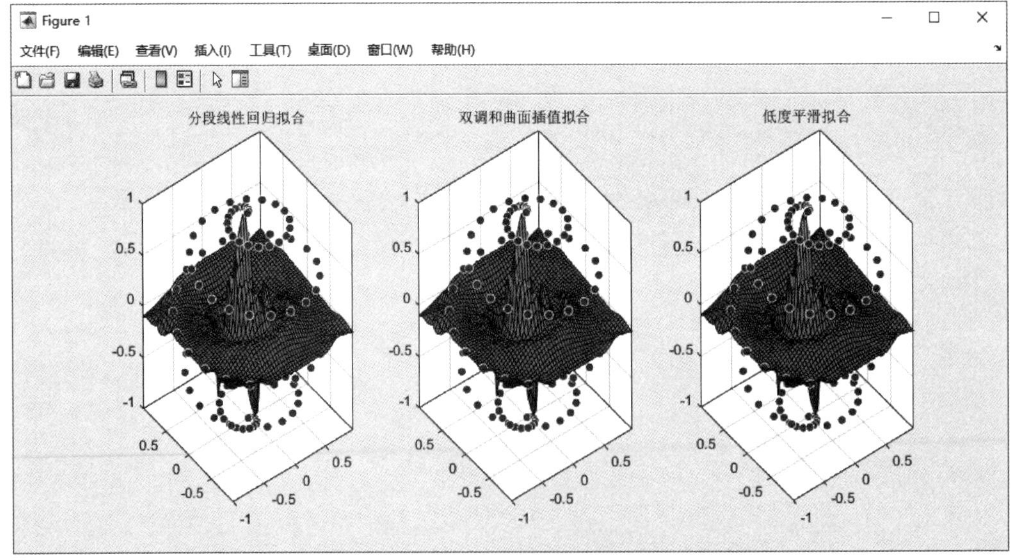

图 4-14　曲面回归拟合

4.3.4 数据拟合

在 MATLAB 中，fit 函数根据不同的拟合算法将数据拟合成曲线或曲面，该函数的使用方式见表 4-8。

表 4-8 fit 调用格式

调用格式	说明
fitobject=fit（x，y，fitType）	通过 fitType 指定的模型的拟合数据 x、y，计算曲线或曲面对象
fitobject=fit（[x，y]，z，fitType）	拟合曲面数据 x，y 和 z，创建一个表面拟合到数据中的载体 x，y 和 z
fitobject=fit（x，y，fitType，fitOptions）	fitOptions 指定算法选项
fitobject=fit（x，y，fitType，Name，Value）	使用 Name，Value 参数对组设置附加选项
[fitobject，gof] =fit（x，y，fitType）	gof 表示拟合优度统计，包括下面的字段。 ● sse：误差平方和。 ● rsquare：R-平方（决定系数）。 ● dfe：误差中的自由度。 ● adjrsquare：自由度调整系数。 ● rmse：均方误差（标准误差）
[fitobject，gof，output] =fit（x，y，fitType）	输出 output 拟合算法信息。 ● numobs：观察次数（响应值）。 ● numparam：待拟合的未知参数（系数）数。 ● residuals：残差向量。 ● Jacobian：雅可比矩阵。 ● exitflag：描述该算法的退出条件。积极标志表示趋同，在允许范围内；零标志表示超过了函数计算或迭代的最大次数；负标志表示算法没有收敛到解决方案。 ● Iterations：迭代次数。 ● funcCount：职能评价次数。 ● firstorderopt：一阶最优性测度（梯度分量的绝对最大值）。 ● algorithm：拟合算法

例 4-12：比较函数 $y=\sin x\cos(2x)$ 的拟合方法。

解：在命令行窗口中输入以下命令。

```
>> close all                                   % 关闭所有打开的文件
>> clear                                       % 清除工作区的变量
>> x=(0:50)'/50* pi;                           % 创建 0 到 π 的向量,默认元素间隔为 pi/50
>> y=sin(x).* cos(2* x);                       % 定义函数
>> ft1=fittype('poly3');                       % 定义三次多项式模型
>> ft2=fittype('smoothingspline');             % 定义平滑样条模型
>> fo1=fitoptions('Method','LinearLeastSquares');   % 使用线性最小二乘法
>> fo2=fitoptions('Method','SmoothingSpline');      % 定义平滑样条拟合
>> [fit1,gof1,output]=fit(x,y,ft1,fo1);             % 创建线性插值拟合函数对象
>> [fit2,gof2,output]=fit(x,y,ft2,fo2);             % 创建线性插值拟合函数对象
>> subplot(121)
>> plot(fit1,x,y)                                   % 绘制拟合曲线与原始数据
>> title('三次多项式拟合')
```

```
>> subplot(122)
>> plot(fit2,x,y)          % 绘制拟合曲线与原始数据
>> title('平滑样条拟合')
>> gof1                    % 计算拟合优度统计
gof1 =
  包含以下字段的 struct:

sse: 4.1478
rsquare: 0.5968
dfe: 47
adjrsquare: 0.5711
rmse: 0.2971
>> gof2
gof2 =

  包含以下字段的 struct:

sse: 3.4241e-07
rsquare: 1.0000
dfe: 19.8378
adjrsquare: 1.0000
rmse: 1.3138e-04
```

结果如图 4-15 所示。

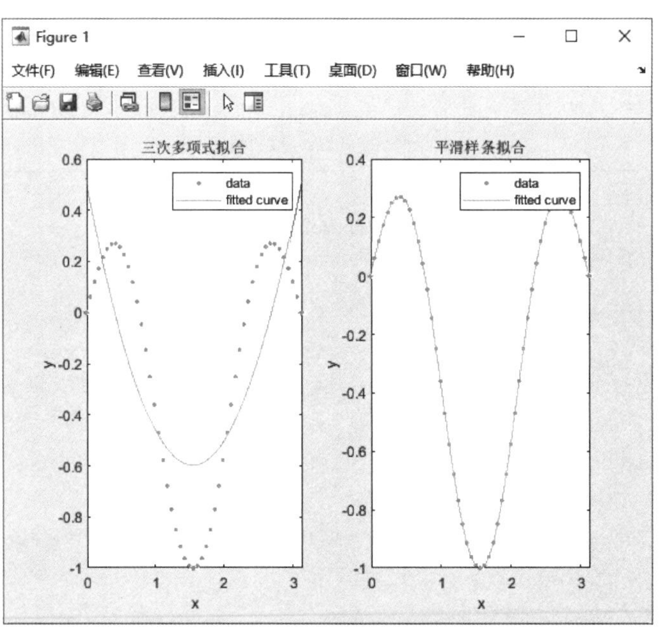

图 4-15　比较拟合曲线

由图 4-15 所示可知，三次多项式拟合曲线的 *SSE* = 4. 1478，样条曲线拟合曲线的 *SSE* = 3. 4241e-07，偏差平方和 *SSE* 越小拟合效果越好。第二条曲线拟合效果最好。

例 4-13：比较病例数据的分段拟合。

解：在命令行中输入以下命令。

```
>> tbl=readtable('counties.xlsx');                % 将莱姆病样本数据读入工作区中
>> y=tbl.Cases2010;                               % 加载新英格兰各郡莱姆病的病例数据
>> x=tbl.FIPS;
>> [f1,gof,output]=fit(x,y,'linearinterp')        % 创建分段线性插值拟合函数对象
f1=
    Linearinterpolant:
      f1(x)=piecewise polynomial computed from p
    Coefficients:
      p=coefficient structure
gof=
  包含以下字段的 struct:
sse: 0
rsquare: 1
dfe: 0
adjrsquare: NaN
rmse: NaN
output=
  包含以下字段的 struct:
numobs: 67
numparam: 67
   residuals: [67×1 double]
    Jacobian: []
exitflag: 1
>> [f2,gof,output]=fit(x,y,'cubicinterp')         % 创建分段三次插值拟合函数对象
f2=
    Piecewise cubicinterpolant:
      f2(x)=piecewise polynomial computed from p
    Coefficients:
      p=coefficient structure
gof=
  包含以下字段的 struct:
sse: 0
rsquare: 1
dfe: 0
adjrsquare: NaN
rmse: NaN
output=
  包含以下字段的 struct:
numobs: 67
numparam: 67
   residuals: [67×1 double]
    Jacobian: []
```

```
exitflag: 1
>> subplot(121)>> plot(f1,x,y)       % 绘制拟合曲线与原始数据
>> title('分段线性拟合')
>> subplot(122)
>> plot(f2,x,y)                      % 绘制拟合曲线与原始数据
>> title('分段三次拟合')
```

结果如图 4-16 所示。

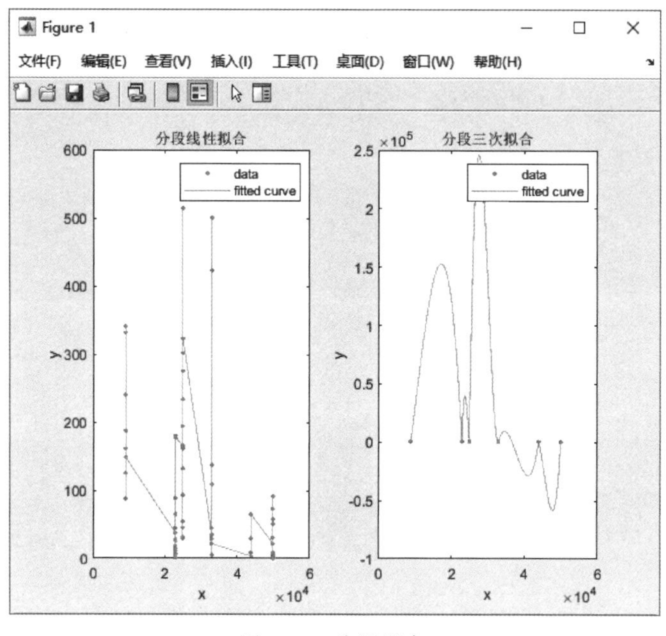

图 4-16　分段拟合

$$x=\mathrm{e}^{-1}/10\sin\ (5t)$$
$$y=\mathrm{e}^{-1}/10\cos\ (5t)$$

例 **4-14**：创建函数 $z=t$ 的曲面模型拟合。

解：在命令行窗口中输入以下命令。

```
>> close all                         % 关闭所有打开的文件
>> clear                             % 清除工作区的变量
>> t=linspace(-10.10,100)';
>> X=exp(-t/10).* sin(5* t);
>> Y=exp(-t/10).* cos(5* t);
>> Z=t;
>> subplot(121)
>> f1=fit([X Y],Z,'lowess');         % 创建局部线性回归曲面拟合对象
>> plot(f1,[X Y],Z);
>> title('局部线性回归拟合')
>> subplot(122)
>> f2=fit([X Y],Z,'loess');          % 创建局部二次回归曲面拟合对象
```

```
>> plot(f2,[X Y],Z);
>> title('局部二次回归拟合')
```

结果如图 4-17 所示。

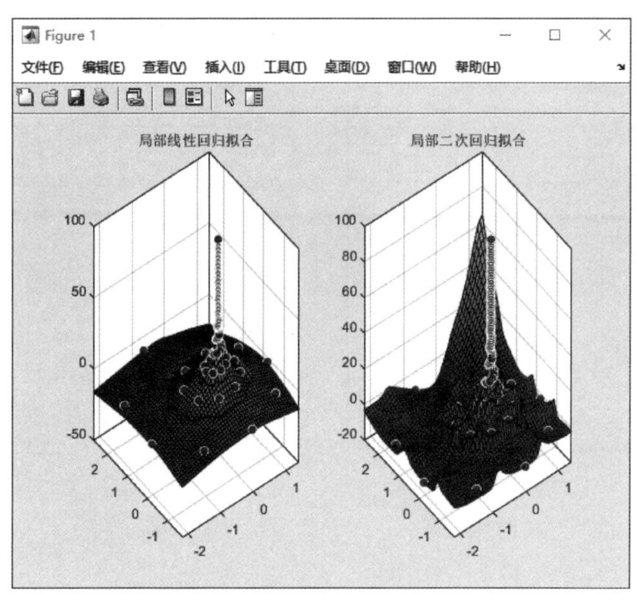

图 4-17　曲面回归拟合

例 4-15：温度曲线问题。气象部门观测到一天某些时刻的温度变化数据，见表 4-9。试绘制出温度变化曲线。

表 4-9　某些时刻的温度变化数据

t/h	0	1	2	3	4	5	6	7	8	9	10
T/℃	13	15	17	14	16	19	26	24	26	27	29

解：

1. 在对拟合曲线一无所知的情况下，可以先绘制数据的粗略图形

在命令行中窗口输入以下命令。

```
>> clear                          % 清除工作区的变量
>> x=0:10;                        % 输入原始数据
>> y=[13 15 17 14 16 19 26 24 26 27 29];
>> plot(x,y,'r* ')                % 绘制原始数据
```

结果如图 4-18 所示。

2. 从图中观测出拟合曲线的类型，确定拟合函数

1）假定拟合函数为多项式。在命令行窗口中输入以下命令。

```
>> [f1,gof1,output]=fit(x',y','poly3');     % 创建多项式拟合函数对象
>> plot(f1,x,y)                             % 绘制原始曲线
```

结果如图 4-19 所示。

2）假定拟合函数为傅里叶多项式。在命令行窗口中输入以下命令。

```
>> [f2,gof2,output]=fit(x',y','fourier3');    % 创建多项式拟合函数对象
>> plot(f2,x,y)                                % 绘制原始曲线
```

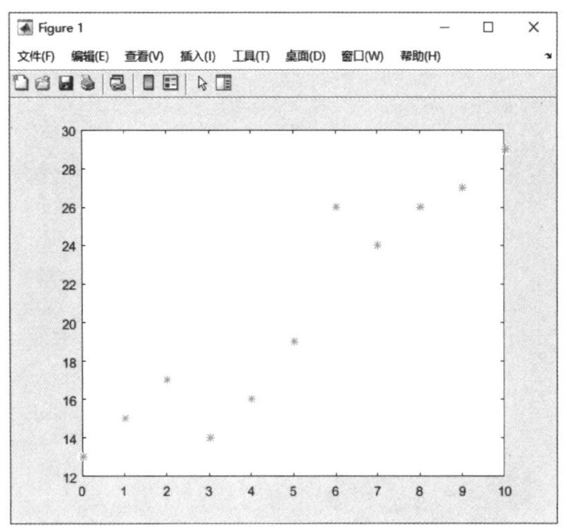

图 4-18　原始点拟合

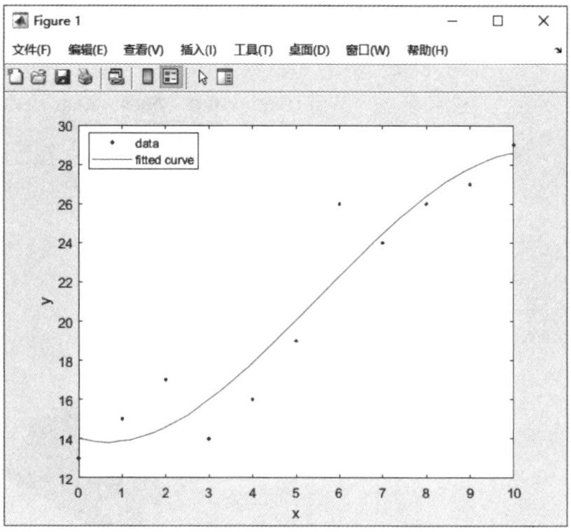

图 4-19　多项式拟合

结果如图 4-20 所示。

3）假定拟合函数为高斯多项式。在命令行窗口中输入以下命令。

```
>> [f3,gof3,output]=fit(x',y','gauss3');    % 创建多项式拟合函数对象
>> plot(f3,x,y)                              % 绘制原始曲线
```

结果如图 4-21 所示。

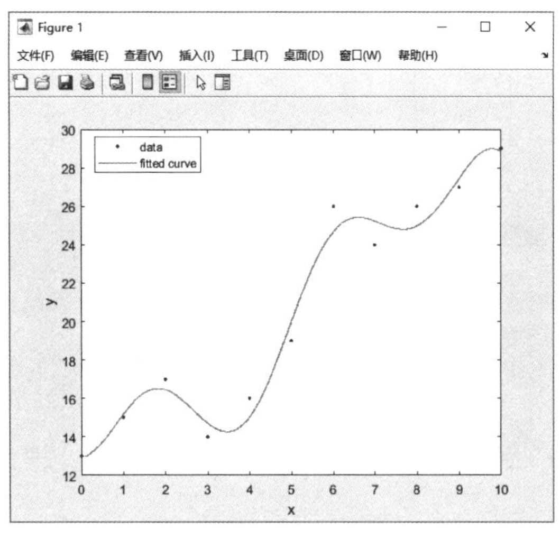

图 4-20　傅里叶多项式拟合

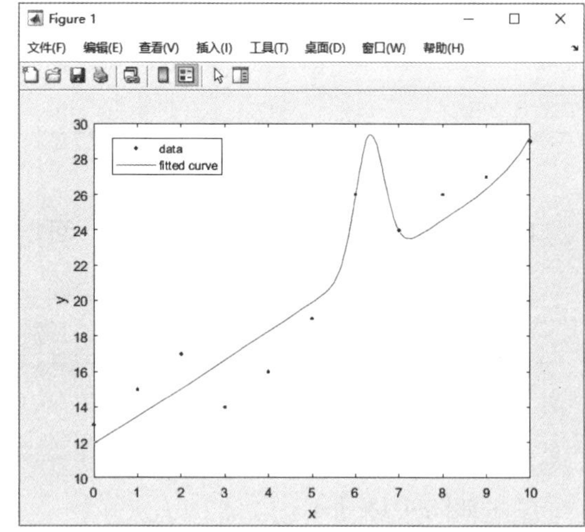

图 4-21　高斯多项式拟合

3. 评价拟合函数

选择多项式函数时，*SSE* 越小越好。在命令行窗口中输入以下命令。

```
>> gof=[gof1.sse,gof2.sse,gof3.sse]
gof=
```

```
    31.4685    7.2293   23.1113
```

三条拟合曲线中，傅里叶模型的 *SSE* 最小，拟合曲线最佳。

4.3.5 拟合后处理

拟合后处理是指分析数据的拟合是否准确。在创建一个拟合曲线之后，可以通过应用各种后处理方法来绘制、插值和外推，估计置信区间，确定拟合的异常值以及计算积分和导数确定最佳拟合。

与其使用鲁棒最小二乘法将异常值的影响降到最低，不如将数据点标记从拟合曲线中排除。

在 MATLAB 中，excludedata 函数用来排除拟合异常值，该函数的使用格式见表 4-10。

表 4-10 excludedata 调用格式

调用格式	说明
tf=excludedata（x，y，'box'，box）	计算数据 x、y 中 box 框指定的数据，包含四个元素［xmin xmax ymin ymax］
tf=excludedata（x，y，'domain'，domain）	计算 domain 表示域［xmin xmax］以外的数据
tf=excludedata（x，y，'range'，range）	计算 range 表示范围［xmin xmax］以外的数据
tf=excludedata（x，y，'indices'，indices）	计算 indices 指定数据点索引的数据

例 4-16：比较函数的鲁棒线性最小二乘拟合方法。

解：在命令行窗口中输入以下命令。

```
>> close all                              % 关闭所有打开的文件
>> clear                                  % 清除工作区的变量
>> x=(1:50)'/50* pi;                      % 创建 0 到 π 的向量,默认元素间隔为 pi/50
>> y=sin(x).^3+sin(x);                    % 定义函数
>> indices=[1:5,20,30];                   % 定义异常值索引
>> y(indices)=pi;                         % 创建离散值
>> ft=fittype('poly3');                   % 构造一个三次多项式的拟合模型
>> tf=excludedata(x,y,'indices',indices);
>> fo=fitoptions('poly3','Robust','on','Exclude',tf);
                                          % 使用鲁棒最小二乘法,删除异常值,进行三次多项式拟合
>> f1=fit(x,y,ft,'Robust','on');          % 创建拟合函数对象
>> f2=fit(x,y,ft,fo);                     % 创建拟合函数对象
>> subplot(121)
>> plot(f1,x,y)                           % 绘制拟合曲线与原始数据
>> title('鲁棒最小二乘拟合')
>> subplot(122)
>> plot(f2,x,y)                           % 绘制拟合曲线与原始数据
>> title('删除异常值鲁棒最小二乘拟合')
```

结果如图 4-22 所示。

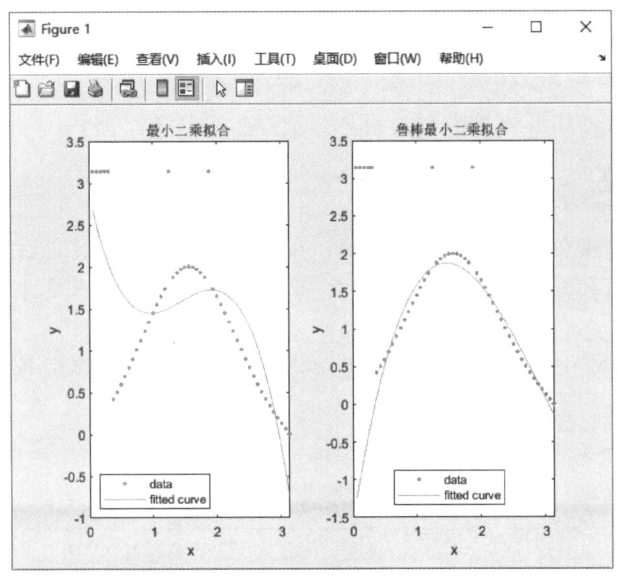

图 4-22 曲线拟合

4.4 线性拟合

一组数据 $[x_1, x_2, \cdots, x_n]$ 和 $[y_1, y_2, \cdots, y_n]$，已知 x 和 y 成线性关系，即 $y=kx+b$，对该直线进行拟合，就是求出待定系数 k 和 b 的过程。

最小二乘法直线拟合在数据处理中有其特殊的重要作用，利用最小二乘法可以简便地求得未知的数据，并使得这些求得的数据与实际数据之间误差的平方和为最小。

4.4.1 线性拟合函数

利用矩阵除法进行线性拟合。编写如下一个 M 文件 linefit1. m。

```
function [k,b]=linefit1(x,y)
n=length(x);
x=reshape(x,n,1);          % 生成列向量
y=reshape(y,n,1);
A=[x,ones(n,1)];           % 连接矩阵 A
bb=y;
B=A'* A;
bb=A'* bb;
yy=B \bb;
k=yy(1);                   % 得到 k
b=yy(2);                   % 得到 b
```

例 4-17：将以下数据进行直线拟合。测试数据见表 4-11。

表 4-11 测试数据

x	0.5	1	1.5	2	2.5	3
y	1.75	2.45	3.81	4.8	8	8.6

解：在命令行窗口中输入以下命令。

```
>> clear                          % 清除工作区的变量
>> x=[0.5 1 1.5 2 2.5 3];         % 输入测试数据
>> y=[1.75 2.45 3.81 4.8 8 8.6];
>> [k,b]=linefit1(x,y)            % 使用自定义函数对测试数据进行直线拟合,返回系数 k 和 b
k=
    2.9651
b=
   -0.2873
>> f=@ (x) k* x+b;                % 定义拟合曲线
>> plot(x,y,'* ')                 % 以星号标记绘制原始曲线
>> hold on                        % 保留当前图形窗口中的绘图
>> fplot(f,[0.5,3]);              % 绘制拟合后的曲线
```

拟合结果如图 4-23 所示。

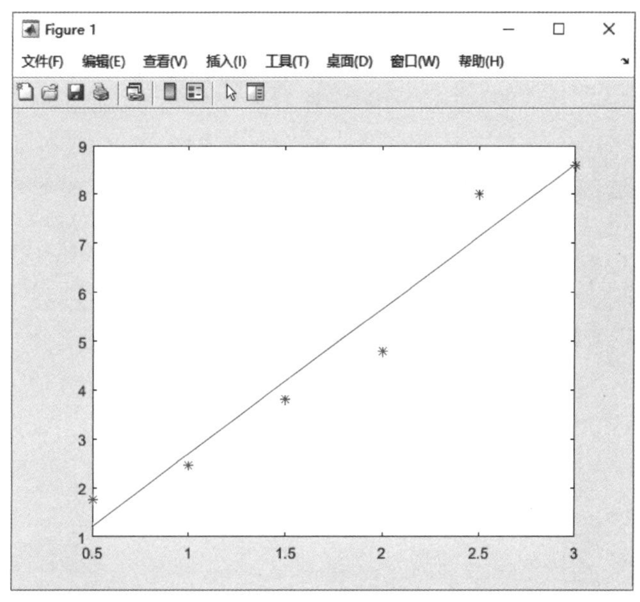

图 4-23　直线拟合

4.4.2 一元线性组合函数拟合

如果存在以下函数的线性组合 $g(x)=c_1f_1(x)+c_2f_2(x)+\cdots+c_nf_n(x)$，其中 $f_i(x)$ $(i=1,2,\cdots,n)$为已知函数，c_i $(i=1, 2, \cdots, n)$ 为待定系数，则对这种函数线性组合的曲线拟合，也可以采用除法方法。编写如下 M 文件 linefit2. m。

```
function yy=linefit2(x,y,A)
n=length(x);
y=reshape(y,n,1);
A=A';
yy=A\y;
yy=yy';
```

例 4-18：已知存在一个函数线性组合 $g(x)=c_1+c_2e^{-2x}+c_3\cos(-2x)e^{-4x}+c_4x^2$，求出待定系数 c_i。实验数据见表 4-12。

表 4-12 实验数据

x	0	0.2	0.4	0.7	0.9	0.92
y	2.88	2.2576	1.9683	1.9258	2.0862	2.109

解：在命令行窗口中输入以下命令。

```
>> clear                                        % 清空工作区的变量
>> x=[0 0.2 0.4 0.7 0.9 0.92 ];                 % 输入实验数据
>> y=[2.88 2.2576 1.9683 1.9258 2.0862 2.109 ];
>> A=[ones(size(x));exp(-2* x);cos(-2* x).* exp(-4* x);x.^2];
                                                % 定义函数组合
>> yy=linefit2(x,y,A)                           % 使用自定义函数求函数线性组合的系数向量
yy=
   1.1652    1.3660    0.3483    0.8608
>> plot(x,y,'* ')                               % 使用星号标记绘制实验数据曲线
>> hold on                                      % 保留当前图形窗口的绘图
>> x=[0:0.01:0.92]';                            % 定义取值范围和取值点
>> A1=[ones(size(x)) exp(-2* x),cos(-2* x).* exp(-4* x) x.^2];
                                                % 定义函数组合
>> y1=A1* yy';                                  % 计算各取值点对应的函数值
>> plot(x,y1)                                   % 绘制拟合曲线
```

从图 4-24 所示可以看到，拟合效果相当良好。

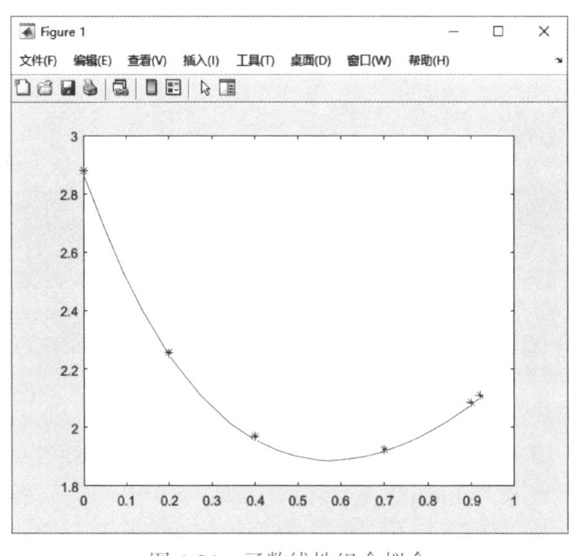

图 4-24 函数线性组合拟合

4.5 多项式拟合

在机器学习算法中，基于针对数据的非线性函数的线性模型是非常常见的，这种方法既可以

像线性模型一样高效地运算，同时也使得模型可以适用于更为广泛的数据，多项式拟合就是这类算法中最为简单的一种。

4.5.1 拟合多项式

假设拟合得到的多项式如下：

$$f(x) = a_0x^n + a_1x^{n-1} + \cdots + a_{n-1}x + a_n$$

则拟合函数与真实结果的方差如下：

$$loss = [y_1 - f(x)]^2 + [y2 - f(x_2)]^2 + \cdots + [y_n - f(x_n)]^2$$

那么多项式拟合的过程即为求取一组 $p=[a_0, a_1, \cdots, a_{n-1}, a_n]$，使得 $loss$ 的值最小。

在 MATLAB 中，polyfit 函数命令利用最小二乘计算拟合多项式，polyfit 命令的使用格式见表 4-13。

表 4-13　polyfit 调用格式

调用格式	说　明
p=polyfit（x，y，n）	对 x 和 y 进行 n 维多项式的最小二乘拟合，输出结果 p 为含有 n+1 个元素的行向量，该向量以维数递减的形式给出拟合多项式的系数
[p，s] =polyfit（x，y，n）	结果中的 s 包括 R、df 和 normr，分别表示对 x 进行 QR 分解的三角元素、自由度和残差
[p，s，mu] = polyfit（x，y，n）	在拟合过程中，首先对 x 进行数据标准化处理，以在拟合中消除量纲等的影响，mu 包含两个元素，分别是标准化处理过程中使用的 x 的均值和标准差

例 4-19：小明在实验室采集信号，为了得到特定频段信号，对原始信号检测 9h，得到特定信号的波段个数见表 4-14。对测试数据进行线性拟合，计算 4.5h 时的检测结果。

表 4-14　测试数据

x	1	2	3	4	5	6	7	8	9
y	8	11	14	17	20	23	26	29	32

解：在命令行窗口中输入以下命令。

```
>> clear                          % 清空工作区的变量
>> X=[1 2 3 4 5 6 7 8 9];         % 定义测试数据
>> Y=[8 11 14 17 20 23 26 29 32];
>> y1=polyfit(X,Y,1)              % 定义一阶拟合多项式
y1=

    3.0000    5.0000
>> k1=y1(1);
>> b1=y1(2);
>> [k2,b2]=linefit1(X,Y)          % 使用自定义函数对测试数据进行直线拟合,返回系数 k 和 b
k2=

    3.0000
b2=
```

```
    5.0000
                              % 得到一阶拟合多项式 y1=3x+5,直线拟合可以看成是一阶多项式拟合
>> x=X;                       % 定义拟合取值点
>> y=3* x+5;                  % 定义线性拟合函数
                              % 计算指定点的预测值
>> x0=4.5;
>> y0=x0* y1(1)+y1(2);
>> R=y0-3* x0-5;              % 计算拟合误差
>> plot(X,Y,'or',x0,y0,'* k',x,y,'-b');
>> legend('样本点','误差','线性函数拟合,y=3x+5');
                              % 计算拟合优度
>> [SSE,R_2]=Fitevaluation(y,Y)
SSE=
    0
R_2=

    1
```

拟合结果如图 4-25 所示。

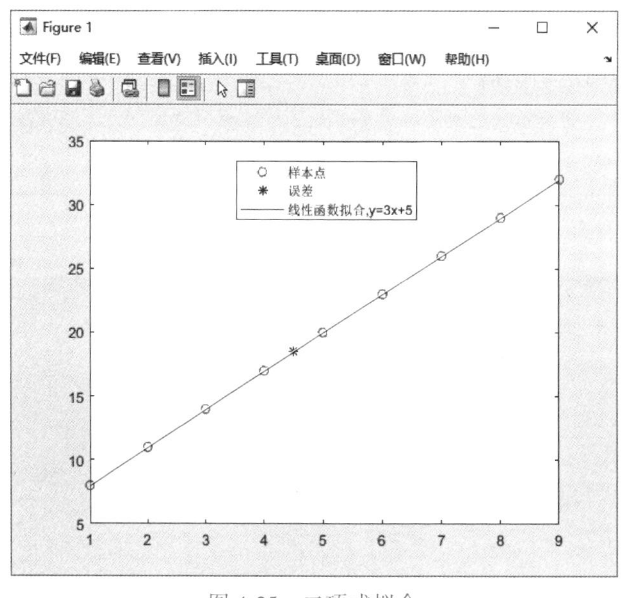

图 4-25　二项式拟合

图中数据 *SSE* 为 0，*R*-平方为 1 时，线性拟合效果好。

例 4-20：用一次、二次、三次多项式拟合数据。给定数据见表 4-15。

表 4-15　给定数据

x	0.1	0.2	0.15	0.0	-0.2	0.3
y	0.95	0.84	0.86	1.06	1.50	0.72

解：在命令行窗口中输入以下命令。

```
>> clear                                  % 清除工作区的变量
>> x=[0.1,0.2,0.15,0,-0.2,0.3];           % 输入数据矩阵 x 和 y
>> y=[0.95,0.84,0.86,1.06,1.50,0.72];
>> p1=polyfit(x,y,1);                     % 返回次数为 1 的多项式的系数向量
>> p2=polyfit(x,y,2);                     % 返回次数为 2 的多项式的系数向量
>> p3=polyfit(x,y,3);                     % 返回次数为 3 的多项式的系数向量
>> xi=-0.2:0.01:0.3;                      % 定义取值范围和取值点
>> yi1=polyval(p1,xi);                    % 计算一次多项式在 xi 的每个点处的值
>> yi2=polyval(p2,xi);                    % 计算二次多项式在 xi 的每个点处的值
>> yi3=polyval(p3,xi);                    % 计算三次多项式在 xi 的每个点处的值
>> subplot(131)
>> plot(x,y,'ro',xi,yi1,'k');             % 分别用红色圆圈和黑色线条描绘实际曲线与拟合曲线
>> title('一次多项式拟合')                  % 添加标题
>> subplot(132)
>> plot(x,y,'ro',xi,yi2,'k');             % 分别用红色圆圈和黑色线条描绘实际曲线与拟合曲线
>> title('二次多项式拟合')                  % 添加标题
>> subplot(133)
>> plot(x,y,'ro',xi,yi3,'k');             % 分别用红色圆圈和黑色线条描绘实际曲线与拟合曲线
>> title('三次多项式拟合')                  % 添加标题
```

拟合结果如图 4-26 所示。

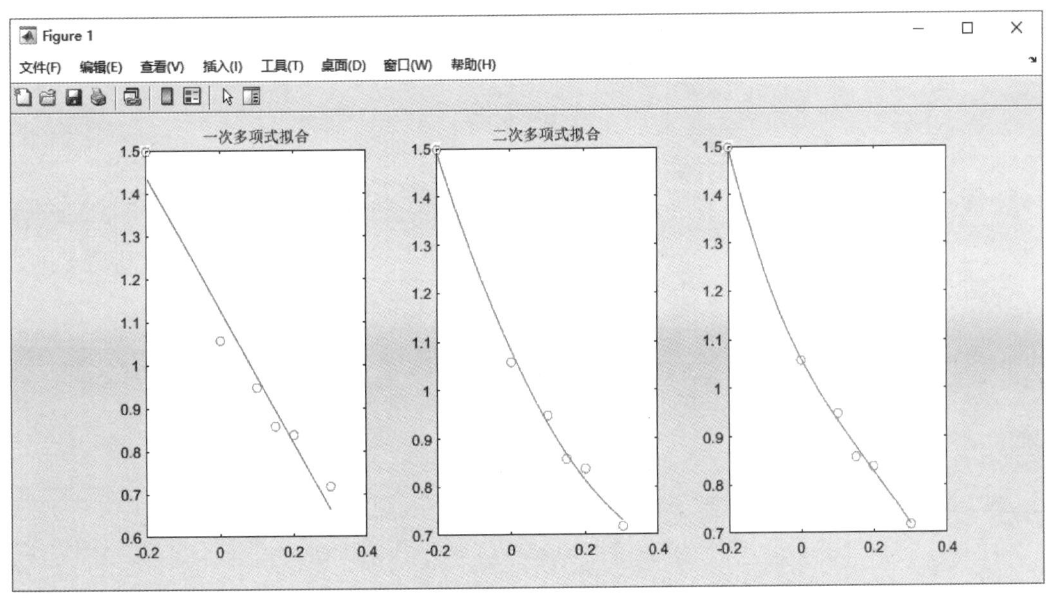

图 4-26　多项式拟合

4.5.2 多项式拟合预测值

多项式的一般形式：

$$y=a_0x^n+a_1x^{n-1}+\cdots+a_{n-1}x+a_n$$

多项式拟合的目的是为了找到一组系数向量 $\boldsymbol{p}=[a_0, a_1, \cdots, a_{n-1}, a_n]$，使得拟合预测值

尽可能地与实际样本数据相符合。

在 MATLAB 中，可以用 polyval 函数计算拟和多项式的预测值，其调用格式见表 4-16。

表 4-16 polyval 调用格式

调用格式	说明
y=polyval（p，x）	计算系数为 p 的多项式 $p(x)=p_1x^n+p_2x^{n-1}+\cdots+p_nx+p_{n+1}$ 在 x 的每个点处的值
[y，delta] =polyval（p，x，S）	使用输出结构体 S 生成误差估计值 delta
y=polyval（p，x，[ ]，mu） [y，delta] = polyval（p，x，S，mu）	mu 表示中心化和缩放数据。mu（1）为均值 mean（x），mu（2）为 标准差 std（x） 单位标准差 $\hat{x}=x-\bar{x}/\sigma_x$

例 4-21：用多项式拟合数据，见表 4-17。

表 4-17 拟合数据

x	0.5	1	1.5	2	2.5	3
y	1.75	2.45	3.81	4.8	8	8.6

解：在命令行窗口中输入以下命令。

```
>> clear                        % 清除工作区的变量
>> x=0.5:0.5:3;                 % 输入 x 和 y 值
>> y=[1.75,2.45,3.81,4.8,8,8.6];
>> [p2,s]=polyfit(x,y,2)    % 返回次数为 2 的多项式的系数向量 p 和用于获取误差估计值的结构体 s
p2 =
    0.4900    1.2501    0.8560
s =
包含以下字段的 struct:
     R: [3x3 double]
     df: 3
normr: 1.1822
>> [p3,s]=polyfit(x,y,10)  % 返回次数为 10 的多项式的系数向量 p 和用于获取误差估计值的结构体 s
p3 =

   列 1 至 6

   -0.0137    0.0616         0   -0.2072         0         0

   列 7 至 11

    0.6942         0    0.2761         0    1.6391
s =

   包含以下字段的 struct:
```

```
        R: [6×11 double]
       df: 0
normr: 9.7734e-14
>> x1=0.5:0.1:3;              % 输入拟合取样值
>> y1=polyval(p2,x1);         % 计算 p 表示的二次多项式在 x1 的每个点处的值
>> y2=polyval(p3,x1);         % 计算 p 表示的十次多项式在 x1 的每个点处的值
>> plot(x,y,'r*',x1,y1,'k-',x1,y2,'m-')
>> legend('原始数据','二次拟合多项式','十次拟合多项式');
```

结果如图 4-27 所示。

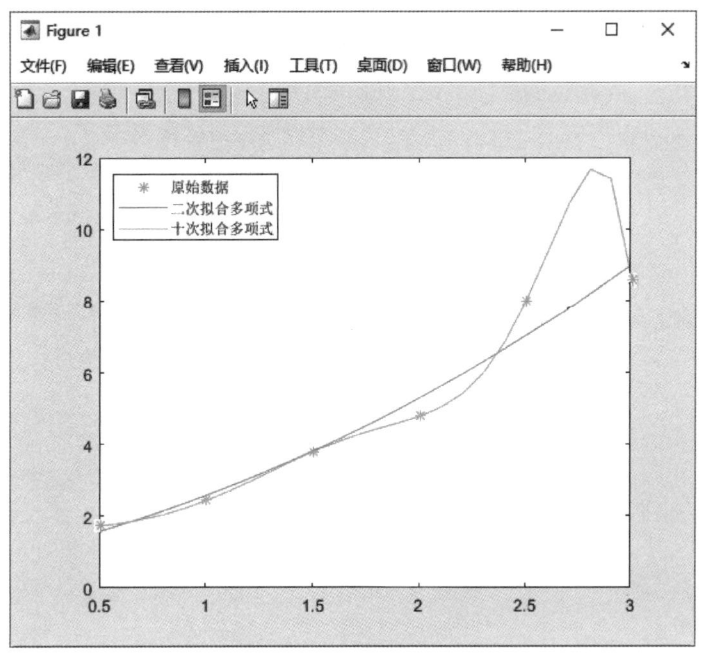

图 4-27　多项式拟合

例 4-22：在［0，2］区间上对函数 $y=\sin x+e^{-x}$ 进行多项式拟合，然后在［0，4］区间上画出图形，比较拟合区间和非拟合区间的图形，考查拟合的有效性。

解：在命令行窗口中输入以下命令。

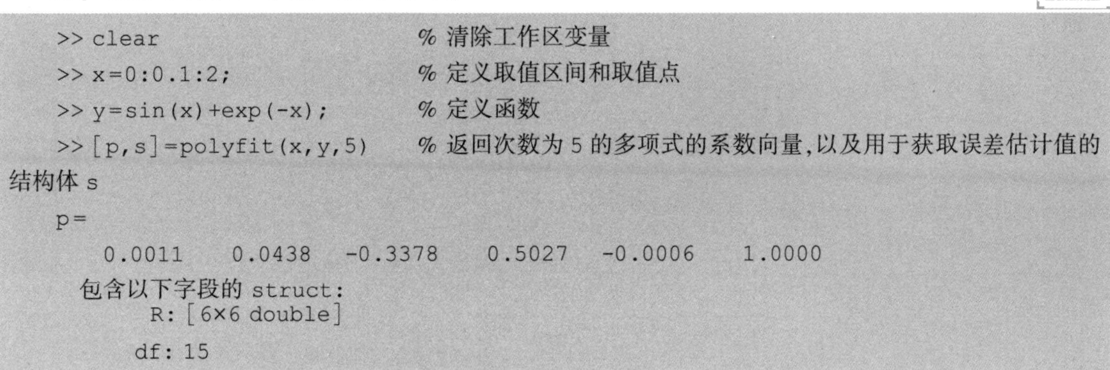

```
>> clear                          % 清除工作区变量
>> x=0:0.1:2;                     % 定义取值区间和取值点
>> y=sin(x)+exp(-x);              % 定义函数
>> [p,s]=polyfit(x,y,5)           % 返回次数为 5 的多项式的系数向量,以及用于获取误差估计值的
结构体 s
p=
    0.0011    0.0438   -0.3378    0.5027   -0.0006    1.0000
  包含以下字段的 struct:
        R: [6×6 double]
       df: 15
```

```
    normmr: 6.4249e-05
>> x1=0:0.1:4;                       % 定义取值区间和取值点
>> y1=sin(x1)+exp(-x1);              % 定义函数
>> y2=polyval(p,x1);                 % 计算 p 表示的多项式在 x1 的每个点处的值
>> plot(x1,y1,'r*',x1,y2,'k-')       % 分别以红色星号标记和黑色线条绘制拟合区间和非拟合
区间的图形
```

结果如图 4-28 所示。

例 4-23：用 5 阶、8 阶多项式对 $y=\sin x+x$，$x\in(0,\pi)$ 进行最小二乘拟和。

解：MATLAB 程序如下。

```
>> x=0:pi/20:pi;
>> y=sin(x)+x;
>> p=polyfit(x,y,5);                        % 构造 5 阶多项式
>> y1=polyval(p,x);                         % 多项式估值运算
>> pp=polyfit(x,y,8);                       % 构造 8 阶多项式
>> y2=polyval(pp,x);                        % 多项式估值运算
>> plot(x,y,'go',x,y1,'b--',x,y2,'r--')
                                            % 计算拟合优度
>> [SSE1,R_2]=Fitevaluation(y1,y);          % 计算误差平方和 SSE
>> SSE1
SSE=

   4.1148e-06
>> [SSE2,R_2]=Fitevaluation(y2,y);          % 计算误差平方和 SSE
>> SSE2
SSE2=

   1.8048e-14
```

结果如图 4-29 所示。

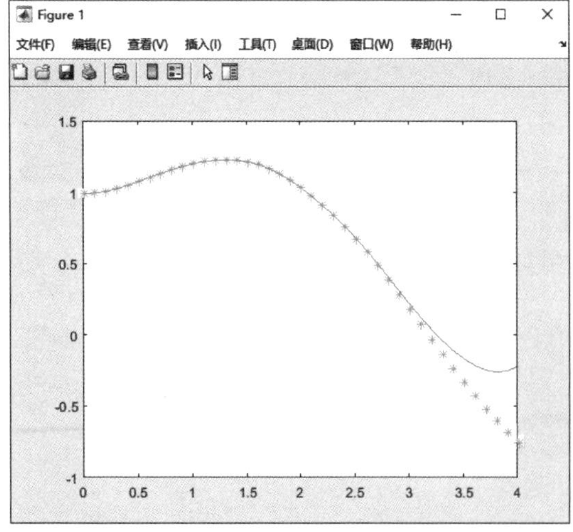

图 4-28 函数拟合

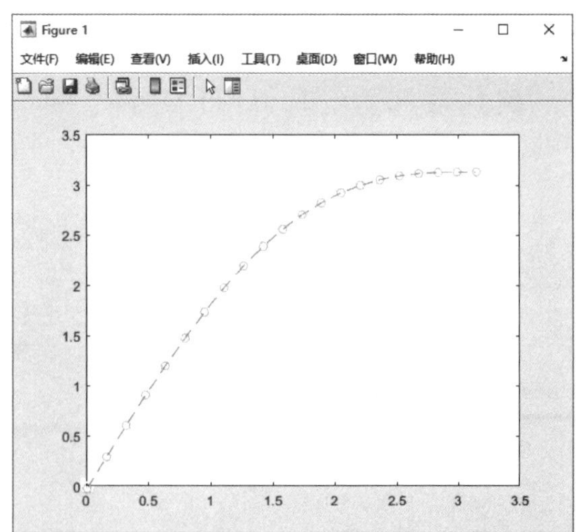

图 4-29 多项式拟合

由图 4-29 所示可知，由多项式拟合生成的图形与原始曲线可很好地吻合，这说明多项式的拟合效果很好。5 阶多项式误差平方和 *SSE*1 = 4.1148e−06，8 阶多项式误差平方和 *SSE*2 = 1.8048e−14，8 阶多项式误差平方和更接近 0，表示 8 阶多项式拟合曲线拟合效果更好。

4.5.3 多项式拟合工具

模型预测图形界面使用的拟合算法包括两种：最小二乘法与稳健拟合。

一般采用最小二乘法进行拟合运算。但是，当数据样本点出现很多的异常点，并且这些异常点对拟合结果的影响非常的大，传统的基于最小二乘的拟合方法将不适用。

稳健拟合就是当最小二乘法遇到上述的数据样本点存在异常点的时候，用于代替最小二乘法的一个算法。该算法自动剔除异常值，得到更为稳健的回归系数，受异常值的影响较小。

在 MATLAB 中，polytool 函数可以打开模型预测图形界面，用来进行交互式多项式拟合，其调用格式见表 4-18。

表 4-18 polytool 调用格式

调用格式	说明
polytool（x，y）	在图形界面中显示多项式拟合的交互图，默认多项式阶数是 1，即默认进行线性拟合
polytool（x，y，n）	在图形界面中显示 n 阶多项式拟合图
polytool（x，y，n，alpha）	alpha 表示置信度区间，默认置信度区间为（1 - alpha）
polytool（x，y，n，alpha，xname，yname）	xname，yname 标记 x 轴和 y 轴的标签
h = polytool（...）	输出句柄向量 h，包含拟合数据 Y 值、下界、上界

执行 polytool 函数命令，弹出预测图形界面。根据多项式次数显示不同次数的模型预测图，默认打开一次模型预测图，如图 4-30 所示。

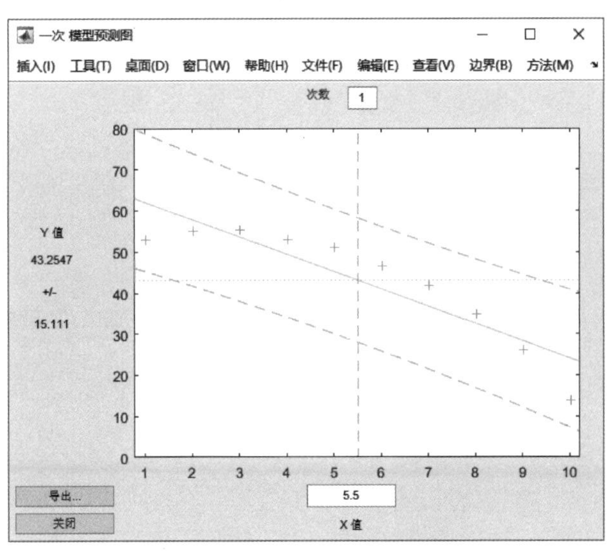

图 4-30 一次模型预测图

该图形界面不但可以在界面中显示数据拟合结果的交互图，还可以使用该界面接口探索更改 FIT 拟合参数的效果，并将 FIT 拟合结果导出到工作区，从而实现图形界面的交互。

1. 拟合算法选择

在菜单栏“方法”菜单下选择拟合算法：最小二乘法与稳健拟合，如图 4-31 所示。

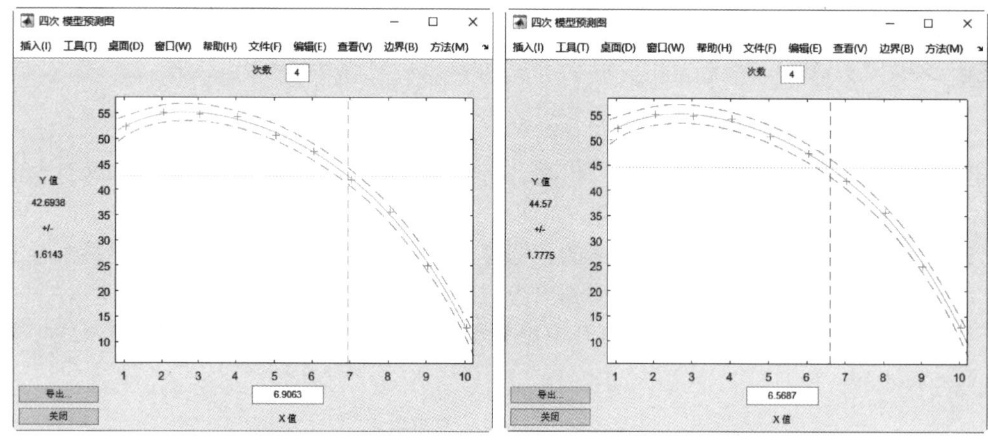

a) 最小二乘法　　b) 稳健拟合

图 4-31　拟合结果

2. 预测值设置

在水平轴的文本框中显示预测值，并在图中用垂直虚线标出。通过编辑文本框或拖动虚线来更改预测值。当更改预测图的值时，所有绘图都会实时更新显示预测图中的新点。

3. 次数设置

在图形上方显示多项式次数 n，可以通过在命令行窗口中设置改变次数，也可以在该文本框中直接修改，最终改变拟合图形与拟合数据，如图 4-32 所示。

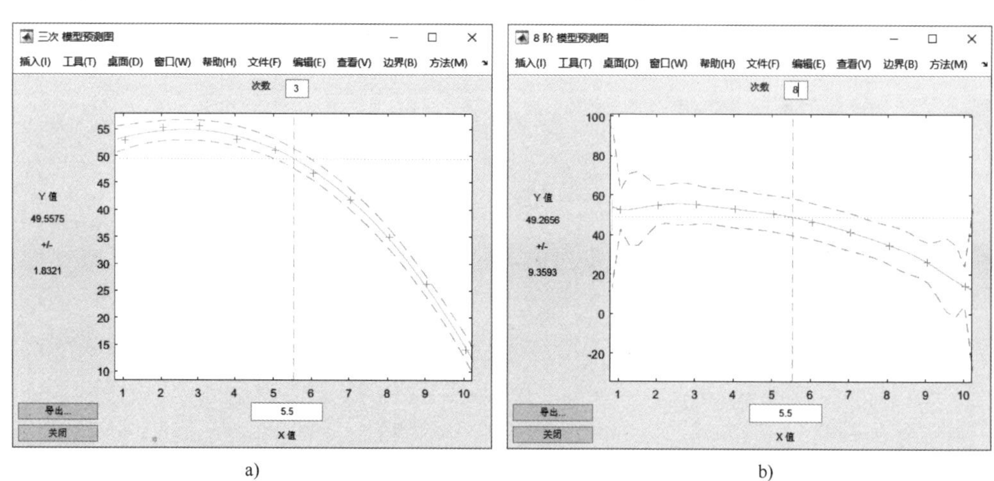

a)　　b)

图 4-32　改变次数

4. 数据转换

单击“导出”按钮，弹出“导出到工作区”窗口，显示需要导出的数据，如图 4-33 所示。单击“确定”按钮，在工作区显示图形界面导出的数据变量，如图 4-34 所示。

5. 边界的设置

在菜单栏“边界”菜单下选择边界设置方法：联合、非联合；曲线、观测值，如图 4-35

所示。

图 4-33 “导出到工作区”窗口

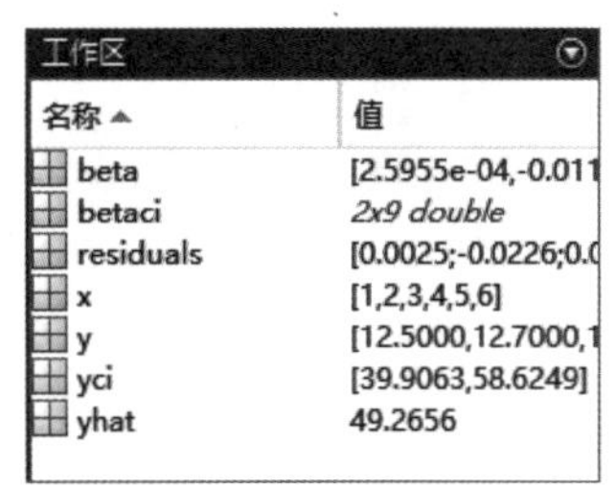

图 4-34 显示数据变量

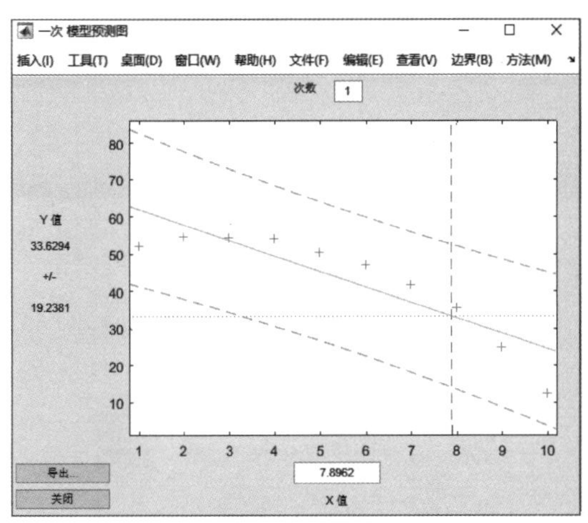

a) 非联合、观测值

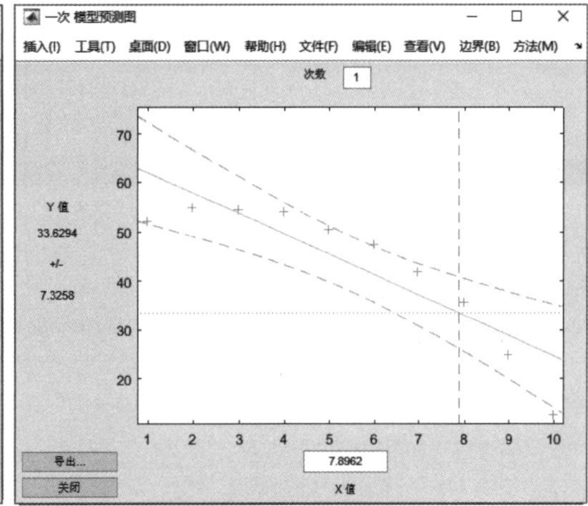

b) 非联合、曲线

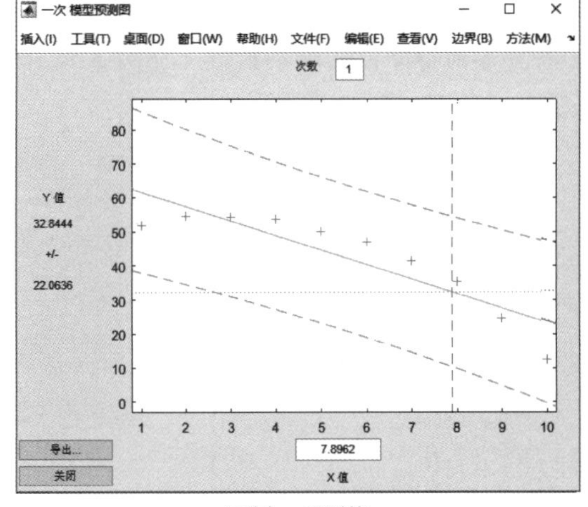

c) 联合、观测值

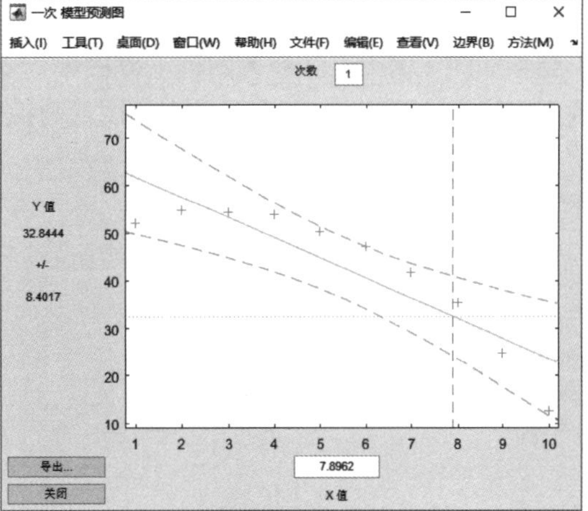

d) 联合、曲线

图 4-35 边界显示

例 4-24：某短跑运动员在集训中的 6 次测试成绩（单位：s）如下：12.5、12.7、12.1、12.8、12.4 和 12.5，对测试成绩进行多项式拟合。

解：MATLAB 程序如下。

```
>> x=1:6;
>> y=[12.5 12.7 12.1 12.8 12.4 12.5];           % 定义测试数据
>> polytool(x,y);                                % 构造线性拟合曲线
>> polytool(x,y,3);                              % 构造 3 阶多项式拟合曲线
```

结果如图 4-36 所示。

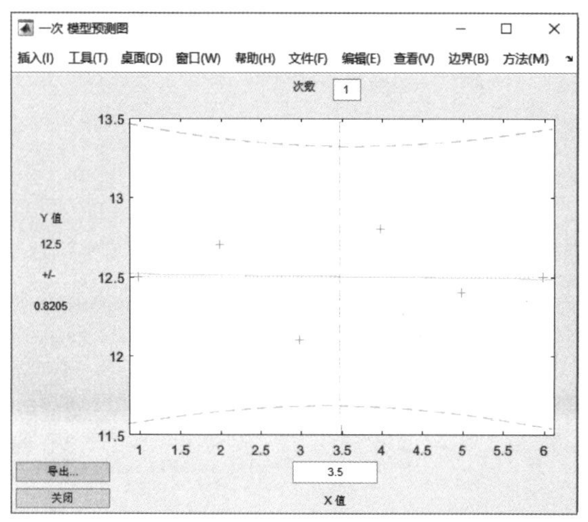

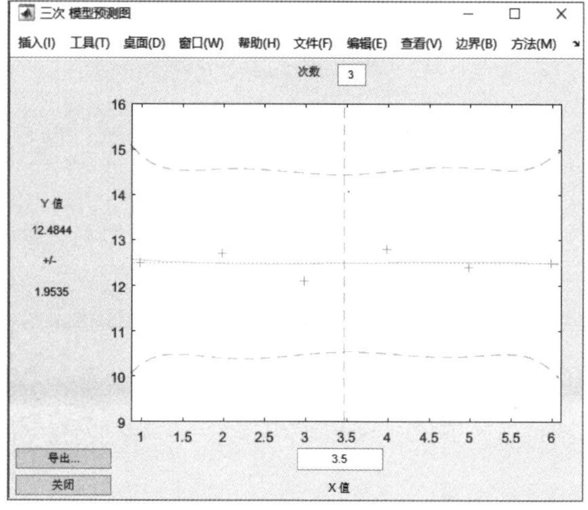

图 4-36　数据交互拟合图

例 4-25：用多项式对 $y=\sin x$，$x\in(0,\pi)$ 进行最小二乘拟合。

解：MATLAB 程序如下。

```
>> x=0:0.1* pi:2* pi;
>> y=sin(x);             % 定义函数
>> polytool(x,y);        % 构造线性拟合曲线
```

结果如图 4-37 所示。修改图形上方次数为 3，会改变拟合图形与拟合数据，如图 4-38 所示。修改图形上方次数为 5，改变后的拟合图形与拟合数据，如图 4-39 所示。

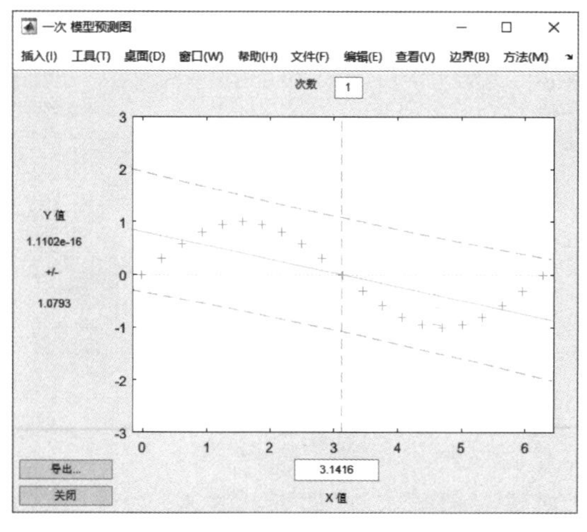

图 4-37　函数交互拟合图

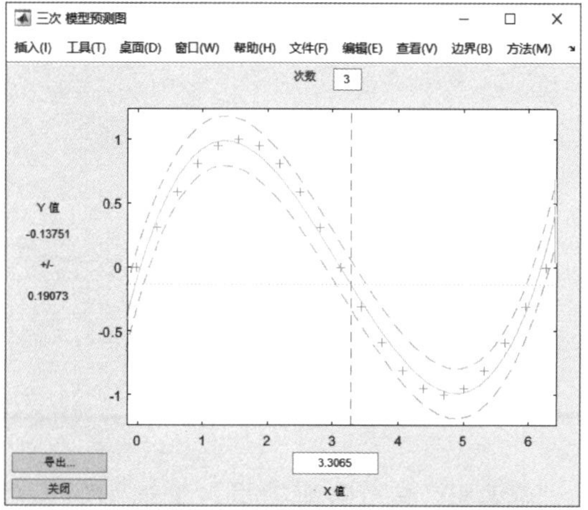

图 4-38　修改次数一

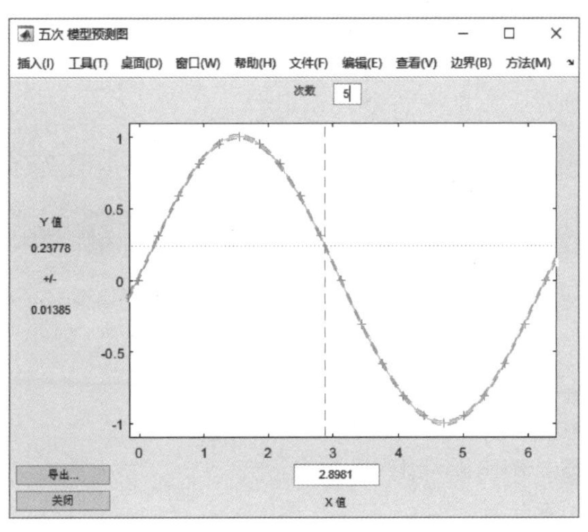

图 4-39 修改次数二

4.5.4 曲线拟合工具

在 MATLAB 中，cftool 函数通过绘制残差和拟合曲线来预测数据，该函数的使用格式见表 4-19。

表 4-19 cftool 调用格式

调用格式	说明
cftool	打开曲线拟合应用程序 Curve Fitting Tool，如图 4-40 所示
cftool（x，y）	在 Curve Fitting Tool 中创建数据 x、y 的拟合曲线
cftool（x，y，z）	在 Curve Fitting Tool 中创建数据 x、y、z 的拟合曲面
cftool（x，y，[ ]，w） cftool（x，y，z，w）	w 表示权重
cftool（filename）	加载 filename 指定的文件，拟合文件中的数据

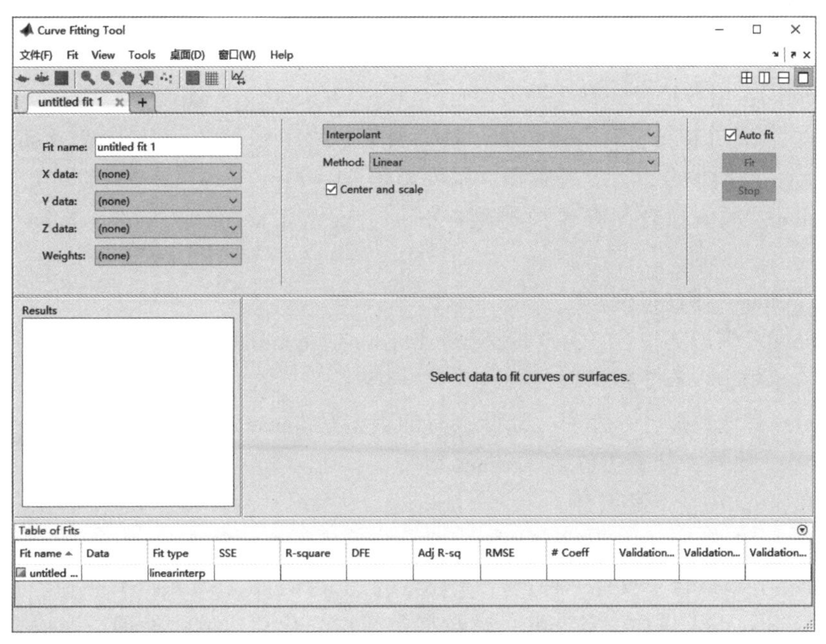

图 4-40 cftool 工具箱

在 Curve Fitting Tool 中，包含菜单栏、工具栏。在该窗口中，替代了程序，通过手动选择参数，显示拟合曲线图形。

1. 工具栏

工具栏上的按钮主要用于设置图形绘制与图形显示，如图 4-41 所示。

图 4-41　工具栏

- main plot 按钮：画出主要的图。
- Residuals plot 按钮：画出残差图。
- Contour plot 按钮：画出轮廓图。
- Pan 按钮：可用来拖拽坐标轴。
- Zoom in、Zoom out 按钮：缩放图形。
- Data cursor 按钮：进行数据提示。
- Exclude outliers 按钮：剔除异常值。
- Legend 按钮：显示图例。
- Grid 按钮：显示网格线。
- Adjust axes limits 按钮：坐标轴显示范围。

2. 拟合数据

- Fit name：拟合数据文件名称。
- X data、Y data、Z data：要拟合的原始数据。
- Weights：拟合数据的权重。

3. 拟合方法

在下拉列表中选择拟合方法。

- Custom Equations：用户自定义的拟合函数类型。
- Exponential：指数拟合，有 2 种类型；$a*\exp(b*x)$、$a*\exp(b*x)+c*\exp(d*x)$。
- Fourier：傅里叶拟合，有 7 种类型，基础型是 $a0+a1*\cos(x*w)+b1*\sin(x*w)$。
- Gaussian：高斯拟合，有 8 种类型，基础型是 $a1*\exp(-((x-b1)/c1)\hat{}2)$。
- Interpolant：插值拟合，有 4 种类型；linear、nearest neighbor、cubic spline、shape-preserving。
- Linear Fitting：线性拟合。
- Polynomial：多形式拟合，有 9 种类型：linear ~、quadratic ~、cubic ~、4~9th degree ~。
- Power：幂拟合，有 2 种类型；$a*x\hat{}b$、$a*x\hat{}b+c$。
- Rational：有理数拟合，分子、分母共有的类型是 linear ~、quadratic ~、cubic ~、4~5th degree ~；此外，分子还包括 constant 型。
- Smoothing Spline：平滑拟合。
- Sum of Sin Functions：正弦曲线拟合，有 8 种类型，基础型是 $a1*\sin(b1*x+c1)$。
- Weibull：分布拟合，只有一种；$a*b*x\hat{}(b-1)*\exp(-a*x\hat{}b)$。
- Center and scale：选中该复选框，对数据进行中心化与比例化处理，当拟合情况较差时，可以通过该选项得到更好的拟合效果。

◆ Auto fit：选中该复选框，修改参数后，自动进行拟合，实时更新拟合曲线与拟合结果。

4. 拟合结果

在 Results 列表下显示拟合曲线的函数表达式及该函数的拟合参数，如图 4-42 所示。

曲线拟合应用程序显示两种类型的数值拟合结果：拟合优度统计、拟合系数的置信区间。拟合优度用来确定曲线对数据的拟合程度，系数的置信区间决定了拟合曲线的精度。

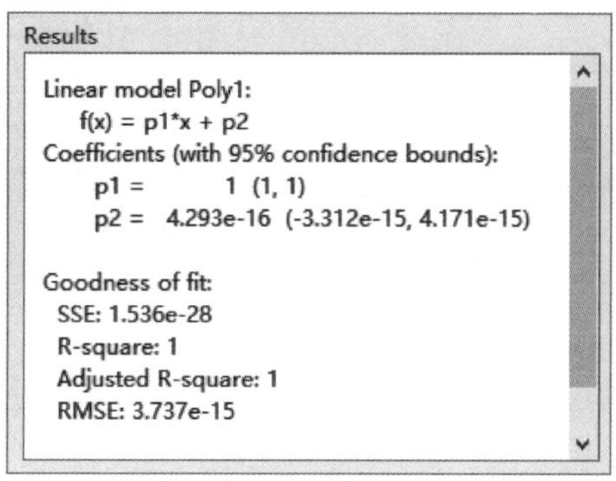

图 4-42 Results 列表

5. 拟合表

在 Table of Fits 拟合表中显示所有的拟合结果，单击列标题按统计结果排序，如图 4-43 所示。

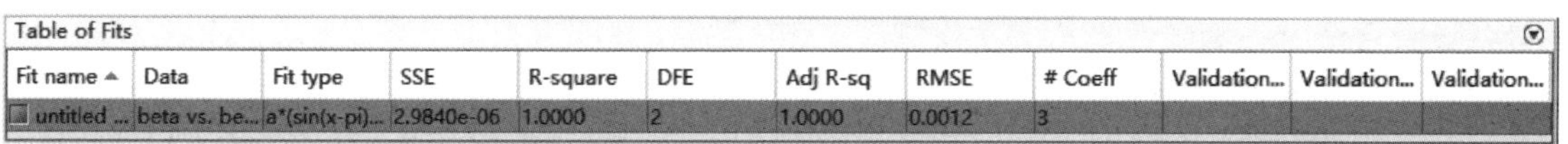
Table of Fits

Fit name ▲	Data	Fit type	SSE	R-square	DFE	Adj R-sq	RMSE	# Coeff	Validation...	Validation...	Validation...
untitled ...	beta vs. be...	a*(sin(x-pi)...	2.9840e-06	1.0000	2	1.0000	0.0012	3			

图 4-43 Table of Fits 拟合表

6. 拟合曲线

显示两条曲线，原始数据及对应方法的拟合曲线，如图 4-44 所示。单击 Residuals plot 按钮，添加残差图，如图 4-45 所示。

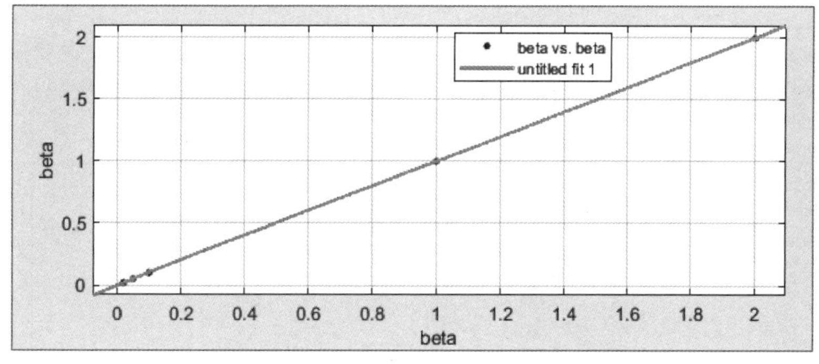

图 4-44 拟合曲线

7. 数据保存

在 cftool 工具箱的菜单栏中选择“文件”→Save Session As 命令，则在工作区中会生成一个名为 fittedmodel 的 sfit 形式的变量。运行 coeffvalues（fittedmodel）命令，即可得到拟合曲线的系数。

选择“文件”→Save Session As 命令，生成 createFits. m 文件，生成函数文件，得到拟合曲线的结构信息。

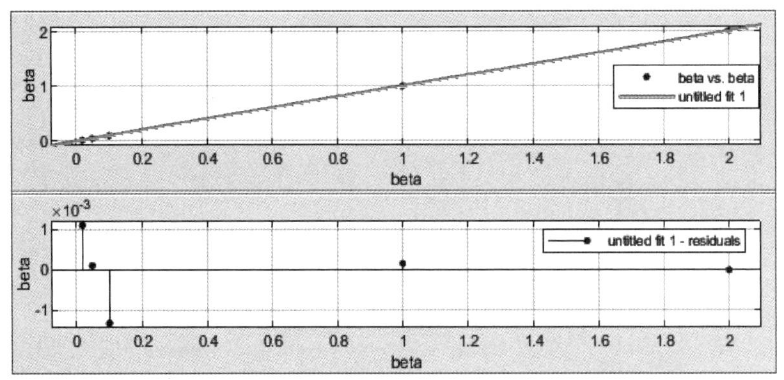

图 4-45　拟合曲线与残差图

例 4-26：人口普查数据预测。

在对拟合函数一无所知的情况下，可以尝试选择不同的函数，对比曲线图形与参数，得到最佳的拟合曲线。

解：MATLAB 程序如下。

```
>> load census          % 加载和绘制人口普查数据,文件 census.mat 包含了 1790 年至 1990 年的美国人口数据,以 10 年为间隔
>> cftool               % 打开曲线拟合应用程序 Curve Fitting Tool
```

设置 Fit name 为 census fit，在 X data、Y data 中选择要拟合的原始数据 cdate、pop。其中，cdate 包含从 1790 年到 1990 年（以 10 为增量）的年份列向量。pop 包含每一年的美国人口列向量。

默认选择线性模型拟合 Linear Fitting，结果如图 4-46 所示。

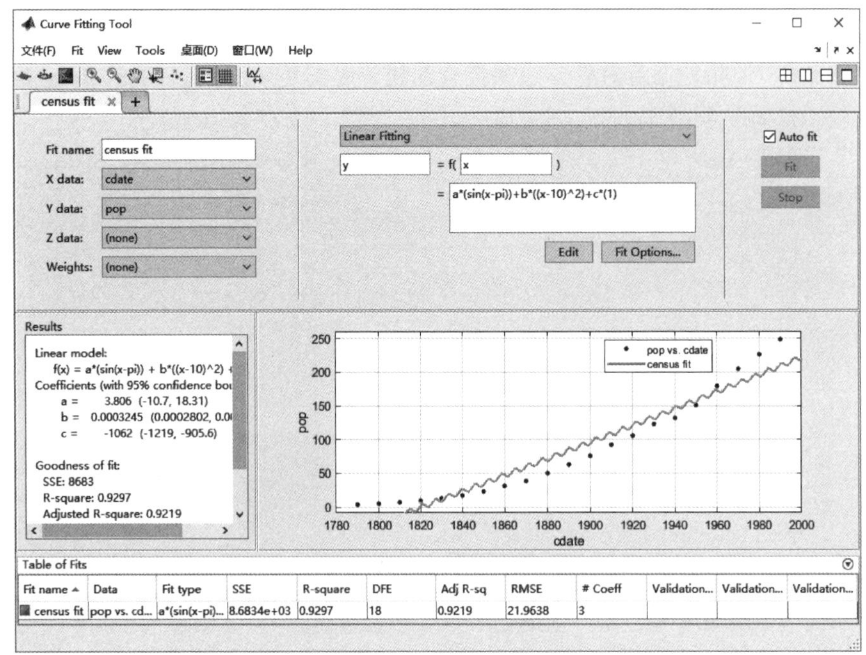

图 4-46　原始点拟合

观察图形发现，拟合结果不理想，在拟合模型下拉列表选择其他拟合方法。

1）假定拟合模型为多项式 Polynomial，默认次数 Degree 为 1，Robust 为 Off，不使用鲁棒最小二乘法，结果如图 4-47 所示。

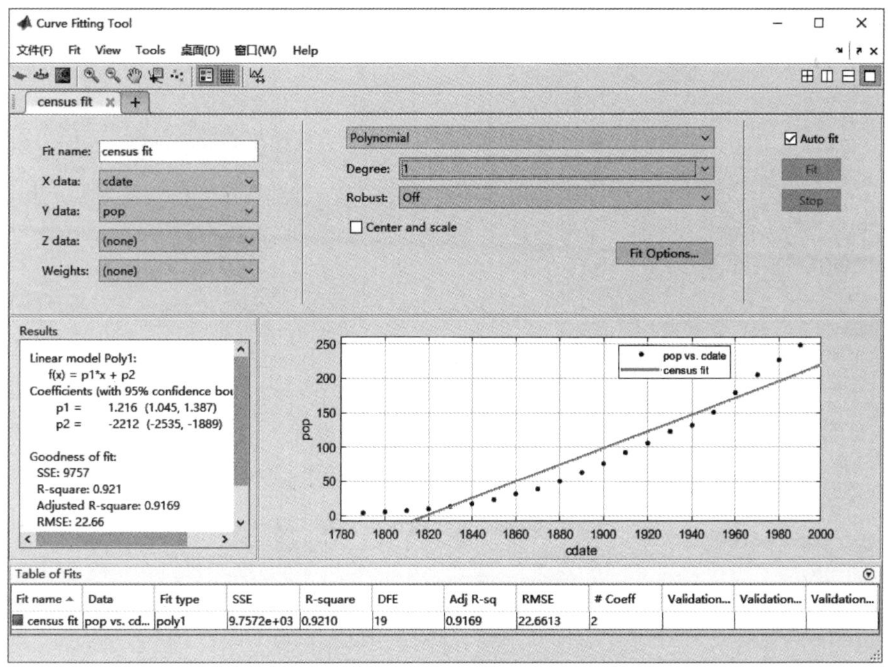

图 4-47　一次多项式拟合

2）修改次数 Degree 为 2，Robust 为 Off，不使用鲁棒最小二乘法，$SSE = 159$，$R\text{-square} = 0.9987$，结果如图 4-48 所示。

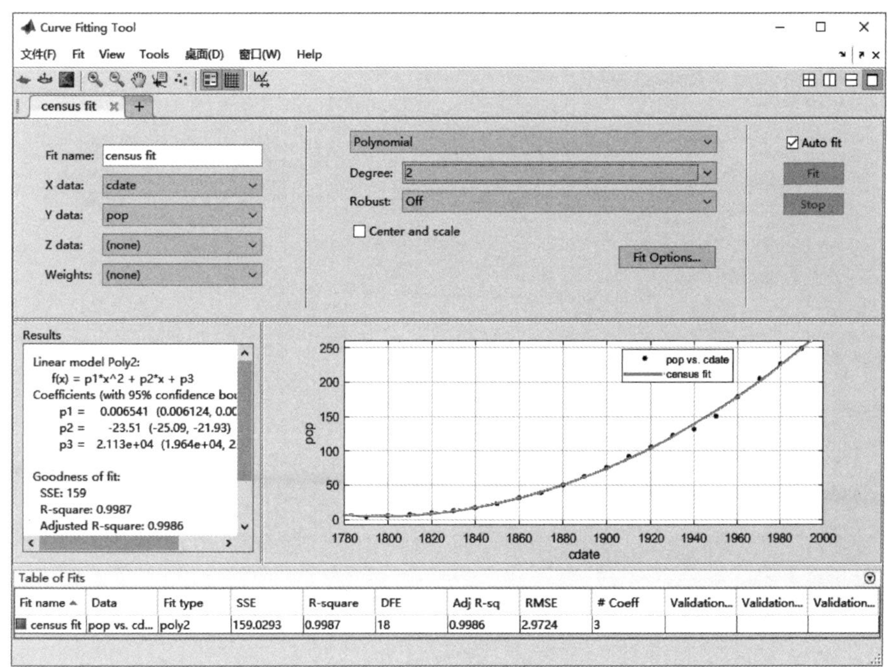

图 4-48　二次多项式拟合

3）修改 Robust 为 Bisquare，使用鲁棒最小二乘法，$SSE=75.44$，$R\text{-square}=0.9994$，结果如图 4-49 所示。

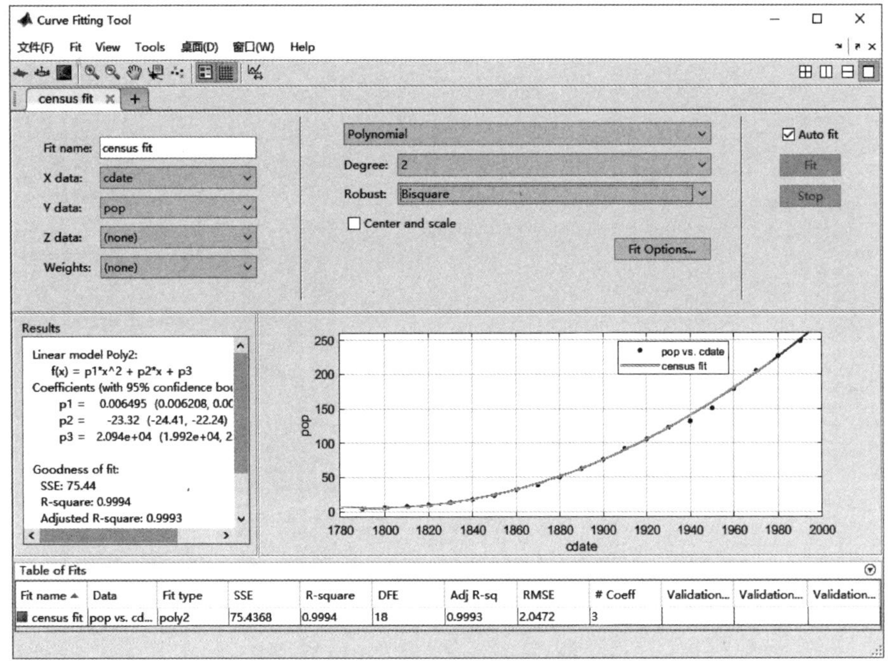

图 4-49　二次多项式拟合（Bisquare）

4）修改 Robust 为 LAR，使用鲁棒最小二乘法，选中 Center and scale 复选框，开启数据中心和缩放功能，$SSE=47.71$，$R\text{-square}=0.9996$，结果如图 4-50 所示。

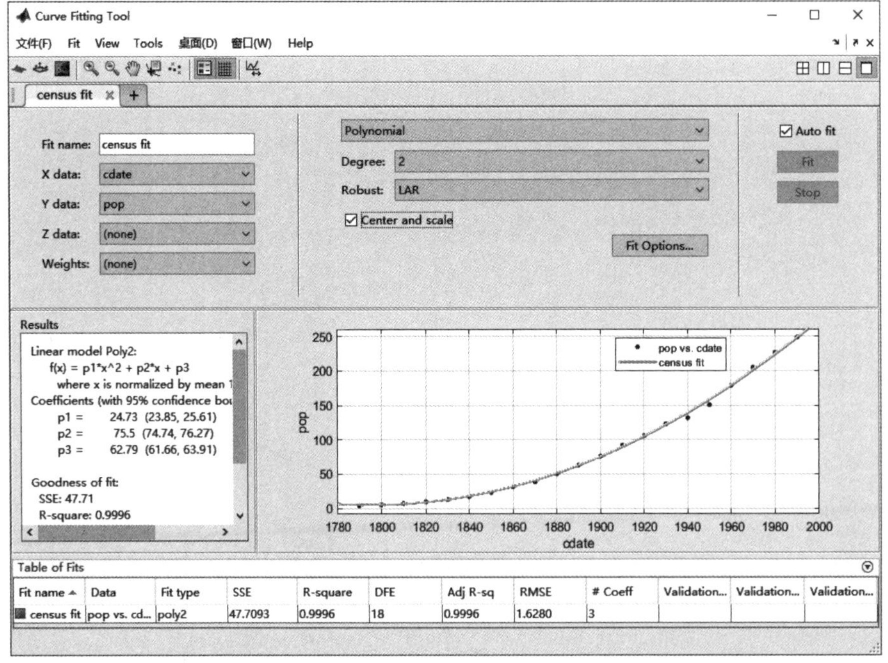

图 4-50　二次多项式拟合（LAR）

5）修改次数 Degree 为 3，Robust 为 LAR，使用鲁棒最小二乘法，*SSE* = 64.76，*R*-square = 0.9995，选中 Center and scale 复选框，开启数据中心和缩放功能，结果如图 4-51所示。

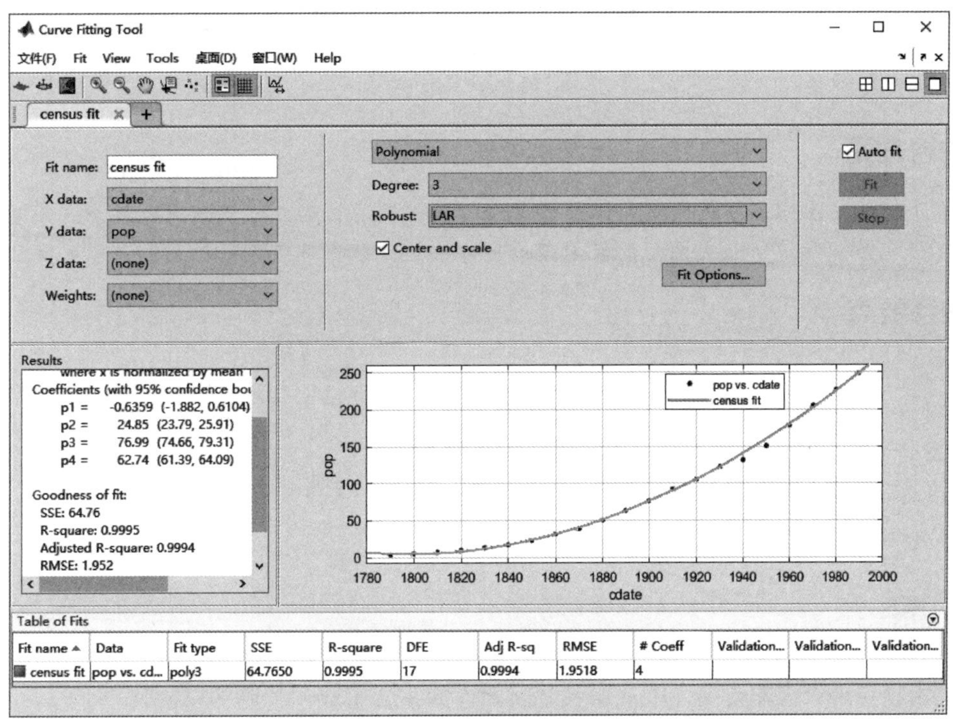

图 4-51 三次多项式拟合

8. 评价拟合函数

选择多项式函数时，*SSE* 越小越好。拟合曲线中，二次多项式模型，使用鲁棒最小二乘法中的 LAR 算法，开启数据中心和缩放功能时，*SSE* 最小，拟合曲线最佳。

选择菜单栏中的“文件”→Print to Figure 命令，弹出 Figure 图形窗口，显示最佳拟合曲线，如图 4-52 所示。

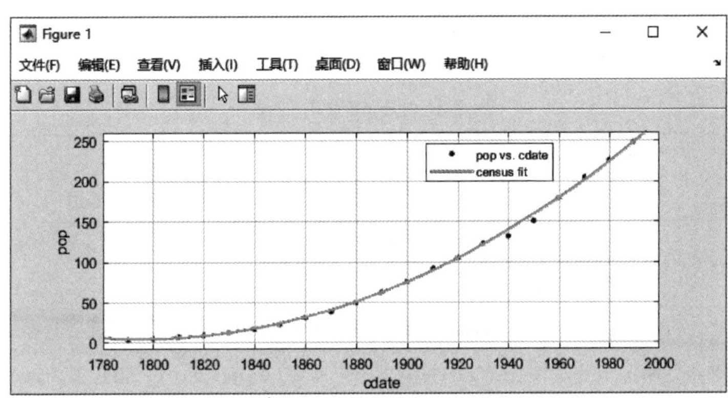

图 4-52 最佳拟合曲线

第 5 章　图与网络算法

内容指南

网络算法规定图中各节点代表具体网络中任何一种流动的起点，中转点或终点，然后利用图论方法（研究节点和边所组成图形的数学理论和方法）来研究各类网络结构和流量的优化分析。

内容要点

- 图
- 图的外观设置
- 图的遍历算法
- 可达性算法
- PageRank 算法

5.1　图

图是由顶点的有穷非空集合以及顶点之间的边的集合组成的，通常表示为：$G(V,E)$，其中，G 表示一个图，V 是图中的顶点的集合，E 是图 G 中边的集合。

图中两个顶点（节点）之间的连线称作边。有方向的称作有向边，没方向的称作无向边；权值就是路径，当图上有权值时也称作网络，如图 5-1 所示。

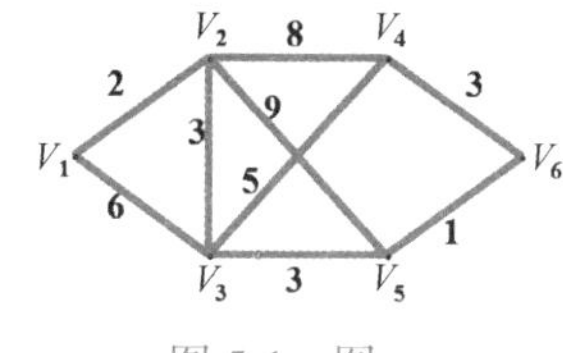

图 5-1　图

5.1.1 绘制方向图

在 MATLAB 中，graph 和 digraph 函数用于构建表示无向图和有向图的对象，其调用格式见表 5-1。digraph 函数格式与 graph 函数类似，这里不再赘述。

表 5-1　graph 调用格式

调用格式	说　明
G=graph	创建一个空的无向图对象 G，其中没有节点或边
G=graph（A）	使用对称邻接方阵 A 创建一个加权图。A 中的每个非零项的位置指定图的一条边，边的权重等于该项的值
G=graph（A，nodenames）	nodenames 指定节点名称，nodenames 中的元素数量必须等于 size（A，1）
G=graph（A，NodeTable）	NodeTable 指定节点名称，NodeTable 还可能包括其他的节点属性
G=graph（A，…，type）	使用 A 的上或下三角矩阵构造图，type 可以是 upper 或 lower
G=graph（A，…，'omitselfloops'）	忽略 A 的对角线元素，并返回没有任何自环的图
G=graph（s，t）	s 和 t 可以指定节点索引或节点名称
G=graph（s，t，…，'omitselfloops'）	图中不包括自环

（续）

调用格式	说明
G=graph（s，t，EdgeTable，…）	EdgeTable 指定边属性
G=graph（EdgeTable）	EdgeTable 定义图，EdgeTable 中的第一个变量必须命名为 EndNodes，且它必须是定义图形边列表的两列数组
G=graph（EdgeTable，NodeTable）	NodeTable 指定图形节点的名称（以及其他可能的属性）
G=graph(EdgeTable,…,'omitselfloops')	图中不包括自环

例 5-1：绘制立方体图。

解：MATLAB 程序如下。

```
>> s=[1 1 1 2 2 3 3 4 5 5 6 7];          % 定义节点与节点关系
>> t=[2 4 8 3 7 4 6 5 6 8 7 8];
>> G=graph(s,t);                          % 创建无向图对象
>> G1=digraph(s,t);                       % 创建有向图对象
>> subplot(121)
>> plot(G)                                % 绘制无向图
>> subplot(122)
>> plot(G1,'Layout','force')              % 绘制有向图
```

结果如图 5-2 所示。

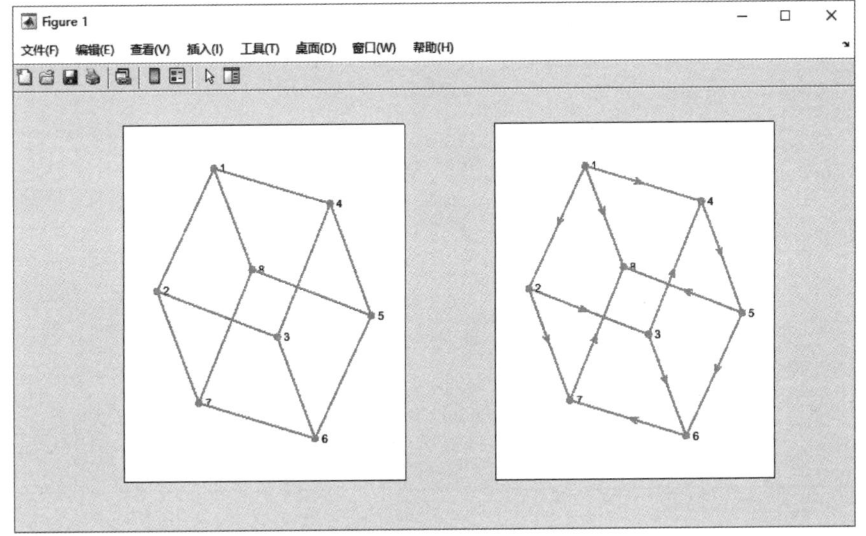

图 5-2　绘制立方体

例 5-2：绘制无向图。

解：MATLAB 程序如下。

```
>> s=[1 1 1 2 2 3 3 4 5 5];
>> t=[2 5 3 3 4 4 5 1 2 4];
>> G=graph(s,t);        % 创建无向图对象
>> plot(G)
```

结果如图 5-3 所示。

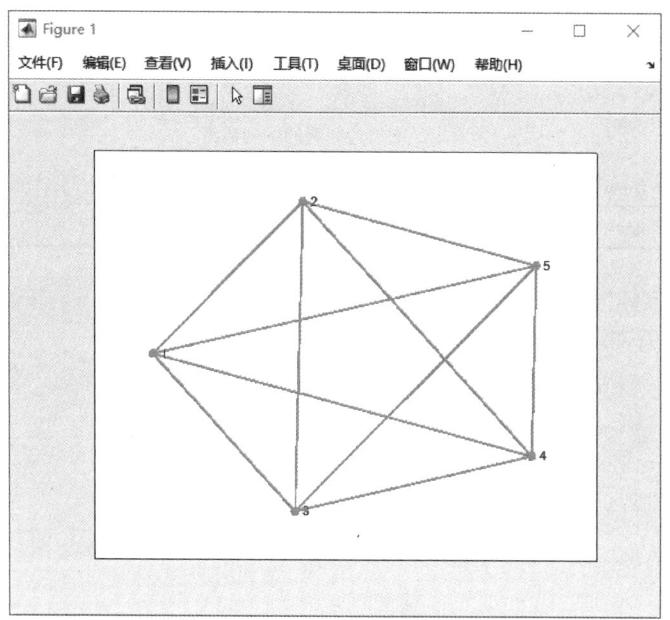

图 5-3 绘制无向图

5.1.2 绘制子图

设有两个图 $G=(V,\{E\})$ 和 $G1=(V1,\{E1\})$，若 $V1$ 包含于 V，$E1$ 包含于 E，则称 $G1$ 是 G 的子图，如图 5-4 所示。

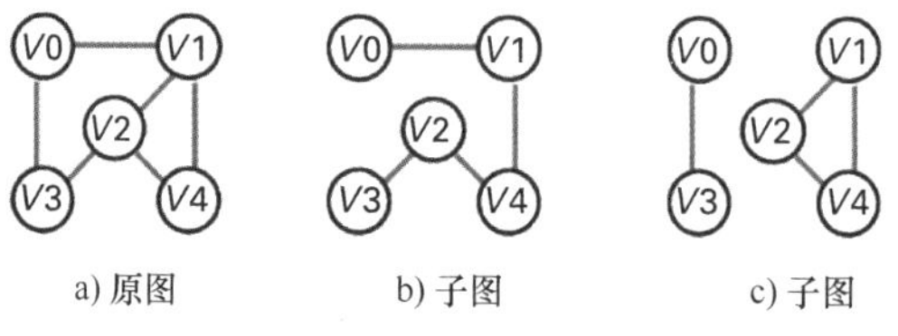

图 5-4 原图与子图关系

在 MATLAB 中，subgraph 函数用于提取图的子图，其调用格式见表 5-2。

表 5-2 subgraph 调用格式

调用格式	说　明
H = subgraph（G，nodeIDs）	返回 G 的一个子图，其中仅包含 nodeIDs 指定的节点
H = subgraph（G，idx）	使用逻辑向量 idx 指定子图节点

例 5-3：绘制子图。

解：MATLAB 程序如下。

```
>> s=[1 1 1 1 2 2 3 5];          % 定义节点与边(节点关系)
>> t=[2 3 5 4 4 3 5 4];
>> G=graph(s,t);                 % 创建无向图对象
```

```
>> subplot(121)
>> plot(G)                          % 绘制无向图
>> G1=subgraph(G,[1,2,3]);          % 创建子图对象
>> subplot(122)
>> plot(G1)                         % 绘制无向图
```

结果如图 5-5 所示。

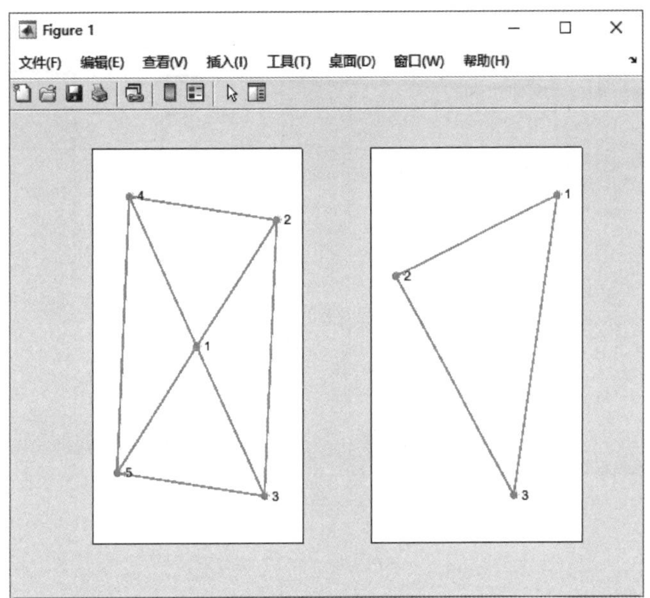

图 5-5　绘制子图

例 5-4：设置子图。

解：MATLAB 程序如下。

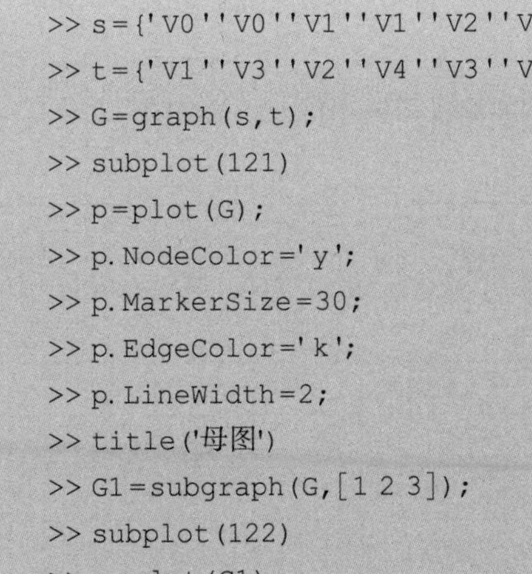

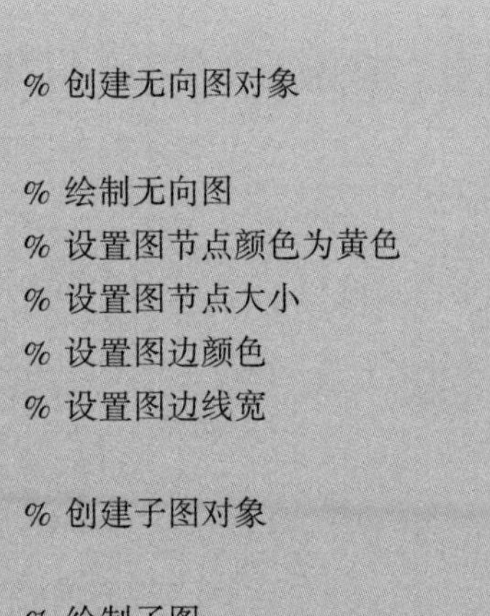

```
>> s={'V0''V0''V1''V1''V2''V4'};    % 定义节点与边(节点关系)
>> t={'V1''V3''V2''V4''V3''V3'};
>> G=graph(s,t);                    % 创建无向图对象
>> subplot(121)
>> p=plot(G);                       % 绘制无向图
>> p.NodeColor='y';                 % 设置图节点颜色为黄色
>> p.MarkerSize=30;                 % 设置图节点大小
>> p.EdgeColor='k';                 % 设置图边颜色
>> p.LineWidth=2;                   % 设置图边线宽
>> title('母图')
>> G1=subgraph(G,[1 2 3]);          % 创建子图对象
>> subplot(122)
>> p=plot(G1);                      % 绘制子图
>> p.NodeColor='y';                 % 设置图节点颜色为黄色
>> p.MarkerSize=30;                 % 设置图节点大小
>> p.EdgeColor='k';                 % 设置图边颜色
```

```
>> p.LineWidth=2;          % 设置图边线宽
>> title('子图')
```

结果如图 5-6 所示。

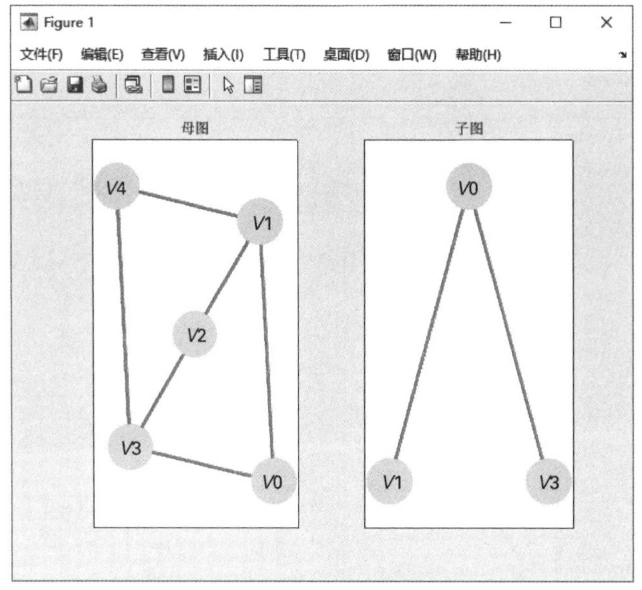

图 5-6 绘制子图

5.2 图的外观设置

为了使绘制的图形让人看起来舒服并且易懂，MATLAB 提供了许多图形可视化命令。本节主要介绍一些常用的图形外观设置命令。

5.2.1 图属性设置

创建 GraphPlot 对象后，可以通过更改其属性值修改该绘图的外观和行为，见表 5-3。

表 5-3 图的属性

属 性 名	说 明	参 数 值
NodeColor	节点颜色	[0 0.4470 0.7410]（默认）、RGB 三元组、十六进制颜色代码、颜色名称、矩阵、flat、none
Marker	节点标记符号	o（默认）、字符向量、元胞数组、字符串向量
MarkerSize	节点标记大小	正值、向量
NodeCData	节点标记的颜色数据	向量
EdgeColor	边颜色	[0 0.4470 0.7410]（默认）、RGB 三元组、十六进制颜色代码、颜色名称、矩阵、flat、none
LineStyle	线型	"-"（默认）、"-- ":" "-." "none"、元胞数组、字符串向量
LineWidth	边线宽	0.5（默认）、正值、向量

（续）

属性名	说明	参数值
EdgeAlpha	图边的透明度	0.5（默认）、介于0和1（包括两者）之间的标量值
EdgeCData	边线条的颜色数据	向量
ArrowSize	箭头大小	正值、正值向量
ArrowPosition	箭头在边上的位置	0.5（默认）、标量、向量
owArrows	切换显示有向边上的箭头	on/off 逻辑值
XData、YData、ZData	节点的 x、y、z 坐标	向量
NodeLabel	节点标签	节点 ID（默认）、向量、字符向量元胞数组
NodeLabelMode	节点标签的选择模式	auto（默认）、manual
NodeLabelColor	节点标签的颜色	[0 0 0]（默认）、RGB 三元组、十六进制颜色代码、颜色名称、矩阵
EdgeLabel	边标签	{}（默认）、向量、字符向量元胞数组
EdgeLabelMode	边标签的选择模式	manual（默认）、auto
EdgeLabelColor	边标签的颜色	[0 0 0]（默认）、RGB 三元组、十六进制颜色代码、颜色名称、矩阵
Interpreter	文本字符的解释	tex（默认）、latex、none
NodeFontName	节点标签的字体名称	Helvetica（默认）、支持的字体名称、FixedWidth
NodeFontSize	节点标签的字体大小	8（默认）、正数、正整数向量
NodeFontWeight	节点标签中文本的粗细	normal（默认）、bold、向量、元胞数组
NodeFontAngle	节点标签中文本的字符倾斜	normal（默认）、italic、向量、元胞数组
EdgeFontName	边标签的字体名称	Helvetica（默认）、支持的字体名称、FixedWidth
EdgeFontSize	边标签的字体大小	8（默认）、正数、正整数向量
EdgeFontWeight	边标签中文本的粗细	normal（默认）、bold、向量、元胞数组
EdgeFontAngle	边标签中文本的字符倾斜	normal（默认）、italic、向量、元胞数组
DisplayName	图例使用的文本	''（默认）、字符向量
Annotation	图例图标显示样式	Annotation 对象

例 5-5：设置有向图属性。

解：MATLAB 程序如下。

```
>> s=[1 1 1 1 1 1 1 9 9 9 9 9 9 9];
>> t=[2 3 4 5 6 7 8 2 3 4 5 6 7 8];
>> G=digraph(s,t);              % 创建有向图对象
>> h=plot(G);                   % 绘制有向图
>> h.EdgeColor='r';             % 设置图边颜色
>> h.ArrowSize=10;              % 设置有向图箭头大小
```

结果如图 5-7 所示。

例 5-6：设置无向图外观。

解：MATLAB 程序如下。

```
>>  G=graph(bucky);             % 使用巴基球邻接矩阵创建无向图对象
>> p=plot(G);                   % 绘制无向图
>> p.NodeColor='red';           % 设置图节点颜色
>> p.MarkerSize=20;             % 设置图节点大小
>> p.EdgeColor='k';             % 设置图边颜色
>> p.LineWidth=2;               % 设置图边线宽
```

结果如图 5-8 所示。

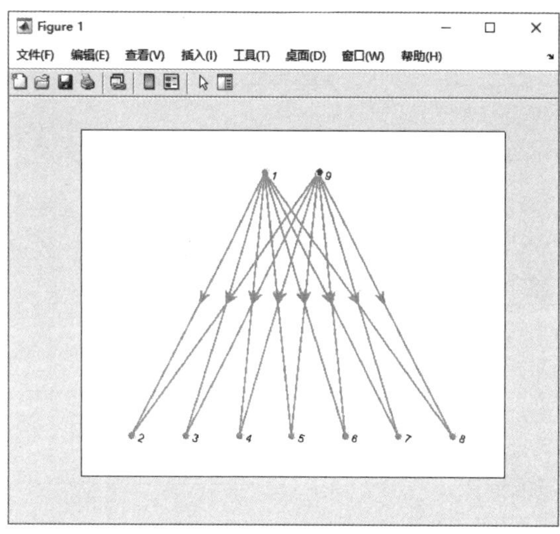

图 5-7　绘制有向图

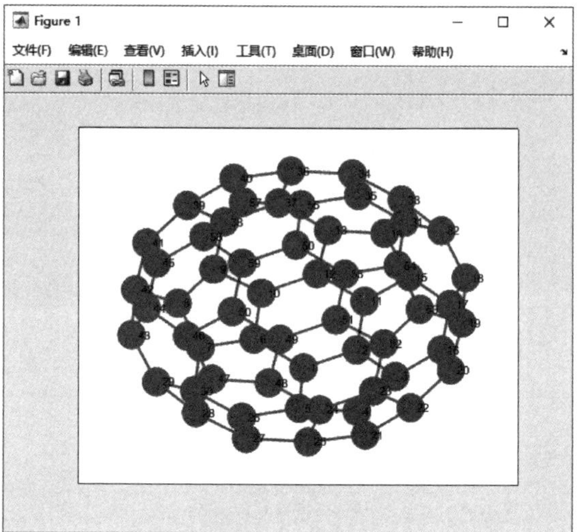

图 5-8　绘制无向图

5.2.2 图的标注

在 MATLAB 中，highlight 函数用于突出显示图中的节点和边，其调用格式见表 5-4。

表 5-4　highlight 调用格式

调用格式	说　明
highlight（H，nodeIDs）	突出显示 H 中 nodeIDs 指定的节点，默认通过增大节点标记大小突出显示节点
highlight（H，G）	分别通过增加图 G 的节点标记大小和边线宽，突出显示节点和边
highlight（H，s，t）	通过增加边的线宽来突出显示 s 和 t 中指定的源节点和目标节点对之间的所有边
highlight（…，Name，Value）	使用一个或多个名称-值对组参数指定的其他选项

例 5-7：图的布局。

解：MATLAB 程序如下。

```
>> G=digraph(bucky);                          % 创建有向图对象
>> subplot(221)
>> plot(G)
>> title('默认布局')
>> subplot(222)
>> g=plot(G);
>> layout(g,'circle','Center',1)     % 以节点 1 为中心圆形布局
```

```
>> highlight(g,1,'NodeColor','r')                          % 突出显示中心节点 1
>> title('圆形布局')
>> subplot(223)
>> plot(G,'Layout','layered','Direction','left')           % 分层布局,箭头指向下方
>> title('分层布局')
>> subplot(224)
>> g=plot(G);
>> layout(g,'subspace3','Dimension',3)                     % 三维布局
>> view(3)
>> title('空间布局')
```

结果如图 5-9 所示。

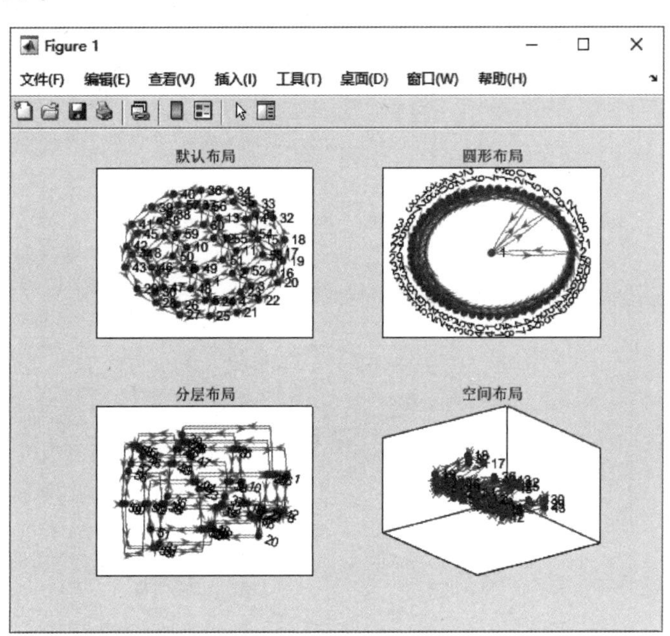

图 5-9 绘制布局图

在 MATLAB 中，labeledge 函数可以为图中的边添加标签，其调用格式见表 5-5。

表 5-5 labeledge 调用格式

调用格式	说明
labeledge (H, s, t, Labels)	Labels 中包含的字符向量或字符串为 (s, t) 节点对组指定的边添加标签
labeledge (H, idx, Labels)	使用边索引 idx 指定要添加标签的边

在 MATLAB 中，labelnode 函数可以为图中的节点添加标签，其调用格式见表 5-6。

表 5-6 labelnode 调用格式

调用格式	说明
labelnode (H, nodeIDs, Labels)	Labels 中包含的字符向量或字符串为 nodeIDs 指定的节点添加标签

例 5-8：绘制一个图并添加标注。

解：MATLAB 程序如下。

```
>> s=[1 1 1 2 2 3 3 4 5 5 6 7];
>> t=[2 4 5 3 6 4 7 8 6 8 7 8];
>> G=graph(s,t);
>> h=plot(G,'Layout','subspace');
>> weights=[5 10 6  15 35 2 66 9 8 44 6 32];
>> labeledge(h,1:numedges(G),weights)                    % 添加边权重标签
>> labelnode(h,1:numnodes(G),{'a''b''c''d''e''f''g''h'})
                                                          % 为节点添加标签
>> h.NodeFontSize=20;                                     % 设置节点标签的字体大小
>> h.NodeFontWeight='bold';                               % 节点标签中文本加粗
>> h.NodeFontAngle='italic';                              % 节点标签中文本的字符倾斜
>> h.EdgeFontSize=15;                                     % 设置边标签的字体大小
>> h.EdgeFontWeight='bold';                               % 节点标签中文本加粗
>> h.EdgeLabelColor='r';                                  % 边标签中文本的颜色为红色
```

结果如图 5-10 所示。

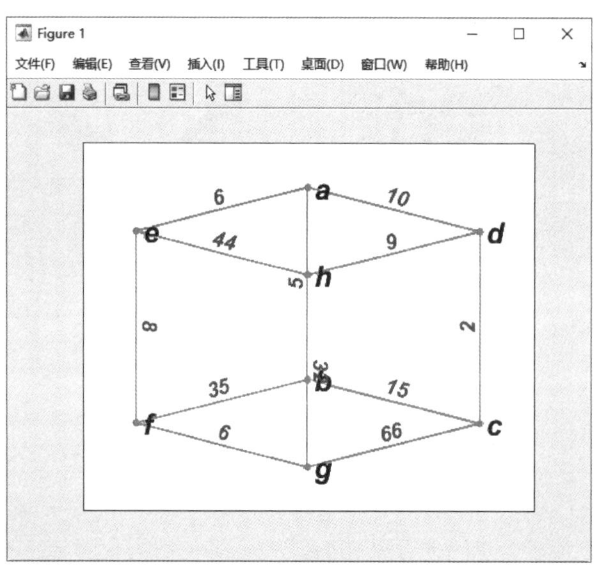

图 5-10　编辑图标签

5.3　图的遍历算法

从已给的连通图中的某一顶点出发，沿着一些边访遍图中所有的顶点，且使每一个顶点仅被访问一次，就称作图的遍历。具体步骤是从起点开始访问所有深度遍历路径或广度优先路径，则到达终点节点的路径有多条，取其中路径权值最短的一条即为最短路径。

图的常用遍历算法包括深度优先搜索（Depth_First Search，DFS）、广度优先搜索（Breadth_First Search，BFS），这些算法主要用于解决单源最短路径问题。

5.3.1 广度优先搜索算法

广度优先搜索算法在起始节点 s 开始，并按照节点索引顺序检查其所有相邻节点。然后，对

于其中每个相邻节点，再按顺序访问它们的未访问相邻节点。

在 MATLAB 中，bfsearch 函数利用广度优先算法搜索图中节点，其调用格式见表 5-7。

表 5-7 bfsearch 调用格式

调用格式	说明
v=bfsearch（G，s）	从节点 s 开始检查相邻节点，应用广度优先搜索算法
T=bfsearch（G，s，events）	events 表示已标记的搜索事件，包括 discovernode（默认值）、finishnode、finishnode、edgetonew、edgetodiscovered、edgetofinished 和 allevents。 T 表示搜索结果。其中包含变量 T. Event、T. Node、T. Edge 和 T. EdgeIndex。 T. Event 是一个分类向量，其中包含按出现顺序排列的标志。 T. Node 包含事件 discovernode、finishnode 和 startnode 的相应节点的 ID。 T. Edge 包含事件 edgetonew、edgetodiscovered 和 edgetofinished 的相应边。 T. EdgeIndex 包含事件 edgetonew、edgetodiscovered 和 edgetofinished 的边索引。在多重图中，边索引是重复边的唯一性标识
[T，E] =bfsearch（G，s，events）	E 表示边索引
[⋯] =bfsearch（⋯，'Restart'，tf）	如果没有发现的节点，可以重新启动搜索

例 5-9：绘制广度优先算法搜索图。

解：MATLAB 程序如下。

```
>> s=[1 1 1 1 1 2 2 7 7 9 3 3 1 4 10 8 4 5 6 8];         % 定义节点与节点关系向量
>> t=[2 3 4 5 7 6 7 5 9 6 6 10 10 10 11 11 8 8 11 9];
>> weights=[1 1 1 1 3 3 2 4 1 6 2 8 8 9 3 2 10 12 15 16];% 定义权重
>> G=graph(s,t,weights);                                 % 创建无向图对象
>> x=[0 0.5 -0.5 -0.5 0.5 0 1.5 0 2 -1.5 -2];            % 定义节点坐标
>> y=[0 0.5 0.5 -0.5 -0.5 2 0 -2 0 0 0];
>> p=plot(G,'XData',x,'YData',y,'EdgeLabel',G.Edges.Weight);
                                                         % 绘制无向图
>> p.NodeColor='r';       % 设置图节点颜色为红色
>> p.MarkerSize=20;       % 设置图节点大小
>> p.NodeFontSize=15;     % 设置图节点文本大小
>> v=bfsearch(G,4)        % 从节点 4 开始对图执行宽度优先搜索,根据节点发现的顺序实现结果
v=

     4
     1
     8
    10
     2
     3
     5
     7
     9
    11
     6
>> highlight(p,v,'EdgeColor','r','LineWidth',3,'EdgeFontSize',25)
                          % 通过增加绘图中广度优先搜索的边的线宽和更改其颜色,突出显示广度
优先搜索子图
```

结果如图 5-11 所示。

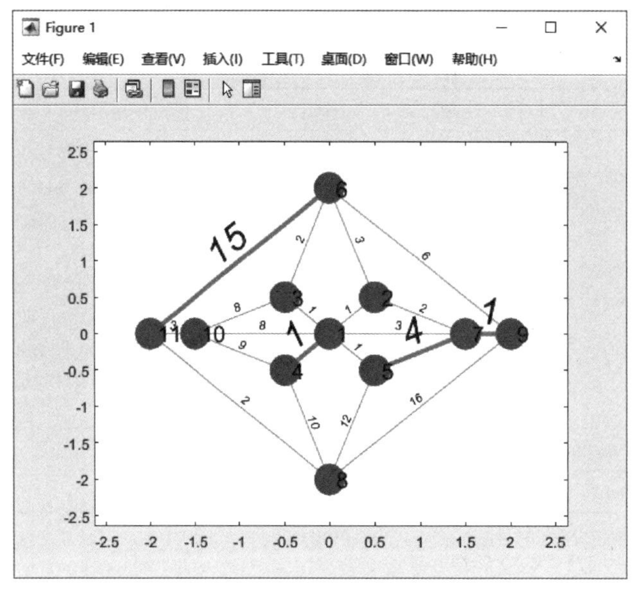

图 5-11 广度优先算法搜索子图

5.3.2 深度优先搜索算法

深度优先搜索算法开始于起始节点 *s*，并检查 *s* 的具有最小节点索引的相邻节点。然后，对于该相邻节点，算法会检查下一个具有最小索引的未发现的相邻节点。这一过程会连续进行，直到搜索遇到一个其相邻节点均已访问过的节点。在该时间点，搜索将沿着路径回溯，找到前面发现的节点中有未发现的相邻节点的最近节点。此过程会连续进行，直到从起始节点可到达的所有节点均已访问。

在 MATLAB 中，dfsearch 函数利用深度优先算法搜索图中节点，其调用格式见表 5-8。

表 5-8 dfsearch 调用格式

调用格式	说明
v=dfsearch（G，s）	从节点 s 开始检查相邻节点，应用深度优先搜索算法
T=dfsearch（G，s，events）	events 表示已标记的搜索事件，包括 discovernode（默认值）、finishnode、finishnode、edgetonew、edgetodiscovered、edgetofinished 和 allevents。 T 表示搜索结果。其中包含变量 T. Event、T. Node、T. Edge 和 T. EdgeIndex。 T. Event 是一个分类向量，其中包含按出现顺序排列的标志。 T. Node 包含事件 discovernode、finishnode 和 startnode 的相应节点的 ID。 T. Edge 包含事件 edgetonew、edgetodiscovered 和 edgetofinished 的相应边。 T. EdgeIndex 包含事件 edgetonew、edgetodiscovered 和 edgetofinished 的边索引。在多重图中，边索引是重复边的唯一性标识
[T，E] =dfsearch（G，s，events）	E 表示边索引
[⋯] =dfsearch（⋯，'Restart'，tf）	如果没有发现的节点，可以重新启动搜索

例 5-10：绘制深度优先算法搜索图。

解：MATLAB 程序如下。

```
>> s=[1 1 2 3 3 4 4 5 5];                                       % 定义节点与节点关系向量
>> t=[2 3 3 2 5 5 6 4 6];
>> weights=[0.77 0.44 0.67 0.69 0.73 2 0.78 1 1];  % 定义权重
>> G=graph(s,t,weights);                                         % 创建无向图对象
>> subplot(221)
>> p=plot(G,'EdgeLabel',G.Edges.Weight);            % 绘制无向图,标注权重与工作节点
>> [T,E]=dfsearch(G,1,'edgetofinished');            % 在节点 1 处开始对图执行深度优先搜
索,搜索完成的节点
>> highlight(p,'Edges',E,'EdgeColor','r')
>> subplot(222)
>> p=plot(G,'EdgeLabel',G.Edges.Weight);            % 绘制无向图,标注权重与工作节点
>> [T,E]=dfsearch(G,1,'edgetonew');                 % 在节点 1 处开始对图执行深度优先搜
索,搜索未发现的节点
>> highlight(p,'Edges',E,'EdgeColor','r')
>> subplot(223)
>> p=plot(G,'EdgeLabel',G.Edges.Weight);            % 绘制无向图,标注权重与工作节点
>> [T,E]=dfsearch(G,1,'edgetodiscovered');          % 在节点 1 处开始对图执行深度优先搜索,
搜索先前发现的节点
>> highlight(p,'Edges',E,'EdgeColor','r')
>> subplot(224)
>> p=plot(G,'EdgeLabel',G.Edges.Weight);            % 绘制无向图,标注权重与工作节点
>> T=dfsearch(G,1,'startnode','Restart',true);      % 在节点 1 处开始对图执行深度优先搜索,
搜索起始节点,若要在剩余节点无法到达时重新启动搜索
>> highlight(p,T,'NodeColor','r')
```

结果如图 5-12 所示。

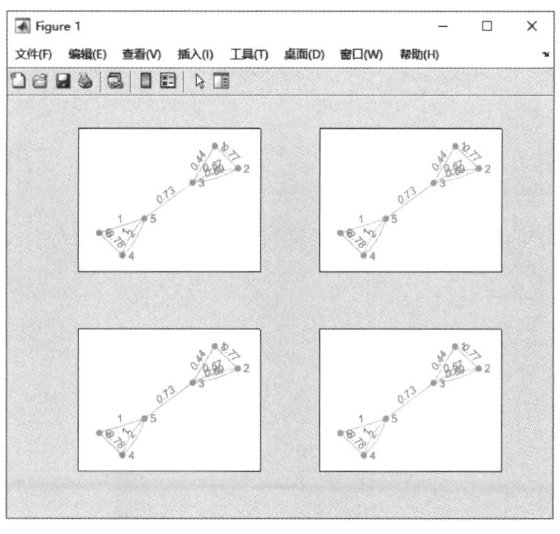

图 5-12 搜索图

5.3.3 算法应用 1

函数 visualize_ search. m 使用通过 bfsearch（广度优先搜索）和 dfsearch（深度优先搜索）搜

索的结果，突出显示图中的节点和边。该函数在遍历算法中的每一步执行前都会暂停，可以通过按任意键缓慢地逐步执行搜索。

在 MATLAB 中，新建函数文件，输入下面的代码，保存在当前路径下，名称为 visualize_search. m。

```
function visualize_search(G,t)
% G is a graph or digraph object,and t is a table resulting from a call to
% BFSEARCH or DFSEARCH on that graph.
%
% Example inputs:G=digraph([1 2 3 3 3 3 4 5 6 7 8 9 9 9 10],...
% [7 6 1 5 6 8 2 4 4 3 7 1 6 8 2]);
% t=dfsearch(G,1,'allevents','Restart',true);

isundirected=isa(G,'graph');
ifisundirected
    % Replace graph with corresponding digraph,because we need separate
    % edges for both directions
    [src,tgt]=findedge(G);
    G=digraph([src;tgt],[tgt;src],[1:numedges(G),1:numedges(G)]);
end

h=plot(G,'NodeColor',[0.5 0.5 0.5],'EdgeColor',[0.5 0.5 0.5],...
    'EdgeLabelMode','auto');

for ii=1:size(t,1)
    switch t.Event(ii)
        case'startnode'
            highlight(h,t.Node(ii),'MarkerSize',min(h.MarkerSize)* 2);
        case'discovernode'
            highlight(h,t.Node(ii),'NodeColor','r');
        case'finishnode'
            highlight(h,t.Node(ii),'NodeColor','k');
        otherwise
            ifisundirected
                a=G.Edges.Weight;
                b=t.EdgeIndex(ii);
edgeind=intersect(find(a==b),...
findedge(G,t.Edge(ii,1),t.Edge(ii,2)));
            else
edgeind=t.EdgeIndex(ii);
            end
            switch t.Event(ii)
                case'edgetonew'
                    highlight(h,'Edges',edgeind,'EdgeColor','b');
```

```
                case'edgetodiscovered'
                    highlight(h,'Edges',edgeind,'EdgeColor',[0.8 0 0.8]);
                case'edgetofinished'
                    highlight(h,'Edges',edgeind,'EdgeColor',[0 0.8 0]);
            end
    end

    nodeStr=t.Node;
        ifisnumeric(nodeStr)
    nodeStr=num2cell(nodeStr);
    nodeStr=cellfun(@ num2str,nodeStr,'UniformOutput',false);
        end

    edgeStr=t.Edge;
        ifisnumeric(edgeStr)
    edgeStr=num2cell(edgeStr);
    edgeStr=cellfun(@ num2str,edgeStr,'UniformOutput',false);
        end

        if~isnan(t.Node(ii))
            title([char(t{ii,1})' on Node ' nodeStr{ii}]);
        else
            title([char(t{ii,1})'on Edge(' edgeStr{ii,1}','...
    edgeStr{ii,2},')with edge index' sprintf('% d',t{ii,4})]);
        end

    disp('Strike any key to continue...')
        pause
    end
    disp('Done.')
    close all
```

例 5-11：绘制遍历算法搜索图动画。

解：MATLAB 程序如下。

```
>> A=[13 11 10 4 7;13 10 10 8 5;5 9 7 7 4;15 12 10 11 5;10 11 8 8 4];
                                                % 定义邻接矩阵
>> G=digraph(A);                                % 创建有向图对象
>> p=plot(G);                                   % 绘制有向图
>> T=dfsearch(G,1,'allevents','Restart',true)   % 对该图执行深度优先搜索算法,返回所有
节点与边
>> visualize_search(G,T)                        % 使用.gif 动画展示步进搜索的结果
```

结果如图 5-13 所示。

该图一开始全为灰色，然后每次按一个键，就会出现一条新的搜索结果。根据以下命令高亮显示搜索结果。

```
'startnode'-起始节点的大小变大
'discovernode'-节点在被发现后变成红色
'finishnode'-节点在完成后变成黑色
'edgetonew'-通向未发现的节点的边变成蓝色
'edgetodiscovered'-通向已发现的节点的边变成品红色
'edgetofinished'-通向已完成的节点的边变成绿色
```

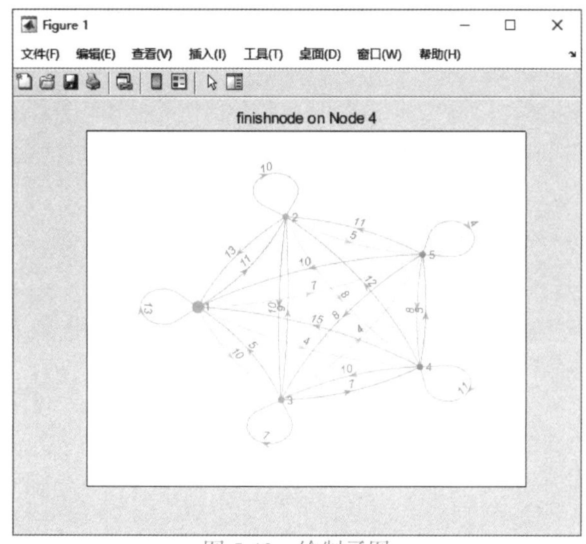

图 5-13 绘制子图

5.3.4 算法应用 2

从图中某一顶点出发访问遍图中其余顶点，且使每一个顶点仅被访问一次。这一过程就称作图的遍历（Traversing Graph）。图的遍历算法是求解图的连通性问题、拓扑排序和求关键路径等算法的基础。图的遍历方式主要有深度优先搜索和广度优先搜索两种。

例 5-12：绘制迷宫通路图。

解：MATLAB 程序如下。

```
>> A=ones(10,10);                                    % 定义迷宫的数据
>> A(1:2)=0;A(5:10)=0;A(14:16)=0;A(50:60)=0;A(70:80)=0;
>> A(15:17)=inf;  A(35:37)=inf;A(45:47)=inf;
                                                     % 定义节点与节点关系向量
>> G=digraph(A,'omitselfloops');                     % 创建有向图对象
>> subplot(221)
>> p=plot(G,'EdgeLabel',G.Edges.Weight);             % 绘制有向图,标注权重与工作节点
>> [T,E]=dfsearch(G,1,'edgetofinished');             % 在节点 1 处开始对图执行深度优先搜索,搜
索完成的节点
>> highlight(p,'Edges',E,'EdgeColor','r')
>> title('搜索完成的节点')
>> subplot(222)
>> p=plot(G,'EdgeLabel',G.Edges.Weight);             % 绘制有向图,标注权重与工作节点
```

```
>> [T,E]=dfsearch(G,1,'edgetonew');                    % 在节点 1 处开始对图执行深度优先搜
索,搜索未发现的节点
>> highlight(p,'Edges',E,'EdgeColor','r')
>> title('搜索未发现的节点')
>> subplot(223)
>> p=plot(G,'EdgeLabel',G.Edges.Weight);               % 绘制有向图,标注权重与工作节点
>> v=dfsearch(G,1,'finishnode');                       % 在节点 1 处开始对图执行深度优先搜
索,搜索先前发现的节点
>> highlight(p,v,'EdgeColor','r','NodeColor','r')
>> title('搜索节点的所有出向边')
>> subplot(224)
>> p=plot(G,'EdgeLabel',G.Edges.Weight);               % 绘制有向图,标注权重与工作节点
>> T=dfsearch(G,1,'startnode','Restart',true);         % 在节点 1 处开始对图执行深度优先搜
索,搜索起始节点,若要在剩余节点无法到达时重新启动搜索
>> highlight(p,T,'NodeColor','r')
>> title('搜索起始节点')
```

结果如图 5-14 所示。

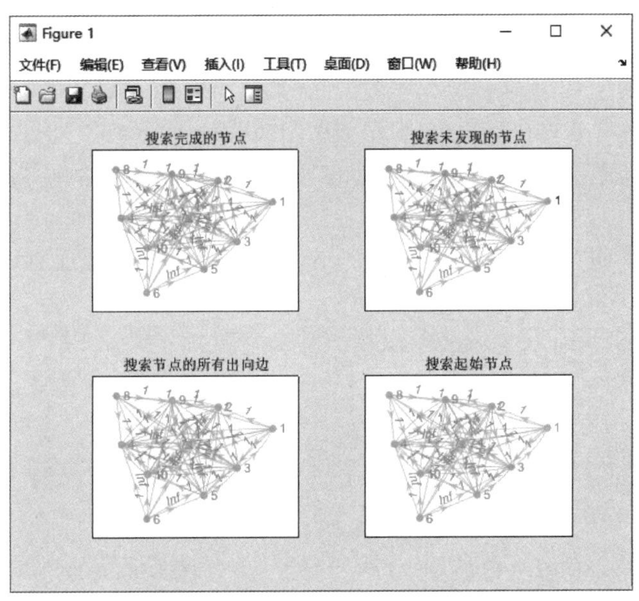

图 5-14 绘制搜索图

5.4 可达性算法

在图论中，可达性是指在图中从一个顶点到另一个顶点的容易程度。在无向图中，可以通过识别图的连接分量来确定所有顶点对之间的可达性。

5.4.1 算法概述

常用可达性算法包括：Floyd-Warshall 算法、Thorup 算法、Kameda 算法和 Tarjan 算法。

1. Floyd-Warshall 算法

Floyd-Warshall 算法（Floyd-Warshall algorithm）是解决任意两点间的最短路径的一种算法，可以正确处理有向图或负权的最短路径问题，同时也被用于计算有向图的传递闭包。Floyd-Warshall 算法的时间复杂度为 $O(N)$，空间复杂度为 $O(N*N)$。

2. Thorup 算法

对于平面有向图，在 2004 年提出了 Mikkel Thorup 算法，该算法可以提供近似最短路径距离以及路由信息。

计算复杂度为 $O[a(m,n)\log(m,n)]$，其中 $a(m,n)$ 为增长速度非常缓慢的 inverse-Ackermann 函数。

3. Kameda 算法

如果图形是平面非循环的，并且还表现出以下附加属性，则可以使用 1975 年由 T. Kameda 提出的更快的预处理方法：所有 0-indegree 和所有 0-outdegree 顶点出现（通常假设为外面），并且可以将该面的边界分割为两个部分，使得所有 0 个不等的顶点出现在一个部分上，并且所有的 0 度外的顶点出现在另一个部分上（即两种类型的顶点不交替）。

4. Tarjan 算法

Tarjan 算法是一种由 Robert Tarjan 提出的求解有向图强连通分量的线性时间的算法。Tarjan 算法是基于对图深度优先搜索的算法，每个强连通分量为搜索树中的一棵子树。搜索时，把当前搜索树中未处理的节点加入一个堆栈，回溯时可以判断栈顶到栈中的节点是否为一个强连通分量。

从节点 1 开始 DFS（深度优先搜索），把遍历到的节点加入栈中。搜索到节点 $u=6$ 时，DFN［6］=LOW［6］，找到了一个强连通分量，如图 5-15 所示。退栈到 $u=v$ 为止，{6} 为一个强连通分量。

返回节点 5，发现 DFN［5］=LOW［5］，退栈后 {5} 为一个强连通分量，如图 5-16 所示。

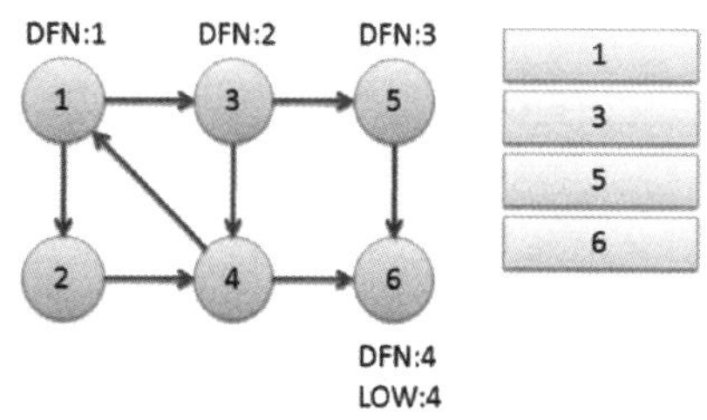

图 5-15　深度优先搜索一

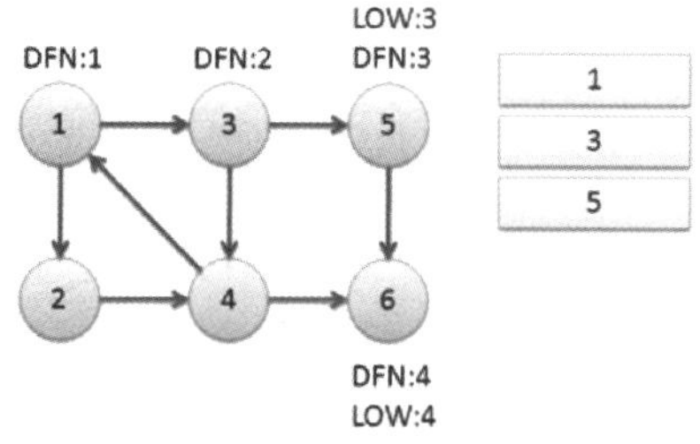

图 5-16　深度优先搜索二

返回节点 3，继续搜索到节点 4，把 4 加入堆栈，如图 5-17 所示。发现节点 4 向节点 1 有后向边，节点 1 还在栈中，所以 LOW［4］=1。节点 6 已经出栈，(4，6) 是横叉边，返回 3，(3，4) 为树枝边，所以 LOW［3］=LOW［4］=1。

继续回到节点 1，最后访问节点 2，如图 5-18 所示。访问边（2，4），4 还在栈中，所以 LOW［2］=DFN［4］=5。返回 1 后，发现 DFN［1］=LOW［1］，把栈中节点全部取出，组成一个连通分量 {1，3，4，2}。

经过该算法，求出如图 5-18 所示全部的三个强连通分量 {1，3，4，2}，{5}，{6}。

可以发现，运行 Tarjan 算法的过程中，每个顶点都被访问了一次，且只进出了一次堆栈，每条边也只被访问了一次，所以该算法的时间复杂度为 $O(N+M)$。

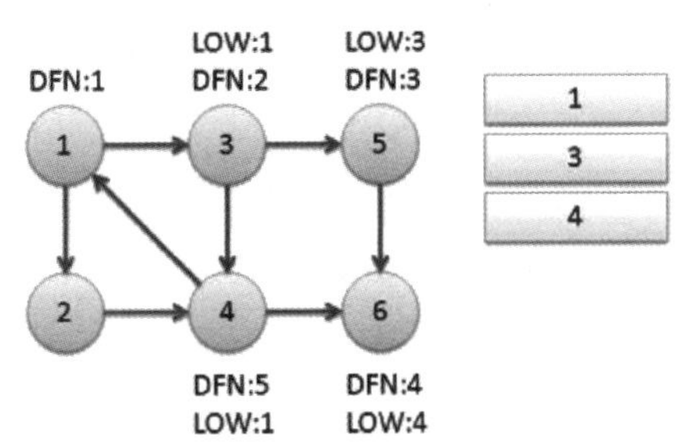

图 5-17 深度优先搜索三

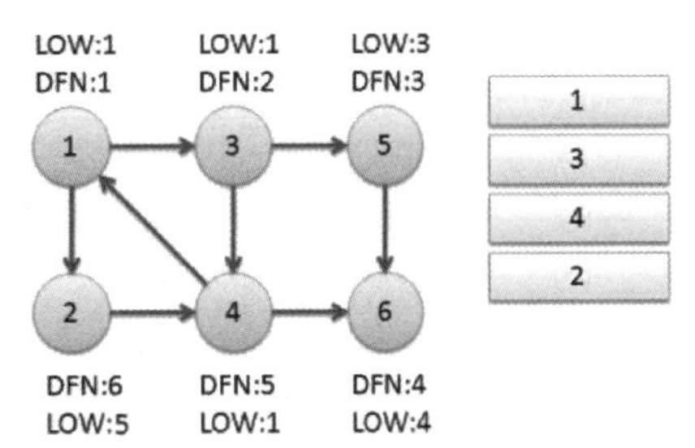

图 5-18 深度优先搜索四

5.4.2 连通图

在无（有）向图 $G=(V,\{E\})$ 中，对任意两个顶点 v、u，都存在从 v 到 u 的路径，则称 G 是连通图，反之，则是非连通图，如图 5-19 所示。

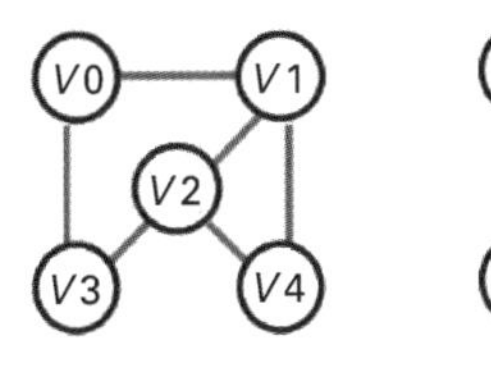

a) 连通图　　b) 非连通图

图 5-19 连通图与非连通图

例 5-13：绘制连通图与非连通图。

解：MATLAB 程序如下。

```
>> s={'V0''V0''V1''V1''V2''V4''V5''V6'};   % 定义节点与边(节点关系)
>> t={'V1''V3''V2''V4''V3''V3''V6''V7'};
>> G=graph(s,t,[],{'V0''V1''V2''V3''V4''V5''V6''V7'});
                                             % 创建无向图对象
>> subplot(131)
>> p=plot(G);                                % 绘制无向图
>> p.NodeColor='y';                          % 设置图节点颜色为黄色
>> p.MarkerSize=20;                          % 设置图节点大小
>> p.EdgeColor='k';                          % 设置图边颜色
>> p.LineWidth=2;                            % 设置图边线宽
>> title('非连通图')
>> G1=subgraph(G,[1 2 3 4]);                 % 创建子图对象
>> subplot(132)
>> p1=plot(G1);                              % 绘制子图
>> p1.NodeColor='y';                         % 设置图节点颜色为黄色
>> p1.MarkerSize=20;                         % 设置图节点大小
>> p1.EdgeColor='k';                         % 设置图边颜色
>> p1.LineWidth=2;                           % 设置图边线宽
>> title('连通图')
>> G2=subgraph(G,[1 3 2]);                   % 创建子图对象
```

```
>> subplot(133)
>> p2=plot(G2);                                % 绘制子图
>> p2.NodeColor='y';                           % 设置图节点颜色为黄色
>> p2.MarkerSize=20;                           % 设置图节点大小
>> p2.EdgeColor='k';                           % 设置图边颜色
>> p2.LineWidth=2;                             % 设置图边线宽
>> title('连通图')
```

结果如图 5-20 所示。

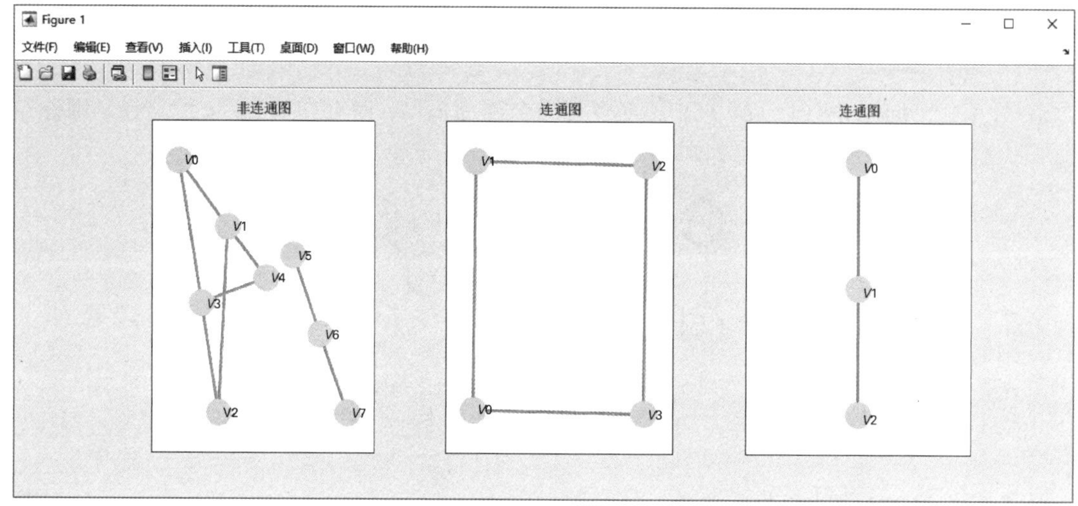

图 5-20 绘制连通图与非连通图

5.4.3 连通分量

连通图中的极大连通子图称为连通分量，所谓的极大是指子图中包含的顶点个数极大。例如：一个无向图有 5 个顶点，1-3-5 是连通的，2 是连通的，4 是连通的，则这个无向图有 3 个连通分量。

在无向图中，可以通过识别图的连接分量来确定所有顶点对之间的可达性。当且仅当属于同一连通分量时，这种图的任何一对顶点可以彼此到达，还可以在线性时间中识别无向图的连通分量。

有向图的连通分量根据节点间路径方向分为弱连通分量、强连通分量。强和弱分量对于无向图来说是等价的。

（1）弱连通分量　两个节点之间存在一条连接路径（无论边的方向如何），这两个节点即属于同一弱连通分量。两个弱连通分量之间不存在任何边。

（2）强连通分量　当两个节点之间存在双向连接路径时，这两个节点属于同一强连通分量。两个强连通分量之间可以有边，但这些连接边不能构成循环。

在 MATLAB 中，conncomp 函数用于计算图的连通分量，其调用格式见表 5-9。

例 5-14：绘制强连通图与弱连通图。

解：MATLAB 程序如下。

表 5-9 conncomp 调用格式

调用格式	说明
bins=conncomp（G）	计算图 G 的连通分量 bin，bin 编号显示图中的每个节点所属的分量。强连通分量的 bin 编号方式都是从 bin 编号较小的分量指向 bin 编号较大的分量
bins=conncomp（G，Name，Value）	使用一个或多个名称-值对组参数指定的其他选项。 OutputForm：输出的类型。vector（默认）、cell。 Type：有向图连通分量的类型。strong（默认，两个节点之间存在一条双向连接路径）、weak
[bins，binsizes] =conncomp（…）	计算连通分量的大小 binsizes。binsizes（i）会给出分量 i 中的节点数量

```
>> s=[1 1 1 2 2 3 3 5 5 6 7 8 9];                    % 定义节点与边(节点关系)
>> t=[1 2 4 3 4 2 4 7 8 7 8 9 5];
>> G=digraph(s,t,[],15);                             % 创建有向图对象,包含 15 个节点
>> subplot(131)
>> p=plot(G);                                        % 绘制有向图
>> p.NodeColor='y';                                  % 设置图节点颜色为黄色
>> p.MarkerSize=10;                                  % 设置图节点大小
>> p.EdgeColor='k';                                  % 设置图边颜色
>> p.LineWidth=2;                                    % 设置图边线宽
>> title('原图')
>> [bin1,binsize1]=conncomp(G,'Type','weak');  % 计算有向图 G 的弱连通分量
>> subplot(132)
>> idx1=binsize1(bin1) <=4;                    % 滤出 G 中少于 4 个节点的所有分量逻辑索引
>> G1=subgraph(G,idx1);
>> p1=plot(G1);                                % 绘制子图
>> p1.NodeColor='y';                           % 设置图节点颜色为黄色
>> p1.MarkerSize=10;                           % 设置图节点大小
>> p1.EdgeColor='k';                           % 设置图边颜色
>> p1.LineWidth=2;                             % 设置图边线宽
>> title('弱连通图')
>> [bin2,binsize2]=conncomp(G,'Type','strong');% 计算有向图 G 的强连通分量
>> idx2=binsize2(bin2)==1;                 % 滤出 G 中少于 1 个节点的所有分量逻辑索引
>> G2=subgraph(G,idx2);
>> subplot(133)
>> p2=plot(G2);                            % 绘制子图
>> p2.NodeColor='y';                       % 设置图节点颜色为黄色
>> p2.MarkerSize=10;                       % 设置图节点大小
>> p2.EdgeColor='k';                       % 设置图边颜色
>> p2.LineWidth=2;                         % 设置图边线宽
>> title('强连通图')
```

结果如图 5-21 所示。

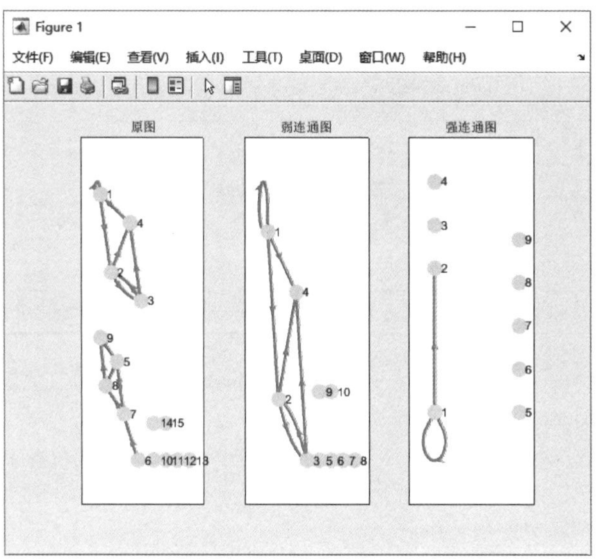

图 5-21　绘制连通图与非连通图

5.4.4 双连通图分量

如果一个图中不包含任何割点，则它就是一个双连通图。图的双连通分量是指最大双连通子图。

（1）割点　对于一个无向图，如果把一个点删除后这个图的极大连通分量数增加了，那么这个点就是这个图的割点（又称割顶）。

（2）割边　对于一个无向图，如果删掉一条边后图中的连通分量数增加了，则称这条边为桥或者割边。

将任何连通图分解成双连通分量树，称为块分割点树，如图 5-22 所示。树中的各个块在共同的顶点处相连，这些顶点即为分割点。

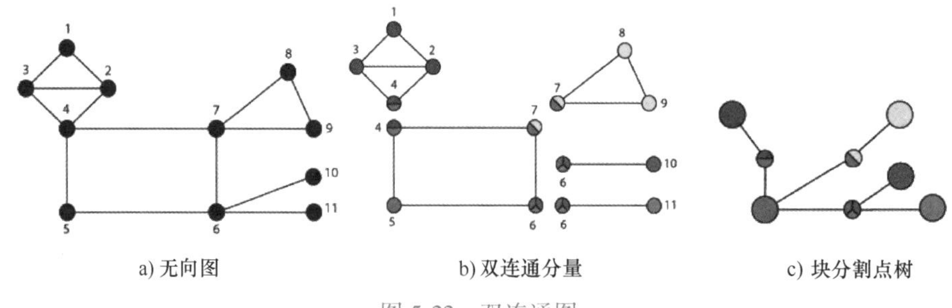

图 5-22　双连通图

1）图 5-22a 所示为一个具有 11 个节点的无向图。

2）图 5-22b 所示为五个双连通分量。原图的割点通过不同颜色表示各自所属的分量。

3）图 5-22c 所示为块分割点树。其中包含了代表各个双连通分量的节点（用纯色大圆表示）和代表各个割点的节点（用多色小圆表示）。在块分割点树中，每个割点与它所属的每个分量之间由一条边相连。

在 MATLAB 中，biconncomp 函数用于计算图的双连通分量，其调用格式见表 5-10。

表 5-10　biconncomp 调用格式

调用格式	说　明
bins=biconncomp（G）	计算图 G 的双连通分量 bins，bins 编号表示图中的每个边所属的双连通分量
bins=biconncomp（G，'OutputForm'，form）	以元胞数组形式返回输出，bins {j} 包含分量 j 中所有节点的节点 ID
[bins，iC] =biconncomp（…）	计算分割点节点索引 iC

例 5-15：绘制双连通分量。

解：MATLAB 程序如下。

```
>> s=[1 2 3 3 4 4 5 6 6 7 8 8 9];                    % 定义节点与边(节点关系)
>> t=[2 4 2 4 5 6 6 7 8 8 9 10 10];
>> G=graph(s,t);                                      % 创建无向图对象
>> subplot(321)
>> p=plot(G,'Layout','layered','Direction','up');     % 绘制无向图
>> p.NodeColor='r';                                   % 设置图节点颜色为红色
>> p.MarkerSize=20;                                   % 设置图节点大小
>> [edgebins,iC]=biconncomp(G,'OutputForm','cell');   % 计算每条图边所属的双连通分量及割点
>> n=length(edgebins);                   % 计算每条图边所属的双连通分量个数
>> highlight(p,iC,'NodeColor','g')       % 在图中标记割点
>> title('标记割点')
>> subplot(322)
>> idx1=edgebins{1};                     % 提取每个双连通分量
>> G1=subgraph(G,idx1);                  % 为每个双连通分量提取子图
>> p1=plot(G1,'NodeLabel',idx1);         % 绘制子图
>> p1.NodeColor='y';                     % 设置图节点颜色为黄色
>> p1.MarkerSize=10;                     % 设置图节点大小
>> title('双连通子图 1')
>> subplot(323)
>> idx2=edgebins{2};                     % 提取每个双连通分量
>> G2=subgraph(G,idx2);                  % 为每个双连通分量提取子图
>> p2=plot(G2,'NodeLabel',idx1);         % 绘制子图
>> p2.NodeColor='y';                     % 设置图节点颜色为黄色
>> p2.MarkerSize=10;                     % 设置图节点大小
>> title('双连通子图 2')
>> subplot(324)
>> idx3=edgebins{3};                     % 提取每个双连通分量
>> G3=subgraph(G,idx3);                  % 为每个双连通分量提取子图
>> p3=plot(G3,'NodeLabel',idx3);         % 绘制子图
>> p3.NodeColor='y';                     % 设置图节点颜色为黄色
>> p3.MarkerSize=10;                     % 设置图节点大小
```

```
>> title('双连通子图 3')
>> subplot(325)
>> idx4=edgebins{4};                           % 提取每个双连通分量
>> G4=subgraph(G,idx4);                        % 为每个双连通分量提取子图
>> p4=plot(G1,'NodeLabel',idx4);               % 绘制子图
>> p4.NodeColor='y';                           % 设置图节点颜色为黄色
>> p4.MarkerSize=10;                           % 设置图节点大小
>> title('双连通子图 4')
>> subplot(326)
>> idx5=edgebins{5};                           % 提取每个双连通分量
>> G5=subgraph(G,idx5);                        % 为每个双连通分量提取子图
>> p5=plot(G5,'NodeLabel',idx5);               % 绘制子图
>> p5.NodeColor='y';                           % 设置图节点颜色为黄色
>> p5.MarkerSize=10;                           % 设置图节点大小
>> title('双连通子图 5')
```

结果如图 5-23 所示。

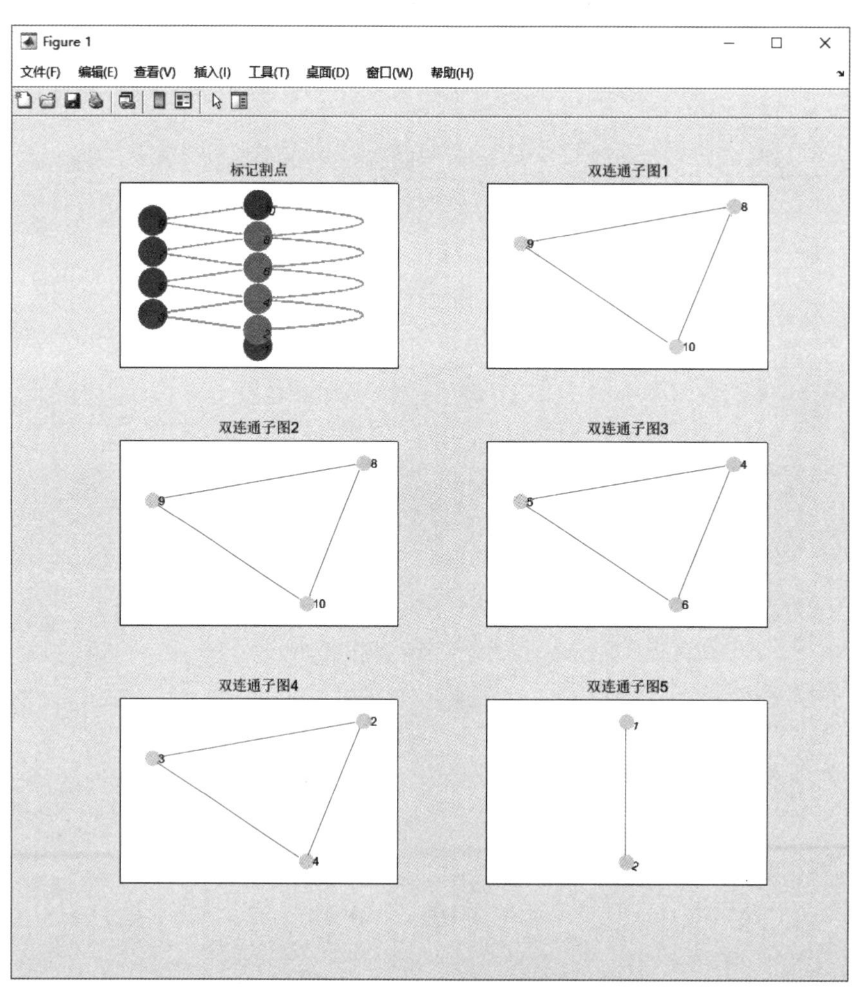

图 5-23　绘制双连通分量子图

5.4.5 可达矩阵

利用可达性算法判断图的连通性的方法是通过邻接矩阵 $\boldsymbol{A}$，计算可达矩阵 $\boldsymbol{B}$，然后经过二值化之后得到可达性矩阵 $\boldsymbol{P}$ 来判断该图属于以上哪一种。

(1) 如果 $\boldsymbol{P}$ 中元素都为 1，说明任意两点之间都可达，那么这是一个强连通图。

2) 如果 $\boldsymbol{P'}=\boldsymbol{PUP}^{\mathrm{T}}$ 除对角线之外全为 1，说明任意两个点之间存在可达通路，那么这是一个单向连通图。

3) 如果将 $\boldsymbol{A'}=\boldsymbol{AUA}^{\mathrm{T}}$ 作为邻接矩阵，然后求得可达矩阵所有元素为 1，那么这个图为弱连通图。

根据有向图的连通情况，可以将图分成四种类型，如图 5-24 所示。

1) 非连通图。

2) 弱连通图：如果不是强连通图，将有向图变成无向图，如果无向图是强连通，那么有向图是弱连通。

3) 单向连通图。

4) 强连通图：当每个节点都可以到达其他节点的时候就是强连通。

```
强连通矩阵判据
[[False  True  True  True]
 [False False  True  True]
 [False False False  True]
 [False False False False]]
单向连通矩阵判据
[[False  True  True  True]
 [ True False  True  True]
 [ True  True False  True]
 [ True  True  True False]]
弱连通矩阵判据
[[ True  True  True  True]
 [ True  True  True  True]
 [ True  True  True  True]
 [ True  True  True  True]]
```

图 5-24 判断图的连通性

因此，可达性算法的实质是计算可达矩阵。

设 $G=(\boldsymbol{V},E)$ 是一个线图，$\boldsymbol{V}=(v_1,v_2,\cdots,v_n)$，令 $\boldsymbol{P}(G)=[p_{ij}]_{n\times n}$，其中：

$$\boldsymbol{p}_v=\begin{cases}1 & \text{若从 } v_i \text{ 到 } v_j \text{ 可达}\\ 0 & \text{若 } v_i \text{ 到 } v_j \text{ 不可达}\end{cases}$$

则称 $\boldsymbol{P}(G)$ 为图 G 的可达矩阵。

可达矩阵用于描述一个线图中从任一节点到另一节点之间是否存在路。由于在图中两个节点之间有路，则必存在长度 $\leqslant n-1$ 的通路，另外认为同一个节点到自身可达。因此，$\boldsymbol{P}(G)$ 可以用以下公式计算：

$$\boldsymbol{P}(G)=[p_{ij}]_{n\times n}=\boldsymbol{A}^{(0)}\boldsymbol{V}\boldsymbol{A}^{(1)}\boldsymbol{V}\cdots\boldsymbol{V}\boldsymbol{A}^{(n-1)}$$

其中，$\boldsymbol{A}^{(0)}$ 是 $n\times n$ 的单位阵；$\boldsymbol{V}$ 是逻辑加运算。

利用邻接矩阵 $\boldsymbol{A}$ 和可达矩阵 $\boldsymbol{P}$，可以判断图的连通性。

1) 无向线图 G 是连通图，当且仅当它的可达矩阵 $\boldsymbol{P}$ 的所有元素均为 1。

2) 有向线图 G 是强连通图，当且仅当它的可达矩阵 $\boldsymbol{P}$ 的所有元素均为 1。

3) 有向线图 G 是单向连通图，当且仅当 $\boldsymbol{PVP}^{\mathrm{T}}$ 的所有元素均为 1。

4) 有向线图 G 是弱连通图，当且仅当以 $\boldsymbol{AVA}^{\mathrm{T}}$ 作为邻接矩阵求得的可达矩阵 $\boldsymbol{P}$ 中的所有元素均为 1。

可达性矩阵是一个 $n\times n$ 的矩阵 rechG，如果节点 i 可以到达节点 j，那么 rechG [i] [j] =1，反之，则为 rechG [i] [j] =0。

5.4.6 算法应用 1

利用布尔矩阵的运算性质，编写邻接矩阵转换为可达性矩阵的 rechG. m 文件如下。

```
function R=rechG (A)
% 定义 A 为邻接矩阵
% 定义 R 为可达性矩阵
```

```
% 将矩阵乘法的最后结果保存可达矩阵 R 的每一项
% 利用布尔矩阵的运算性质计算可达矩阵
n=size(A,1);
R=A;
for i=2:n
R=R+A^i;
end
R(R~=0)=1;
```

例 5-16：某四个城市之间八条单向公路，如图 5-25 所示，判断城市 1 到城市 4 的连通性。

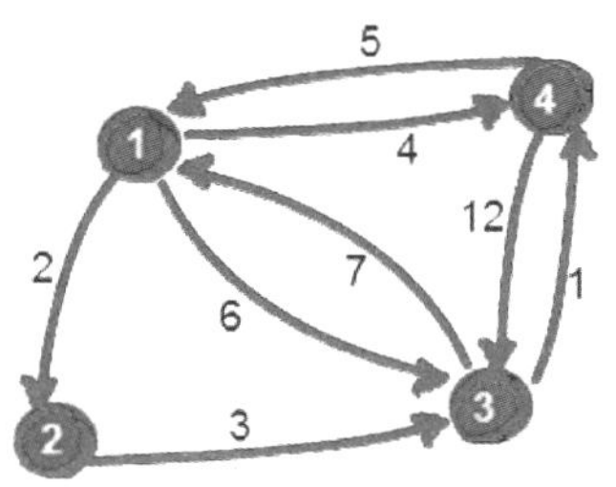

图 5-25　城市单向公路图

解：MATLAB 程序如下。

```
>> s=[1 1 1 2 3 3 4 4];                                    % 通过节点创建图
>> t=[2 3 4 3 1 4 3 1];
>> weights=[2 6 4 3 7 1 12 5];                             % 加权边表示流量
>> G=digraph(s,t,weights);                                 % 创建有向图对象
>> p=plot(G,'Layout','subspace','EdgeLabel',G.Edges.Weight);
                                                           % 子空间布局
>> G.Edges
ans=

  8×2 table

EndNodes    Weight
    ___      ___

    1    2        2
    1    3        6
    1    4        4
    2    3        3
    3    1        7
    3    4        1
    4    1        5
    4    3       12
>> A=adjacency(G)                                          % 计算图的邻接矩阵
A=

   (3,1)        1
```

```
    (4,1)        1
    (1,2)        1
    (1,3)        1
    (2,3)        1
    (4,3)        1
    (1,4)        1
    (3,4)        1
>> R=rechG(A)                                   % 计算可达性矩阵
R=

    (1,1)        1
    (2,1)        1
    (3,1)        1
    (4,1)        1
    (1,2)        1
    (2,2)        1
    (3,2)        1
    (4,2)        1
    (1,3)        1
    (2,3)        1
    (3,3)        1
    (4,3)        1
    (1,4)        1
    (2,4)        1
    (3,4)        1
    (4,4)        1
>> [T,E]=dfsearch(G,1,'edgetonew');        % 在节点 1 处开始对图执行深度优先搜索,搜索未
发现的节点
>> highlight(p,'Edges',E,'EdgeColor','r','LineWidth',5)
                                                % 标记线路
```

结果如图 5-26 所示。

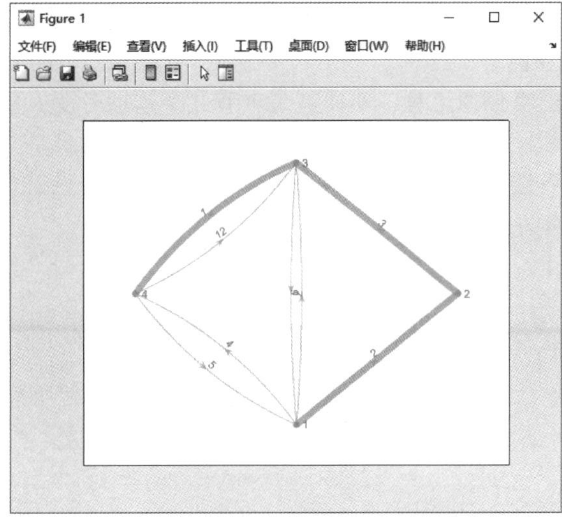

图 5-26 绘制有向图

5.4.7 算法应用 2

烟大海底隧道是指山东烟台蓬莱到辽宁大连之间的海底隧道，如图 5-27 所示。工程方案采纳全海底隧道方案，设计全长 123km，这一跨度将使得烟大海底隧道远超日本青函海底隧道（约 54km）、英吉利海峡海底隧道（约 51km），成为世界上最长的海底隧道。隧道平均深度 20~30m，最深约 70m，火车设计时速为 250km，运行速度能达到 220km/h，届时从烟台到大连最多只需要 40min。

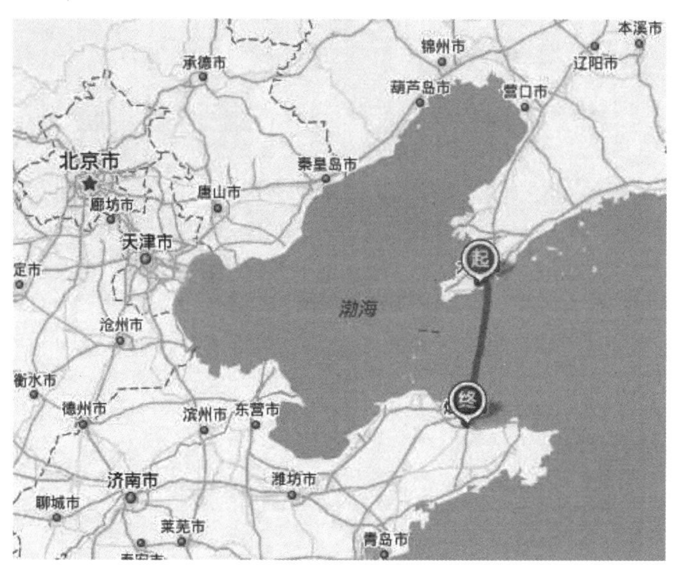

图 5-27　海底隧道图

隧道方案计划经过 11 个站点（1 是起点，11 是终点，站点间为单向隧道）。先已完成线路如下：1 到 1、3 各有一条路，2、1 之间有条路，3、2 之间有条路，3、5 之间有条路，4、1 之间有条路，4、2 之间有条路，4、10 之间有条路，4、7 之间有条路，6、6 之间有条路，5、8 之间有条路，6、7 之间有条路，6、8 之间有条路，6、10 之间有条路，7、10 之间有条路，8、9 之间有条路，8、10 之间有条路，9、5 之间有条路，9、11 之间有条路，10、9 之间有条路，10、11 之间有条路，10、10 之间有条路。

判断类似图是否连通这类畅通工程，实质就是求有几个连通分支，问需要修几条路？如果是 1 个连通分支，说明整幅图上的点都连起来了，不用再修路了；如果是 2 个连通分支，则只要再修 1 条路，从两个分支中各选一个点，把它们连起来，那么所有的点就都是连起来的了；如果是 3 个连通分支，则只要再修两条路……

解：MATLAB 程序如下。

```
>> s=[1 1 2 3 3 4 4 4 4 5 5 6 6 6 6 7 8 8 9 9 10 10 10];          % 通过节点创建图
>> t=[1 3 1 2 5 1 2 10 7 6 8 7 8 10 10 9 10 5 11 9 11 10];
>> G=digraph(s,t);                                                 % 创建有向图对象
>> subplot(121)
>> p=plot(G);
>> [bin,binsize]=conncomp(G)                                       % 计算有向图 G 的强连通分量
```

```
bin=
    2    2    2    1    3    3    3    3    3    3    4
binsize=

    1    3    6    1
>> n=length(binsize)    % 计算每条图边所属的连通分量个数,4 个连通分支,则只要再修 3 条路
n=

    4
>> p.NodeCData=bin;     % 需要再加一条路,把站点 2 和其他任一站点连起来,工程畅通实现
>> subplot(122)
>> C=condensation(G);   % 将每个分量表示为单个节点
>> p2=plot(C);          % 显示隧道贯通的站点
```

结果如图 5-28 所示。

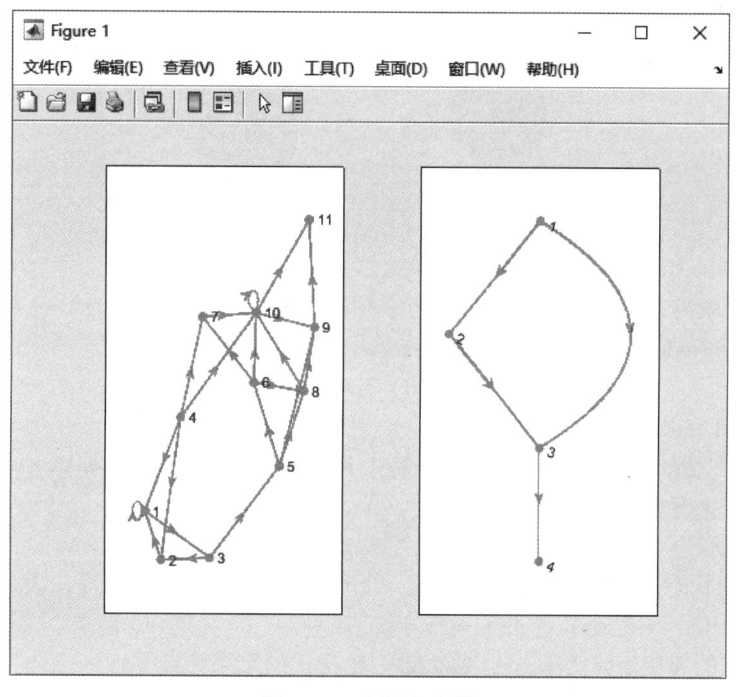

图 5-28 绘制有向图

5.5 PageRank 算法

PageRank 算法是 Google 创始人拉里・佩奇和谢尔盖・布林于 1997 年构建早期的搜索系统原型时提出的链接分析算法，自从 Google 在商业上获得空前的成功后，该算法也成为其他搜索引擎和学术界十分关注的计算模型。

5.5.1 算法概述

人们在生活和生产活动中，经常遇到给网络中节点排序的任务。例如，互联网中存在数以亿计的网页，哪些网页比较重要值得投放医疗广告呢？学术论文在引用和被引用的过程中实现了知识的传递，那么哪些论文是学科发展的关键节点呢？

这些问题可以转化为图论问题。图 5-29 所示是一个有向图，包含了 4 个节点，以及 4 条边。边的起点可以是一个网页、论文或者人，终点指向的是起点所引用的网页、论文或者人。node1 节点引用 node0 节点，表示前者从后者获取信息、知识、权力或者财富。

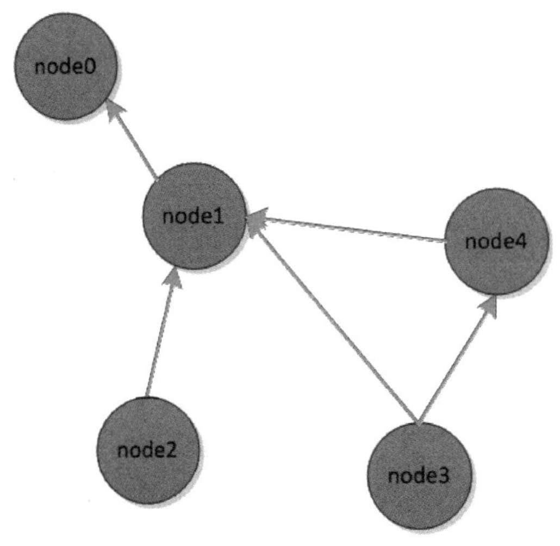

图 5-29　一个简单的有向图

一个节点对系统施加影响的结果，就是与它相连的节点也具有一定的影响力。假设一个节点的影响力值是 PR，Node0 节点的影响力就是：

$$PR\ (\text{node0}) = PR\ (\text{nodel})$$

类似地，node1 的影响力就是：

$$PR\ (\text{node1}) = PR\ (\text{node2}) + PR\ (\text{node3}) + PR\ (\text{node4})$$

用一个向量 S 来存储每个节点的 PR 值：

$$S_0 = (P_{0,1} P_{0,2}, \cdots, P_{0,i}, \cdots, P_{0,n})$$

其中，S_0 表示初始状态下，各个节点的 PR 值，下角标表示迭代的轮次；$P_{0,1}$ 表示第 0 轮时，1 号节点的 PR 值。

假设各个节点的邻接矩阵为 $\boldsymbol{L}_{N*N}$，那么第一轮迭代的结果是：

$$S_1 = (P_{0,1} P_{0,2}, \cdots, P_{0,i}, \cdots, P_{0,N}) * \boldsymbol{L}_{N*N}$$

第二轮迭代的结果是：

$$S_1 = S_1 * \boldsymbol{L}_{N*N}$$

以此类推，可以执行这个迭代过程，直到 PR 值收敛。

互联网这样的图里存在很多孤立节点，即不被其他节点引用的网页。PageRank 算法为所有的节点设置一个最小得分，使得搜索用户有一定概率检索到这些网页。具体做法是为 PR 值的计算公式增加一个阻尼系数：

$$PR\ (\text{node1}) = (1-d) + d * [PR\ (\text{node2}) + PR\ (\text{node3}) + PR\ (\text{node4})]$$

式中，d 是一个取值范围为［0，1］的数，物理含义是搜索用户随机看到这个网页的概率，实际作用相当于对 PR 值做了一个平滑，把非孤立节点的 PR 值转移给孤立节点一些。

综上所述，对于一个页面 A，它的 PR 值为：

$$PR(A) = (1 - d) + d[PR(T_1)/C(T_1) + \cdots + PR(T_n)/C(T_n)]$$

$$PR(A) = \frac{(1 - d)}{N} + d[PR(T_1)/C(T_1) + \cdots + PR(T_n)/C(T_n)]$$

其中，PR（A）是页面 A 的 PR 值；PR（Ti）是页面 Ti 的 PR 值。在这里，页面 Ti 是指向 A 的所有页面中的某个页面；C（Ti）是页面 Ti 的出度，也就是 Ti 指向其他页面的边的个数；d 为阻尼系数，其意义是，在任意时刻，用户到达某页面后并继续向后浏览的概率；N 为页面的总数。

5.5.2 算法基本原理

PageRank 算法最初是为确定搜索引擎结果排名而设计的，但也可以更广泛地应用到许多不同类型的图形中的节点。PageRank 得分根据每个图形节点与其他节点的连接方式，对该节点的相对重要性给出意见。

PageRank 算法借鉴了学术界论文重要性的评估方法，即谁被引用的次数越多，谁就越重要。该算法其实就是给每个网页附加权值，权值大的就靠前显示，权值小的就靠后显示。

有研究者提出利用网页的入链数量来进行链接分析计算，这种入链方法假设一个网页的入链越多，则该网页越重要。

网页通过链接关系构建起 Web 图，每个页面设置相同的 PageRank 值，通过若干轮的计算，会得到每个页面所获得的最终 PageRank 值。随着每一轮的计算进行，网页当前的 PageRank 值会不断得到更新。

下面介绍几个该算法基本概念。

1）出链　如果在网页 A 中附加了网页 B 的超链接 B-Link，用户浏览网页 A 时可以单击 B-Link，然后进入网页 B。这种 A 附有 B-Link 的情况表示 A 出链 B。可知，网页 A 也可以出链 C，如果 A 中也附加了网页 C 的超链接 C-Link。

2）入链　通过单击网页 A 中 B-Link 进入 B，表示由 A 入链 B。如果用户自己在浏览器输入栏输入网页 B 的 URL，然后进入 B，表示用户通过输入 URL 入链 B。

3）无出链　如果网页 A 中没有附加其他网页的超链接，则表示 A 无出链。

4）只对自己出链　如果网页 A 中没有附加其他网页的超链接，而只有他自己的超链接 A-Link，则表示 A 只对自己出链。

5）PR 值　一个网页的 PR 值，概率上理解就是此网页被访问的概率，PR 值越高其排名越高。可以根据以下公式计算每个网页的 PR 值：

$$r = (1 - p)/n + p * (A' * (r./d) + s/n$$

其中，r 是 PageRank 得分的向量；P 是标量阻尼因子（通常为 0.85）。这是随机浏览者单击当前网页上的链连接而不是在另一随机网页上继续单击的概率；A' 是图形的邻接矩阵的转置；d 是包含图形中每个节点的出度的向量。对于没有外向的节点，d 设置为 1；n 是图形中节点的标量数量；s 是无链接网页的 PageRank 得分的标量总和。

5.5.3 算法函数

在 MATLAB 中，centrality 函数用于计算图中节点中心性得分，其调用格式见表 5-11。

表 5-11 centrality 调用格式

调用格式	说明
C = centrality（G，type）	为图中的每个节点计算由 type 指定的节点中心性得分，type 表示节点中心性类型，见表 5-12
C = centrality（…，Name，Value）	使用由一个或多个名称-值对组参数指定的其他选项。 Cost：边权值，指定边的长度并确定 s 和 t 节点之间的最短路径。 FollowProbability：选择后续节点的概率，0.85（默认）0 到 1 之间的标量。 Importance：边缘重要性，矢量。 MaxIterations：最大迭代次数，100（默认），标量。 Tolerance：迭代求解的停止准则，1e-4（默认），标量

表 5-12 节点中心性类型

选项	图类型	说明
degree	无向	基于连接到每个节点的边数的中心性类型。 degree：连接到每个节点的边数。自循环算作连接到节点的两个边。 indegree：每个节点的传入边数。自循环算作一个传入的边缘。 outdegree：每个节点的传出边数。一个自循环算作一个外向的边缘
indegree outdegree	定向	
closeness	无向	使用从节点到图中所有其他节点的距离的逆和
incloseness outcloseness	定向	
betweenness	无向的或定向的	每个图节点在图中两个节点之间的最短路径上出现的频率。 节点 u 的中心性是： $c(u)\sum_{s,t\neq u}\frac{n_{st}(u)}{N_{st}}$ $n_{st}(u)$ 的最短路径数。s 到 t 通过节点 u，和 N_{st} 的最短路径总数 如果图是无向的，则 s 到 t 和来自 t 到 s 只计算为一条路径（将公式除以 2）
pagerank	无向的或定向的	网络随机选择的中心型，在图中的每个节点上，下一个节点都是按概率选择
eigenvector	无向	该中心型使用对应于图邻接矩阵最大特征值的特征向量。这些分数被标准化，使得所有中心性分数之和为 1
hubs authorities	定向	中心性分数是两个相互关联的中心性度量，它们是递归的

顶点的度是指顶点连接了几条边。全部顶点的度相加为偶数，任意一个图的奇顶点的个数为偶数。顶点 v 的入度是以 v 为终点的有向边的条数，顶点 v 的出度是以 v 为始点的有向边的条数。图 5-30 所示为顶点与度的关系。

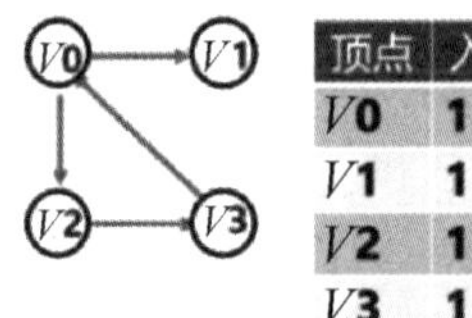

顶点	入度	出度	度
V0	1	2	3
V1	1	0	1
V2	1	1	2
V3	1	1	2

图 5-30 度定义

在 MATLAB 中，indegree 函数用于计算图的入度，其调用格式见表 5-13。

表 5-13　indegree 调用格式

调用格式	说　明
D = indegree（G）	返回图 G 中每个节点的入度
D = indegree（G，nodeIDs）	nodeIDs 指定节点

在 MATLAB 中，outdegree 函数用于计算图的出度，其调用格式见表 5-14。

表 5-14　outdegree 调用格式

调用格式	说　明
D = outdegree（G）	返回图 G 中每个节点的出度
D = outdegree（G，nodeIDs）	nodeIDs 指定节点

例 5-17：计算图节点的入度。

解：MATLAB 程序如下。

```
>> s=[1 3 2 2 4 5 1 2];
>> t=[2 2 4 5 6 6 6 6];
>> G=digraph(s,t);              % 创建有向图
>> plot(G)                      % 绘制有向图
>> indeg=indegree(G)            % 计算图中每个节点的入度
indeg=

    0
    2
    0
    1
    1
    4
>> D=indeg(2)                   % 节点 2 的入度
D=

    2
>> sum(indeg)                   % 计算图中所有节点的入度

ans=

    8
>> N=numedges(G)                % 计算图中所有边数
N=

    8
```

结果如图 5-31 所示。

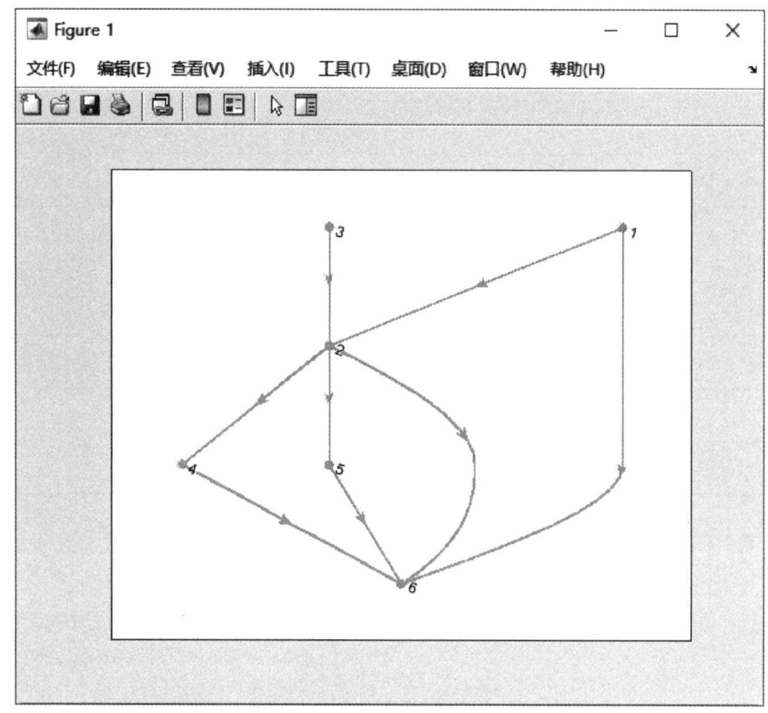

图 5-31 绘制图

经验证得出，节点的入度等于将以该节点为目标节点的边的数量。

5.5.4 算法应用

PageRank 得分是指某人随机单击每个网站上的链接时会进入任何特定网页的极限概率。因此，得分较高的网页在网络中是高度关联并且可以发现的，随机的 Web 浏览者更可能访问该网页。

如果一个网页被很多其他网页链接，说明该网页比较重要，也就是 PageRank 值会相对较高。如果一个 PageRank 值很高的网页链接到一个其他的网页，那么被链接到的网页的 PageRank 值会相应地因此而提高。

MATLAB 程序如下。

```
>> close all
>> clear
>> load mathworks100.mat    % 加载 mathworks100.mat 中的数据,并查看邻接矩阵 A
>> G=digraph(A,U)           % 通过将 U 中包含的 URL 用作节点名称,创建带有稀疏邻接矩阵 A 的
有向图
>> plot(G,'NodeLabel',{},'NodeColor',[0.93 0.78 0],'Layout','force');
                            % 使用强制布局绘制图表
>> title('Websites linked to https://www.mathworks.com')
```

运行结果如图 5-32 所示。

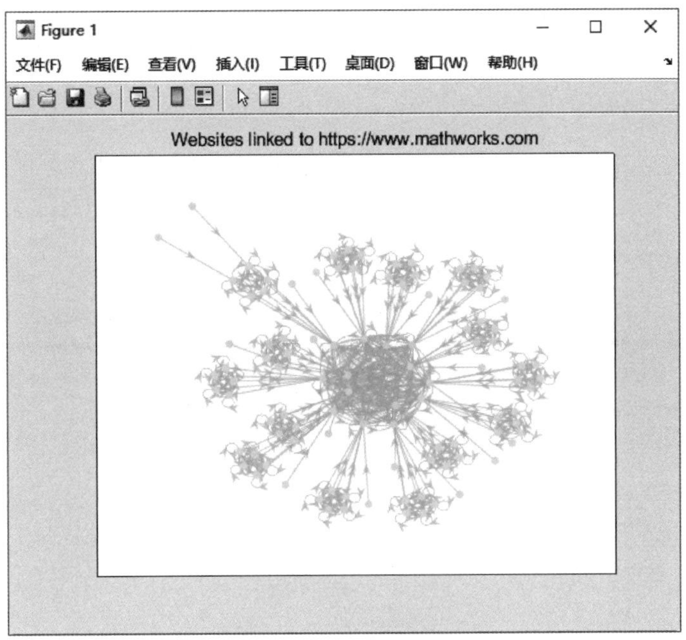

图 5-32 有向图

```
                              % 使用 200 次迭代和阻尼因子 0.85 计算图形 G 的 PageRank 得分
>> pr=centrality(G,'pagerank','MaxIterations',200,'FollowProbability',0.85);
>> G.Nodes.PageRank=pr;                % 将得分和级别信息添加到图形的节点表中
>> G.Nodes.InDegree=indegree(G);       % 计算节点入链数
>> G.Nodes.OutDegree=outdegree(G);     % 计算节点出链数
>> G.Nodes(1:25,:)                     % 查看生成的前 25 个得分,一个网页的 PR 值,概率上理
解就是此网页被访问的概率,PR 值越高其排名越高。InDegree 表示入链数,OutDegree 表示出链数
ans =

  25×4 table

                                          NamePageRank      InDegree    OutDegree
   ..............................................   .........   ......     .........

    {'https://www.mathworks.com'                                                  }
  0.044342      20          14
    {'https://ch.mathworks.com'                                                   }
  0.043085      20          14
    {'https://cn.mathworks.com'                                                   }
  0.043085      20          14
    {'https://jp.mathworks.com'                                                   }
  0.043085      20          14
    {'https://kr.mathworks.com'                                                   }
  0.043085      20          14
```

```
    {'https://uk.mathworks.com'                                                              }
0.043085       20          14
    {'https://au.mathworks.com'                                                              }
0.043085       20          14
    {'https://de.mathworks.com'                                                              }
0.043085       20          14
    {'https://es.mathworks.com'                                                              }
0.043085       20          14
    {'https://fr.mathworks.com'                                                              }
0.043085       20          14
    {'https://in.mathworks.com'                                                              }
0.043085       20          14
    {'https://it.mathworks.com'                                                              }
0.043085       20          14
    {'https://nl.mathworks.com'                                                              }
0.043085       20          14
    {'https://se.mathworks.com'                                                              }
0.043085       20          14
    {'https://www.mathworks.com/index.html  % 3Fnocookie  % 3Dtrue'
      }       0.0015        0          1
    {'https://www.mathworks.com/company/aboutus/policies_statements/patents.html'
      }     0.007714         6          6
    {'https://www.mathworks.com/company/aboutus/policies_statements/trademarks.html'
      }     0.007714         6          6
    {'https://www.mathworks.com/company/aboutus/policies_statements'
      }     0.006439         5          6
    {'https://www.mathworks.com/company/aboutus/policies_statements/piracy.html'
      }     0.006439         5          6
    {'https://www.mathworks.com/company/rss/index.html'
      }     0.006439         5          6
    {'https://ch.mathworks.com/index.html  % 3Fnocookie  % 3Dtrue'
      }       0.0015        0          1
    {'https://ch.mathworks.com/company/aboutus/policies_statements/patents.html'
      }    0.0051817         5          6
    {'https://ch.mathworks.com/company/aboutus/policies_statements/trademarks.html'
      }    0.0051817         5          6
    {'https://ch.mathworks.com/company/aboutus/policies_statements'
      }    0.0051817         5          6
    {'https://ch.mathworks.com/company/aboutus/policies_statements/piracy.html'
      }    0.0051817         5          6
>> H=subgraph(G,find(G.Nodes.PageRank>0.005));   % 提取并绘制包含得分>0.005 的所有节点的子图
```

```
>> plot(H,'NodeLabel',{},'NodeCData',H.Nodes.PageRank,'Layout','force');
% 根据图形节点的 PageRank 得分为它们着色
>> title('Websites linked to https://www.mathworks.com')
```

运行结果如图 5-33 所示。

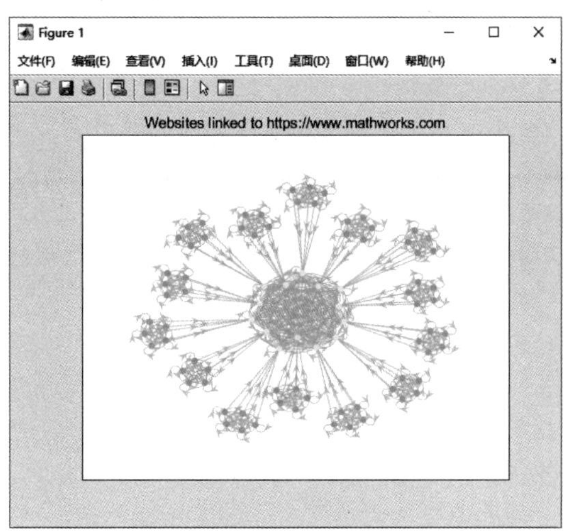

图 5-33 图

顶级网站的 PageRank 得分都十分相似，因此随机的 Web 浏览者大约有 4.5%的概率登录每个网页。这一小组高度关联的网页在绘图中心形成了一个团。与这个中心团相连的是几个较小的团，这几个较小的团彼此之间高度关联。

第 6 章　有向图算法

内容指南

运筹学中把一些研究对象用节点表示，对象之间的关系用连线边表示。图是这些节点、连线边的集合。图是网络分析的基础，根据具体研究的网络对象（如铁路网、电力网、通信网等），赋予图中各边某个具体的参数，如时间、流量、费用、距离等。

在生活中，有向图算法的应用是最广泛的。例如，常见的通信网络搭建路线选择，村庄之间如果有通信路径，则可以将村庄看作顶点。

内容要点

- 数据结构
- 图的分类
- 最大流算法
- 最小生成树算法
- 图的最短路径算法

6.1　数据结构

图有两种表示方法，邻接矩阵和邻接表。邻接矩阵表示法是用两个数组表示，一个一维数组和一个二维数组。一维数组存储节点信息，二维数组存储节点之间的关系。

存储一个图的信息，必须存储节点信息（a, b, c, d, e）、权值（3，5，4，1，6，7）和节点之间的关系。

6.1.1 邻接矩阵

邻接矩阵（Adjacency Matrix）是表示顶点之间相邻关系的矩阵。邻接矩阵又分为有向图邻接矩阵和无向图邻接矩阵，如图 6-1 和图 6-2 所示。

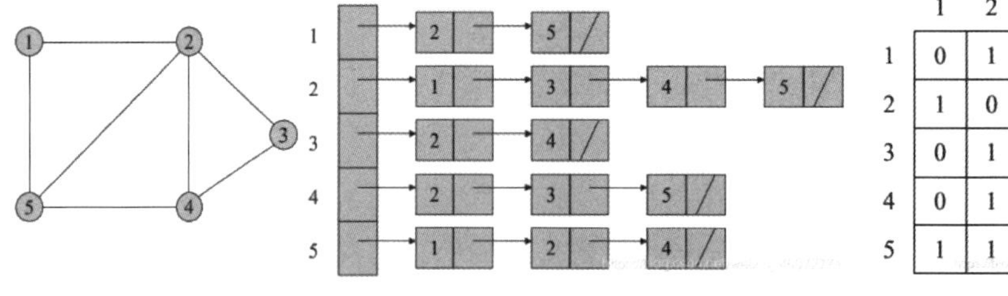

图 6-1　无向图与邻接矩阵

图的邻接矩阵存储方式是用两个数组来表示图。设 $G=(V,E)$ 是一个图，其中顶点 $V=\{v1, v2,\cdots,v_n\}$。G 的邻接矩阵是一个 n 阶方阵，具有下列性质。

1）对无向图而言，邻接矩阵一定是对称的，而且对角线一定为零。

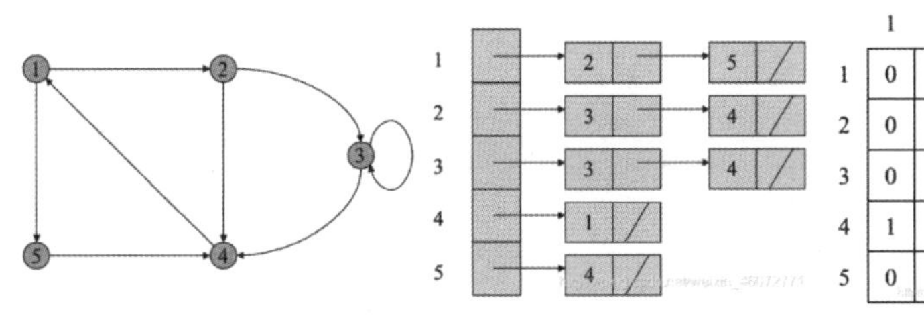
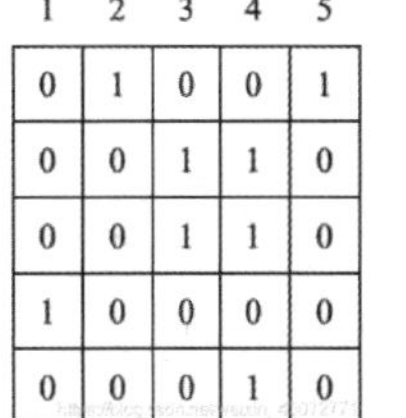

图 6-2 有向图与邻接矩阵

2）无向图的邻接矩阵一定是对称的，而有向图的邻接矩阵不一定对称。

3）用邻接矩阵来表示一个具有 n 个顶点的有向图时，需要 n^2 个单元来存储邻接矩阵。

4）对有 n 个顶点的无向图则只存入上、下三角阵中剔除了左上、右下对角线上的 0 元素后剩余的元素，故只需 1+2+…+（n−1）= n（n−1）/2 个单元。

5）无向图邻接矩阵的第 i 行或第 i 列非零元素的个数正好是第 i 个顶点的度。

在 MATLAB 中，adjacency 函数用于构建图的邻接矩阵，其调用格式见表 6-1。

表 6-1 adjacency 调用格式

调用格式	说明
A=adjacency（G）	返回图 G 的稀疏邻接矩阵 A，A 中的每个非零项的位置指定图的一条边
A=adjacency（G，'weighted'）	返回加权邻接矩阵
A=adjacency（G，weights）	weights 指定边的权重

例 6-1：绘制有向图，计算邻接矩阵。

解：MATLAB 程序如下。

```
>> G=digraph([1 1 1 2 3 4],[2 3 4 4 2 3],[5 6 7 8 9 10]);   % 创建有向图对象
>> G.Edges
ans=

  6×2 table

EndNodes    Weight
   ……_      ……

    1    2        5
    1    3        6
    1    4        7
    2    4        8
    3    2        9
    4    3       10
>> plot(G)                                                  % 绘制有向图
>> A=adjacency(G)                                           % 计算图的邻接矩阵

A=
```

```
    (1,2)        1
    (3,2)        1
    (1,3)        1
    (4,3)        1
    (1,4)        1
    (2,4)        1
```

结果如图 6-3 所示。

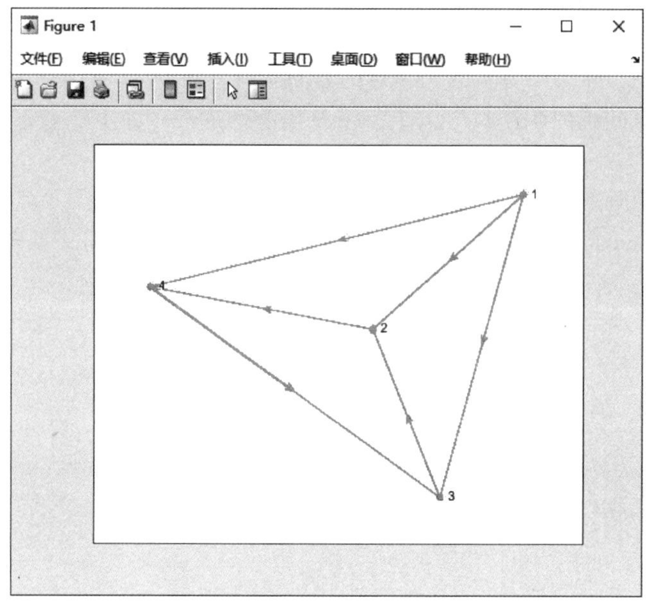

图 6-3 绘制有向图

6.1.2 关联矩阵

在关联矩阵中，每行对应图的一个节点，每列对应图的一条弧。如果元素为“1”，即为一条弧的起点，元素为“-1”是一条弧的终点，元素为“0”与弧没有关联。

如图 6-4 所示，包含了 5 个节点，8 条弧线，因此对应的关联矩阵为 5 行 8 列，如图 6-5 所示。关联矩阵中，节点 1 是两条弧线的起点，因此第一行关联矩阵中包含两个“1”元素，其余均为 0；节点 2 是两条弧线的终点，一条弧线的起点，因此关联矩阵中第二行包含两个“-1”元素、一个“1”元素，其余均为 0。

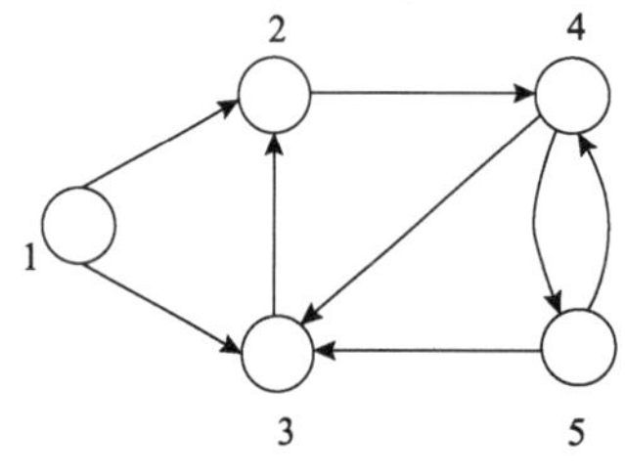

图 6-4 图

$$
\begin{bmatrix}
1 & 1 & 0 & 0 & 0 & 0 & 0 & 0 \\
-1 & 0 & 1 & -1 & 0 & 0 & 0 & 0 \\
0 & -1 & 0 & 1 & -1 & 0 & -1 & 0 \\
0 & 0 & -1 & 0 & 1 & 1 & 0 & -1 \\
0 & 0 & 0 & 0 & 0 & -1 & 1 & 1
\end{bmatrix}
$$

图 6-5 关联矩阵

在 MATLAB 中，incidence 函数用于构建图的关联矩阵，laplacian 函数用于构建图的拉普拉斯矩阵，其调用格式见表 6-2。

表 6-2 函数调用格式

调用格式	说明
I=incidence（G）	返回图 G 的稀疏关联矩阵
L=laplacian（G）	返回图拉普拉斯矩阵 L

例 6-2：计算图关联矩阵。

解：MATLAB 程序如下。

```
>> s=[1 1 1 1 1 1 1 9 9 9 9 9 9 9];
>> t=[2 3 4 5 6 7 8 2 3 4 5 6 7 8];
>> G=graph(s,t);
>> h=plot(G)

h=

GraphPlot -属性:

NodeColor:[0 0.4470 0.7410]
MarkerSize:4
        Marker:'o'
EdgeColor:[0 0.4470 0.7410]
    LineWidth:0.5000
LineStyle:'-'
NodeLabel:{'1' '2' '3' '4' '5' '6' '7' '8' '9'}
EdgeLabel:{}
XData:[1×9 double]
YData:[1×9 double]
ZData:[0 0 0 0 0 0 0 0 0]

  显示所有属性
>> h.XData=[0 -3 -2 -1 0 1 2 3 0];  % 对图节点使用自定义节点坐标
>> h.YData=[2 0 0 0 0 0 0 0 -2];
>> I=incidence(G)                   % 计算稀疏关联矩阵
I=

   (1,1)       -1
   (2,1)        1
   (1,2)       -1
   (3,2)        1
   (1,3)       -1
   (4,3)        1
```

```
   (1,4)       -1
   (5,4)        1
   (1,5)       -1
   (6,5)        1
   (1,6)       -1
   (7,6)        1
   (1,7)       -1
   (8,7)        1
   (2,8)       -1
   (9,8)        1
   (3,9)       -1
   (9,9)        1
   (4,10)      -1
   (9,10)       1
   (5,11)      -1
   (9,11)       1
   (6,12)      -1
   (9,12)       1
   (7,13)      -1
   (9,13)       1
   (8,14)      -1
   (9,14)       1
>> L=laplacian(G)      % 计算拉普拉斯矩阵L,L的对角线元素指示节点的度,即L(j,j)是节点j的度

L=

   (1,1)        7
   (2,1)       -1
   (3,1)       -1
   (4,1)       -1
   (5,1)       -1
   (6,1)       -1
   (7,1)       -1
   (8,1)       -1
   (1,2)       -1
   (2,2)        2
   (9,2)       -1
   (1,3)       -1
   (3,3)        2
   (9,3)       -1
   (1,4)       -1
   (4,4)        2
   (9,4)       -1
```

```
  (1,5)       -1
  (5,5)        2
  (9,5)       -1
  (1,6)       -1
  (6,6)        2
  (9,6)       -1
  (1,7)       -1
  (7,7)        2
  (9,7)       -1
  (1,8)       -1
  (8,8)        2
  (9,8)       -1
  (2,9)       -1
  (3,9)       -1
  (4,9)       -1
  (5,9)       -1
  (6,9)       -1
  (7,9)       -1
  (8,9)       -1
  (9,9)        7
>> L-I* I'          % 验证关系 L=I* I'

ans=

全零稀疏矩阵:9×9
```

结果如图 6-6 所示。

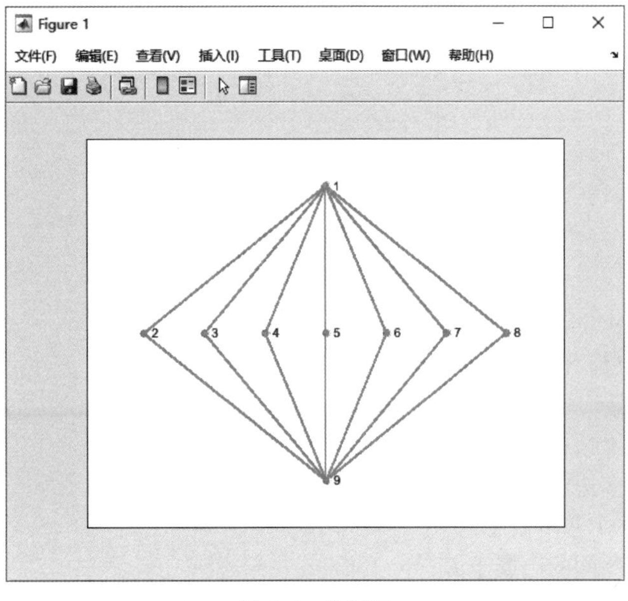

图 6-6 绘制图

6.2 图的分类

图由点和点与点之间的连线组成，其分类如下。

1. 无向图

含有的元素为顶点，弧和权重，但是没有方向。

若点与点之间的连线没有方向，则称为边，由此构成的图为无向图，记为：$G=(V, E)$。其中 V 是 G 的点的集合，E 为 G 的边的集合，连接 V_i，V_j的边记为［V_i，V_j］。

若点与点之间的连线有方向，则称为弧，由此构成的图为有向图，记为：$D=(V,A)$。其中 V 是 G 的点的集合，A 为 G 的弧的集合，一条方向为从 V_i指向 V_j的弧记为［V_i，V_j］。

2. 有向图

含有的元素为顶点，弧和权重，弧具有方向。

3. 有限图、无限图

顶点和边有限就是有限图，否则就是无限图。

4. 简单图、多重图

简单图是指既没有环，也没有两条边连接同一对顶点的图，如图 6-7 所示。

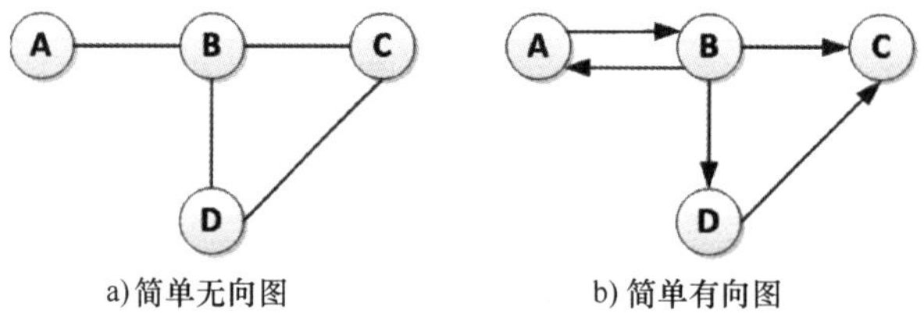

图 6-7　简单图

多重图是指图中某两个节点之间的边数多于一条，又允许顶点通过同一条边和自己关联，如图 6-8 所示。

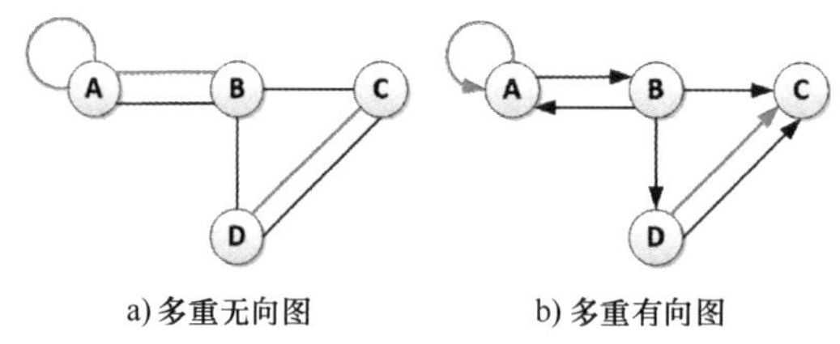

图 6-8　多重图

5. 完全图、二分图

每一对不同的顶点都有一条边相连的简单图称为完全图。

6. 稀疏图、稠密图

1）稀疏图：有很少边或弧的图（$e<n*\log n$）。

2）稠密图：有较多边或弧的图。

下面介绍图中的几个基本概念。

1）相邻点：两点之间的边属于 E。

2）相邻边：如果两条边有一个公共端点。

3）环：边的两个端点相同。

4）多重边（平行边）：两个点之间有多于一条边（弧）。在有向图中，如果两点之间有不同方向的两条弧，不是多重边。

5）多重图：无环但允许有多重边的图。

6）简单图：无环且无多重边的图。

7）端点的次 $d(v)$：点 v 作为端点的边的个数。

8）奇点：$d(v)$= 奇数；偶点：$d(v)$= 偶数。

9）悬挂点：$d(v)=1$；悬挂边：与悬挂点连接的边。

6.2.1 绘制自环图

自环是指一条边的两端为同一个节点。图可以具有多条有相同源节点和目标节点的边，这样的图称为多重图。多重图可能包含自环，也可能不包含自环。

例 6-3：绘制自环图一。

解：MATLAB 程序如下。

```
>> G=graph([1 1 1 1 1 2],[1 1 1 1 1 1]);      % 创建无向图对象
>> plot(G)
```

结果如图 6-9 所示。

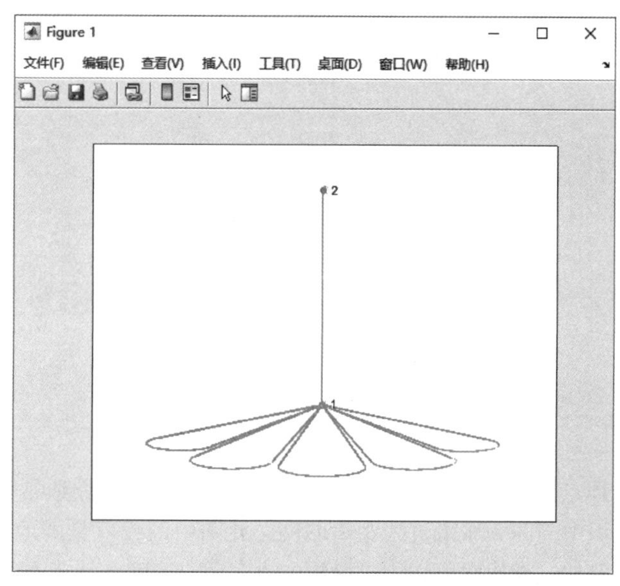

图 6-9　绘制自环图一

例 6-4：绘制自环图二。

解：MATLAB 程序如下。

```
>> s=[1 1 1 1 2];
>> t=[1 2 4 4 3];
>> G=graph(s,t);            % 创建无向图对象
>> subplot(121)
>> plot(G)                  % 绘制无向图
```

```
>> subplot(122)
>> G1=digraph([s 3],[t 2]);              % 创建有向图对象
>> plot(G1,'Layout','force')             % 绘制有向图
>> N=numedges(G)                         % 计算图中边的数量
N=

    5
>> N1=numedges(G1)                       % 计算图中边的数量
N1=

    6
```

结果如图 6-10 所示。

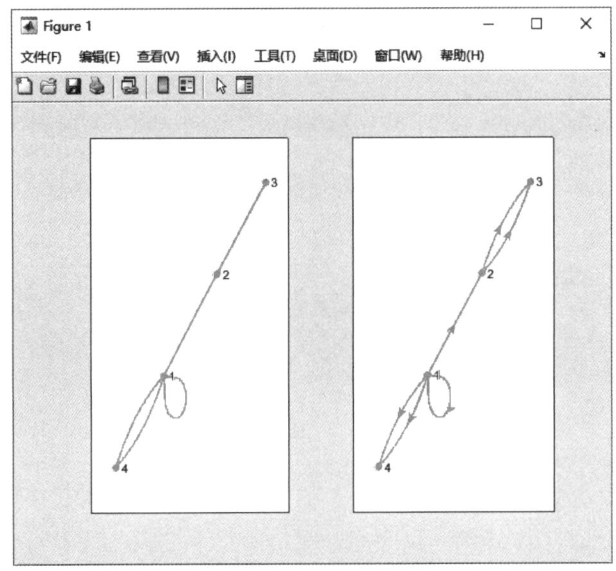

图 6-10 绘制自环图二

6.2.2 绘制加权图

权可以表示从一个顶点到另一个顶点的距离或耗费，这种带权的图通常称为网。图 6-11 所示就是一张带权的图，即标识中国四大城市直线距离的网，此图中的权就是两地的距离。这在日常生活中有非常广泛的应用，例如：查找两地间用时最短的火车票，或者金钱成本最低的飞机票。

在 MATLAB 中，graph 函数用于构建加权无向图对象，其调用格式见表 6-3。digraph 函数格式与 graph 函数类似，这里不再赘述。

表 6-3 graph 调用格式

调用格式	说明
G=graph（s，t，weights）	weights 指定边的权重
G=graph（s，t，weights，nodenames）	s 和 t 不能包含 nodenames 中没有的节点名称
G=graph（s，t，weights，NodeTable）	NodeTable 指定节点名称
G=graph（s，t，weights，num）	num 指定图中的节点数

例 6-5：绘制加权图。

解：MATLAB 程序如下。

```
>> s={'a''a''a''b''c''c''e''f''f'};
>> t={'b''c''d''a''a''d''f''a''b'};
>> weights=[1 1 1 2 2 2 2 2 2];                    % 定义权重
>> G=digraph(s,t,weights);                         % 创建有向图对象
>> plot(G,'EdgeLabel',G.Edges.Weight,'EdgeFontSize',15)
                                                   % 绘制加权有向图,显示每个边加权值
```

结果如图 6-12 所示。

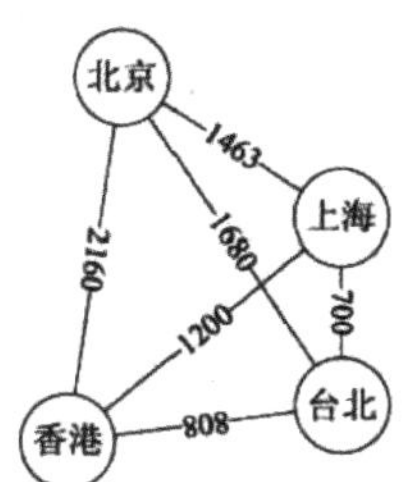

图 6-11　加权图

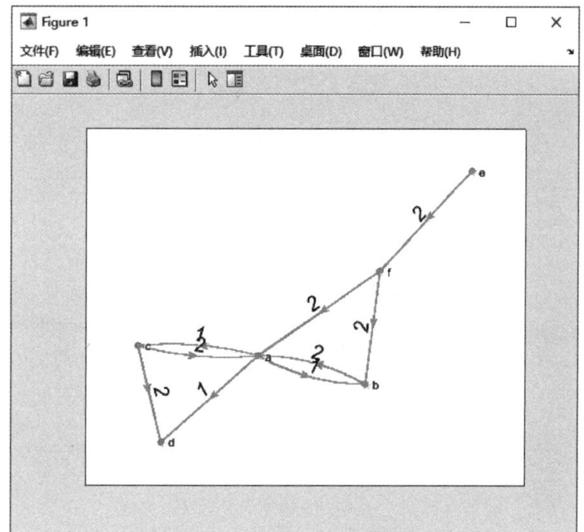

图 6-12　绘制加权图

6.2.3 图的布局

在 MATLAB 中，layout 函数用于设置图中的节点和边的布局方式，其调用格式见表 6-4。

表 6-4　layout 调用格式

调用格式	说　明
layout（H）	根据图结构自动选择布局方法更改图 H 的布局
layout（H，method）	method 指定布局方法，可以是 auto（默认值）、circle、force、layered、subspace、force3 或 subspace3，见表 6-5
layout（H，method，Name，Value）	使用一个或多个名称-值对组参数指定的其他选项

例 6-6：图的导向图布局。

解：MATLAB 程序如下。

```
>> s=[1 1 2 2 3 3 4];                     % 通过节点创建图
>> t=[2 3 3 4 4 5 5];
>> weights=[10 6 15 5 10 3 8];            % 加权边表示流量
```

```
>> G=digraph(s,t,weights);                          % 创建有向图对象
>> subplot(221)
>> plot(G)
>> title('默认布局')
>> subplot(222)
>> g=plot(G);
>> layout(g,'force','Iterations',3)                 % 导向图布局,迭代次数为 3
>> title('迭代次数为 3 布局')
>> subplot(223)
>> plot(G,'Layout','subspace')                      % 子空间布局
>> title('子空间布局')
>> subplot(224)
>> g=plot(G,'EdgeLabel',G.Edges.Weight);
>> layout(g,'force','WeightEffect','inverse')       % 边权重对布局
>> title('边权重布局')
```

结果如图 6-13 所示。

表 6-5　布局方法属性值

属性名	说　明	参数值
auto（默认值）	根据图的大小和结构自动选择布局方法	
circle	圆形布局。将图节点放置在以原点为中心、半径为 1 的圆形上	Center：圆形布局的中心节点
force	力导向图布局。在相邻节点之间使用引力，在远距离节点之间使用斥力	Iterations：力导向图布局迭代次数。 WeightEffect：边权重对布局的影响效果，包括 none，direct，inverse。 UseGravity：多分量布局的引力切换。 XStart：节点的起始 x 坐标。 YStart：节点的起始 y 坐标
layered	分层布局。将图节点置于多层中，表示层级结构。默认情况下是逐层向下的（有向无环图的箭头向下）	Direction：层的方向。 Sources：第一层包含的节点。 Sinks：最后一层包含的节点。 AssignLayers：层分配方法
subspace	子空间嵌入式布局。在高维嵌入式子空间中绘制图节点，然后将位置投影回二维。默认情况下，子空间维度是 100 或节点总数（以两者中较小者为准）	Dimension：嵌入式子空间的维度
force3	三维力导向图布局	Iterations：力导向图布局迭代次数。 WeightEffect：边权重对布局的影响效果。 UseGravity：多分量布局的引力切换。 XStart：节点的起始 x 坐标。 YStart：节点的起始 y 坐标。 ZStart：节点的起始 z 坐标
subspace3	三维子空间嵌入式布局	Dimension：嵌入式子空间的维度

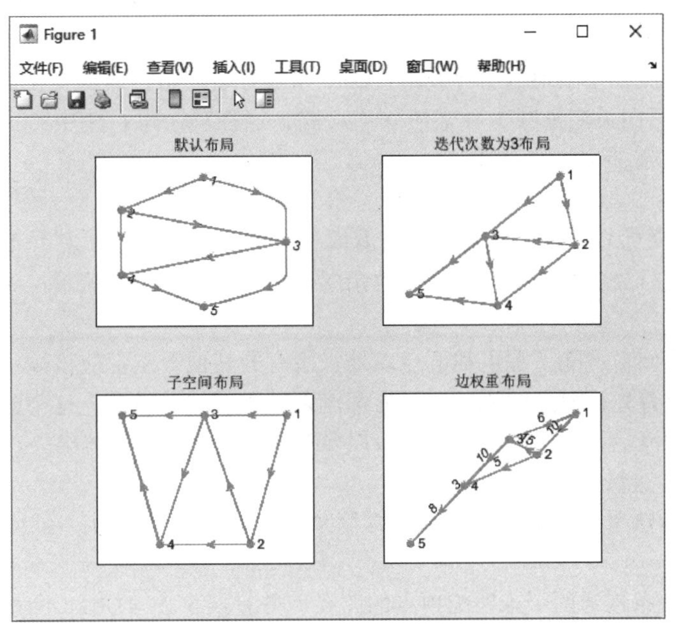

图 6-13　绘制布局图

6.3　最大流算法

设有向连通图 $G=(V, E)$，G 的每条边 (vi, vj) 上的非负权重数 Cij 称为边的容量。如图 6-14所示，边 $(v1, v3)$ 上的容量 Cij 为 12。

边的容量是通过该边的流量，对任一 G 中的边 (vi, vj) 有流量 fij，则称集合 $f=\{fij\}$ 为网络图 G 上的一个流，如图 6-15 所示。

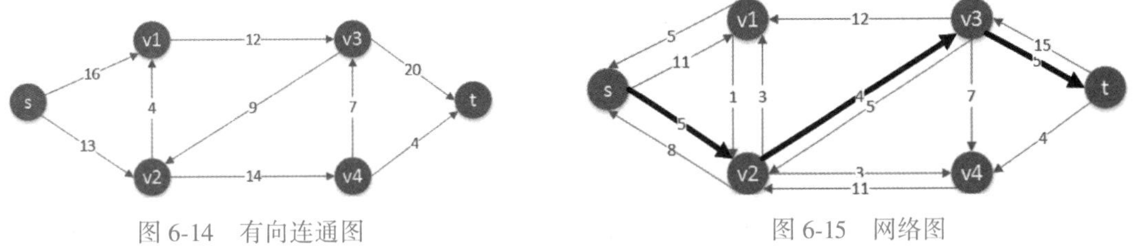

图 6-14　有向连通图　　图 6-15　网络图

最小分割是指将有向图节点分为两个组-*cs* 和 *ct*，且连接 *cs* 和 *ct* 的所有边的权重之和（割的权重）的最小值。最小分割的权重等于最大流值 *mf*。

cs 和 *ct* 中的个数为 *G* 中分别与节点 *s* 和 *t* 相关联的节点。*cs* 和 *ct* 满足 numel(*cs*)+numel(*ct*)=numnodes(*G*)。

6.3.1 算法原理

容量网络的最大流包括四种算法：*EK* 算法、*SAP* 算法、*DINIC* 算法、*HLPP* 算法。这四种算法中，前三种基于增广路，最后一种基于预流推进。

1. Ford-Fulkerson 算法

如果一个可行流中没有增广路，那么此时这个可行流的流量就是最大流。因此 Ford-Fulkerson 算法就是在一个可行流中不断地遍历寻找增广路，如果有增广路，那么就在这个增广路上做调整（前向弧流量增加，后向弧流量减少）来消除增广路，当在整个可行流中再也无法找到一条增广路时，就得到了最大流。

2. HLPP 算法

HLPP 算法即最高标号预流推进算法。与前面三种算法不同的是，它并不采取找增广路的思想，而是不断地在可行流中找到那些仍旧有盈余的节点，将其盈余的流量推到周围可接纳流量的节点中。

对于一个最大流而言，除了源点和汇点以外，所有的其他节点都应该满足流入的总流量等于流出的总流量。如果首先让源点的流量尽可能都流到其相邻的节点中，这个时候相邻的节点就有了盈余，即它流入的流量比流出的流量多，所以要想办法将这些流量流出去。

3. 最大流的增广路算法

Ford-Fulkerson 算法采用标号法，思想非常简单，关键是如何在一个可行流中高效地寻找增广路。

若 P 是图 G 中一条连通两个未匹配顶点的路径，并且属于 M 的边和不属于 M 的边（即已匹配和待匹配的边）在 P 上交替出现，则称 P 为相对于 M 的一条增广路径。

6.3.2 算法函数

在 MATLAB 中，maxflow 函数用于计算最大流，其调用格式见表 6-6。

表 6-6 maxflow 调用格式

调用格式	说明
mf=maxflow（G，s，t）	计算节点 s 和 t 之间的最大流 mf
mf=maxflow（G，s，t，algorithm）	algorithm 指定要使用的最大流算法。 searchtrees（默认）：使用 Boykov-Kolmogorov 算法，通过构造与节点 s 和 t 相关联的两个搜索树，计算最大流。 augmentpath：使用 Ford-Fulkerson 算法，通过求残差有向图中的增广路径，以迭代方式计算最大流。 pushrelabel：使用 HLPP 算法，通过将某节点的余流推送到其相邻节点并为该节点重新添加标签，计算最大流
[mf，GF] =maxflow（…）	计算图 G 中具有非零流值的边构造的有向图对象 GF
[mf，GF，cs，ct] =maxflow（…）	计算最小割节点 cs 和 ct

例 6-7：不同算法计算最大流。

解：MATLAB 程序如下。

```
>> s=[1 1 1 2 5 3 6 4 7 8 8 8];
>> t=[2 3 4 5 3 6 4 7 2 6 7 5];                              % 定义节点与节点关系
>> weight=[100 10 10 10 10 20 10 30 50 10 70 10];            % 定义权重
>> subplot(2,2,1)
>> G=digraph(s,t,weight);
>> plot(G,'EdgeLabel',G.Edges.Weight)                        % 使用默认的布局方法绘制图
>> subplot(2,2,2)
```

```
>> [mf,GF,cs,ct]=maxflow(G,1,5);              % 使用 Boykov-Kolmogorov 算法,计算最大流
>> plot(GF)
>> subplot(2,2,3)
>> [mf,GF,cs,ct]=maxflow(G,1,5,'augmentpath');  % 使用 Ford-Fulkerson 算法,计算最大流
>> plot(GF)
>> subplot(2,2,4)
>> [mf,GF,cs,ct]=maxflow(G,1,5,'pushrelabel');     % 使用 HLPP 算法,计算最大流
>> plot(GF)
```

结果如图 6-16 所示。

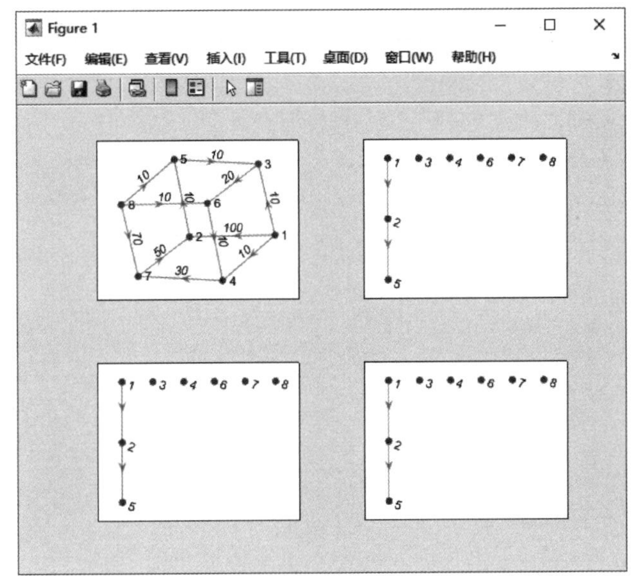

图 6-16　绘制图

6.3.3 算法应用

某办公楼工程，采用现浇钢筋混凝土框架结构，地下 1 层，地上 10 层。建设单位与施工总承包单位签订了施工总承包合同，约定合同工期为 720 天。施工总承包单位提交的施工总进度计划如图 6-17 所示（时间单位：天），该计划通过了监理工程师的审查和确认。业主方经与设计方商定，对主要装饰石材指定了材质、颜色和样品，施工方与石材厂商签订了石材购销合同。本工程各工作相关参数见表 6-7。计算该工程的关键线路。

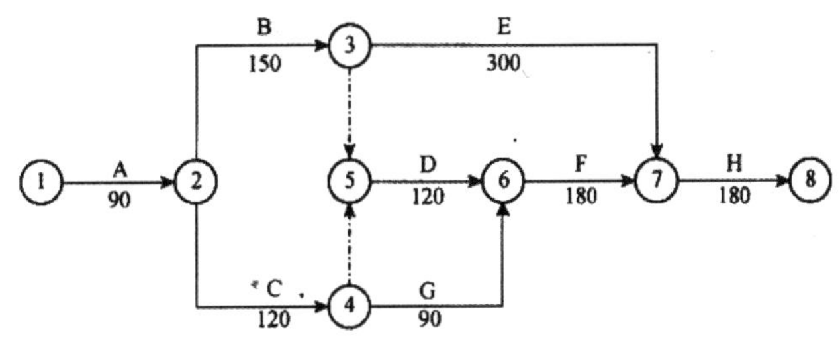

图 6-17　施工总进度计划网络图

表 6-7　工程各工作相关参数

序　　号	工　　作	最大可压缩时间/天	赶工费用/（元·天$^{-1}$）
1	A	5	2 000
2	B	15	2 000
3	C	20	1 000
4	D	10	3 000
5	E	5	5 000
6	F	15	1 500
7	G	0	3 000
8	H	8	1 000

例 6-8：计算最大流。

解：MATLAB 程序如下。

```
>> s=[1 2 2 3 4 5 3 6 4 7];                                   % 定义节点与节点关系
>> t=[2 3 4 5 5 6 7 7 6 8];
>> weight=[90 150 120 0 0 120 300 180 90 180];                % 定义权重
>> names={'A''B''C''''D''  'E''F''G''H'};                     % 定义边名称
>> times=[5 15 20 0 10 0 5 15 0 8];                           % 定义压缩天数
>> cost=[2000 2000 1000 0 3000 0 5000 1500 3000 1000];        % 定义赶工费用
>> x=[0 1 2 2 2 3 4 5];                                       % 定义节点坐标
>> y=[0 0 1 -1 0 0 0 0];
>> G=digraph(s,t,weight);
>> G.Edges.times=times';
>> G.Edges.cost=cost';
>> p=plot(G,'EdgeLabel',G.Edges.Weight,'XData',x,'YData',y);
% 使用分层布局的方法绘制图
>> highlight(p,'Edges',[4 6],'LineStyle','--')          % 突出显示边
>> p.EdgeLabel=names;                                    % 设置图边名称
>> p.MarkerSize=20;                                      % 设置图节点大小
>> p.NodeFontSize=15;                                    % 设置图节点文本大小
>> p.EdgeFontWeight='bold';                              % 设置图边文本加粗
>> [mf,GF,cs,ct]=maxflow(G,1,8);                  % 使用 Boykov-Kolmogorov 算法,计算最大流
>> highlight(p,GF,'EdgeColor','r','LineWidth',2);              % 显示关键线路
```

结果如图 6-18 所示。

6.4　最小生成树算法

生成树是连通图的一个子图，连接图中的每个节点但不包含任何循环。对于任一给定图，可以有许多生成树。

通过为每条边分配权重，不同生成树均被分配给一个表示其各边总权重的数字，最小生成树就是各边的总权重最小的生成树。对于边权重相等的图，所有生成树都是最小生成树。

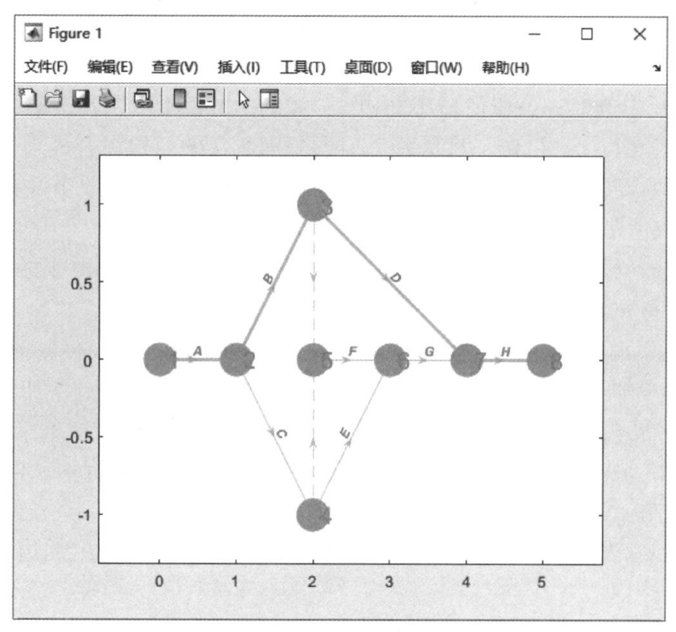

图 6-18 计算最大流

6.4.1 算法原理

最小生成树其实是最小权重生成树的简称，最小生成树算法包括 Kruskal（克鲁斯卡尔）算法和 Prim（普里姆）算法。

1. Kruskal 算法

Kruskal 算法由 Joseph Bernard Kruskal 发明，是经典的最小生成树算法，也可以求出最大生成树。此算法可以称为“加边法”，初始最小生成树边数为 0，每迭代一次就选择一条满足条件的最小代价边，加入到最小生成树的边集合里。

假设 $WN=(V,\{E\})$ 是一个含有 n 个顶点的连通网，如图 6-19a 所示。

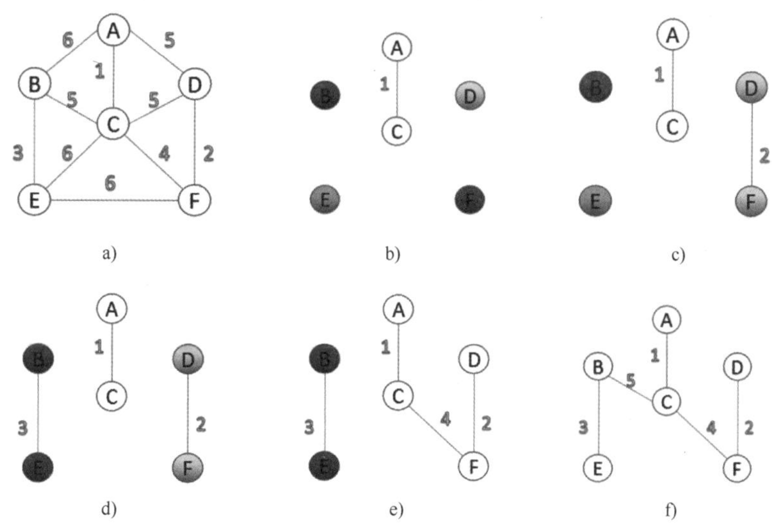

图 6-19 Kruskal 算法过程

1）构造一个只含 n 个顶点，而边集为空的子图。若将该子图中各个顶点看成是各棵树上的根节点，则它是一个含有 n 棵树的森林。

2）从网的边集 E 中选取一条权值最小的边 1，如图 7-19b 所示。若该条边的两个顶点分属不同的树，则将其加入子图，合并 AC，将这两个顶点分别所在的两棵树合成为一棵树。

3）若该条边的两个顶点已落在同一棵树上，则不可取，而应该取下一条边，如图 7-19c 所示，合并 DF，选择权值最小的边。

4）依此类推，选择权值最小的边，如图 7-19d、e 所示，直至森林中只有一棵树，如图 7-19f 所示，也即子图中含有 n-1 条边为止。

2. Prim 算法

此算法可以称为“加点法”，每次迭代选择代价最小的边对应的点，加入到最小生成树中。算法从某一个顶点开始，逐渐长大覆盖整个连通网的所有顶点。

假设 $WN=(V,\{E\})$ 是一个含有 n 个顶点的连通网，如图 6-20a 所示。构造一个只含 n 个顶点，而边集为空的子图。

1）从顶点 A 开始，发现（A，C）边的权重最小，所以第一个输出的边就是：$A—C=1$，如图 6-20b。

2）从 A 和 C 作为起点的边中［（A，C）除外］寻找权重最小的边，发现（C，F）这条边最小，所以输出边就是：$C—F=4$，如图 6-20c。

3）从与 A、C、F 这三个点相关联的边中寻找一条权重最小的边，可以发现边（F，D）权重最小，所以输出边就是：$F—D=2$，如图 6-20d。

4）从与 A、C、F、D 这四个顶点相关联的边中寻找权重最小的边，发现边（C，B）的权重最小，所以输出边：$C—B=5$，如图 6-20e。

5）与从 A、C、F、D、B 这五个顶点相关联的边中寻找权重最小的边，发现边（B，E）的权重最小，所以输出边：$B—E=3$，如图 6-20f。

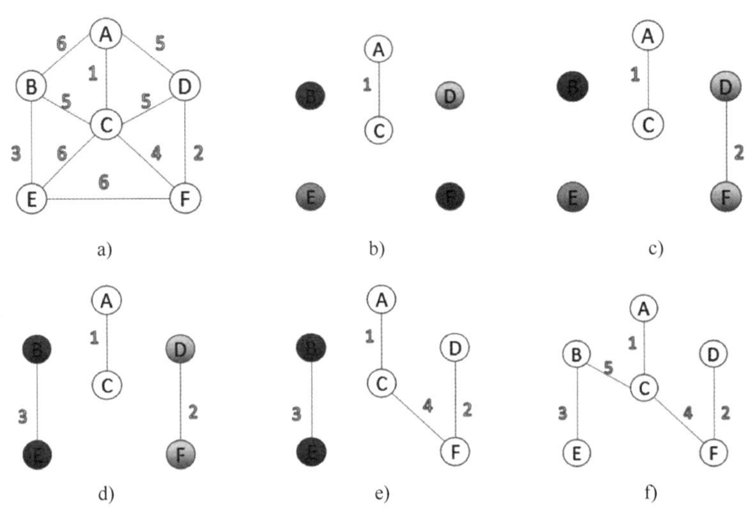

图 6-20　Prim 算法过程

6.4.2 算法函数

在 MATLAB 中，bctree 函数用于生成树形图，其调用格式见表 6-8。

表 6-8　bctree 调用格式

调用格式	说　　明
tree = bctree（G）	计算图 G 的分割点树节点 tree，创建树形图
［tree，ind］ = bctree（G）	计算节点索引向量 ind

例 6-9：转换树形图。

解：MATLAB 程序如下。

```
>> s=[1 1 1 1 1 2 2 3 7 9 3 3 6 4 4 ];
>> t=[2 3 4 5 7 6 7 5 9 10 11 12 13 14 15];
>> G=graph(s,t);
>> subplot(121)
>> plot(G)                    % 使用默认布局绘制无向图
>> title('布局图')
>> subplot(122)
>> tree=bctree(G);            % 计算图 G 的分割点树节点 tree
>> p2=plot(tree);             % 绘制树形图
>> title('树形图')
```

结果如图 6-21 所示。

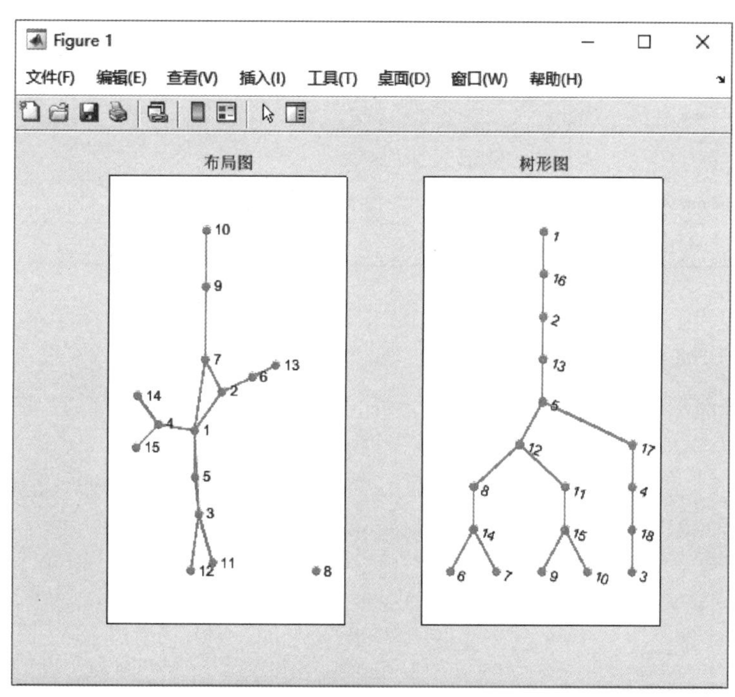

图 6-21　绘制布局图与树形图

在 MATLAB 中，minspantree 函数用于计算最小生成树，其调用格式见表 6-9。shortestpathtree 函数用于计算最短路径树，其调用格式见表 6-10。

例 6-10：不同算法计算最小生成树。

解：MATLAB 程序如下。

表 6-9 minspantree 调用格式

调用格式	说明
T=minspantree（G）	计算图 G 的最小生成树 T
T=minspantree（G，Name，Value）	使用一个或多个名称-值对组参数指定的其他选项。 Method：最小生成树算法，dense（默认，Prim 算法，从根节点开始，在遍历图时将边添加到树中）、sparse（Kruskal 算法，按权重对所有边排序，然后将不构成循环的边添加到树中）。 Root：根节点，1（默认）、节点索引、节点名称。 Type：最小生成树的类型，tree（默认，单一树）、forest（最小生成树的森林，计算图中所有连通分量的最小生成树）
[T，pred] =minspantree（…）	计算前趋节点的向量 pred

表 6-10 shortestpathtree 调用格式

调用格式	说明
TR=shortestpathtree（G，s）	计算节点 s 到图 G 中所有其他节点的最短路径树 TR。如果两个节点之间有多条最短路径，则 TR 只包含其中一条路径。返回的路径可以根据 Method 指定的具体算法而有所不同
TR=shortestpathtree（G，s，t）	计算多个源或目标节点之间的最短路径树 TR，以节点索引的向量或节点名称的数组表示
TR=shortestpathtree（…，Name，Value）	使用由一个或多个名称-值对组参数指定的其他选项。 OutputForm：输出的格式，tree（默认）、cell、vector。 Method：最短路径算法，auto（默认）、unweighted（广度优先计算算法）、positive（Dijkstra 算法）、mixed（有向图的 Bellman-Ford 算法）acyclic（加权边的有向无环图改进算法）
[TR，D] =shortestpathtree（…）	计算树中各节点之间的最短路径距离 D
[TR，D，E] =shortestpathtree（…）	返回逻辑向量 E，指示图中的每条边是否在 TR 中

```
>> s=[1 1 1 1 1 1 1 9 9 9 9 9 9 9];              % 定义节点与节点关系
>> t=[2 3 4 5 6 7 8 2 3 4 5 6 7 8];
>> subplot(2,2,[1 2])
>> G=graph(s,t);
>> h=plot(G);                                     % 绘制图
>> [T,p]=minspantree(G);                          % 使用 Prim 算法计算最小生成树子图与前驱节点
>> highlight(h,T,'EdgeColor','r','LineWidth',1.5)
                                                  % 增加绘图中最小生成树的边的线宽和更改其颜
色,突出显示最小生成树子图
>> subplot(2,2,3)
>> T=minspantree(G);                              % 使用 Prim 算法,计算最小树
>> plot(T)
>> title('Prim 算法');
>> subplot(2,2,4)
>> T=minspantree(G,'Method','sparse');            % 使用 Kruskal 算法,计算最小生成树
>> plot(T)
>> title('Kruskal 算法');
```

结果如图 6-22 所示。

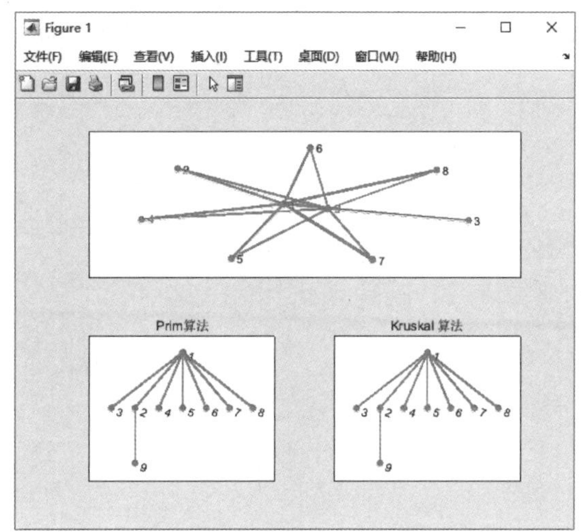

图 6-22 绘制最小生成树图

6.4.3 算法应用

要在 6 个城市之间铺设光缆，主要目标是要使这 6 个城市的任意两个位置之间都可以通信。但铺设光缆的费用很高，且各个城市之间铺设光缆的费用不同，因此另一个目标是要使铺设光缆的总费用最低。这就需要找到带权的最小生成树。

求图的最小生成树有两种算法，一种是 Prim（普里姆）算法，另一种是 Kruskal（克鲁斯卡尔）算法。

本节通过将城市各地点转换成连通图，再将连通图转换成邻接矩阵，用普里姆算法获得权值最小边来得到最小生成树，从而在保证各个地点之间能连通的情况下节省所需费用。

$$\begin{bmatrix} 0 & 50 & \infty & 40 & 25 & 10 \\ 50 & 0 & 15 & 20 & \infty & 25 \\ \infty & 15 & 0 & 10 & 20 & \infty \\ 40 & 20 & 10 & 0 & 10 & 25 \\ 25 & \infty & 20 & 10 & 0 & 55 \\ 10 & 25 & \infty & 25 & 55 & 0 \end{bmatrix}$$

求解城市 2 到城市 5 最廉价路线，上述矩阵表示的就是邻接矩阵。

对于无权的图来说：若从一顶点到另一顶点存在着一条路径，则称该路径长度为该路径上所经过的边的数目，它等于该路径上的顶点数减 1。

由于从一顶点到另一顶点可能存在着多条路径，每条路径上所经过的边数可能不同，即路径长度不同，把路径长度最短（即经过的边数最少）的那条路径称作最短路径，其路径长度称作最短路径长度或最短距离。

解：MATLAB 程序如下。

```
>> A=[0 50 inf 40 25 10;50 0 15  20 inf 25;inf 15  0 10,...
20 inf;40 20 10 0 10 25;25 inf 20 10 0 55;10 25 inf 25 55 0];     % 创建邻接矩阵
>> G=graph(A);
>> subplot(121)
```

```
>> p=plot(G);
>> [T,p]=minspantree(G);          % 使用 Prim 算法计算最小生成树子图与前驱节点
>> subplot(122)
>> plot(T);
>> target=[2 3 4 5 6];            % 定义多个目标节点
>> [TR,D]=shortestpathtree(G,1,target,'OutputForm','cell')
                                  % 求从节点 1 到多个其他节点的最短路径。将 OutputForm
指定为 cell,以元胞数组形式返回最短路径。计算最短路径距离 D
TR=

  5×1 cell 数组

    {1×3 double}
    {1×4 double}
    {1×3 double}
    {1×2 double}
    {1×2 double}
D=
    35    45    35    25    10
                          % TR{j}是从节点 1 到节点 target(j)的最短路径,长度为 D(j)
>> path=TR{2}             % 求从节点 1 到节点 2 的路径
path=

     1     5     4     3
path_length=D(2)          % 求从城市 1 到城市 3 的路径长度
path_length=

45
```

运行结果中用 D 矩阵表示最低耗费，城市 1 到城市 3 的最低耗费为 $D(1,2)=45$。path 为路径矩阵，例如，1 到 3 的路径为 1——5——4——3。

结果如图 6-23 所示。

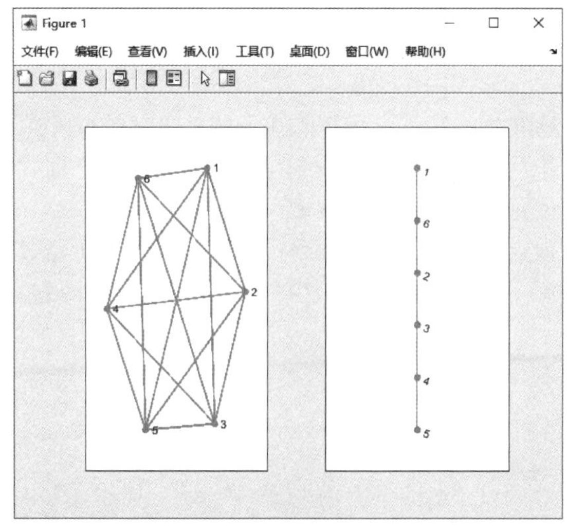

图 6-23　绘制图

6.5 图的最短路径算法

计算最短路径最简单的方法是枚举法，就是简单地举出所有路径，并计算长度。当对大规模图进行计算时，例如，包含几百个顶点，几万条边，该方法不再适用。

图的几种最短路径算法包括：深度或广度优先搜索算法，Floyd 算法（费罗伊德算法），Dijkstra 算法（迪杰斯特拉算法），Bellman-Ford 算法和 Johnson 算法。

6.5.1 最短路径定义

两个端点之间可能有多条路，如图 6-24 所示，*AC* 之间有（*A*，*C*），（*A*，*B*，*C*），（*A*，*D*，*C*）等路径，其中路径上的边权值和最小的称为最短路径。

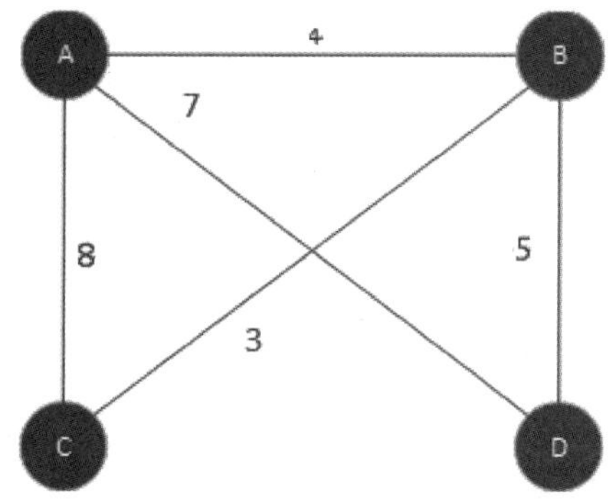

图 6-24 路径图

如图 6-24 所示，*AC* 之间最短路径是（*A*，*B*，*C*），且路径长度为 7，称该 *AC* 最短路径长度为 *AC* 之间的距离，记为 $d(A,C)=7$。

6.5.2 全局最短路径

在 MATLAB 中，distances 函数用于计算求图中所有节点的最短路径距离，其调用格式见表 6-11。

表 6-11 distances 调用格式

调用格式	说明
d=distances（G）	计算节点 i 和节点 j 之间的最短路径的长度 d（i，j）
d=distances（G，s）	计算 G 中从节点 s（i）到节点 j 的距离 d（i，j）
d=distances（G，s，t）	计算 G 中从节点 s（i）到节点 t（j）的距离 d（i，j）
d=distances（…，'Method'，algorithm）	Method 指定在计算最短路径时使用的算法。 auto（默认）、unweighted（广度优先计算算法）、positive（Dijkstra 算法）、mixed（有向图的 Bellman-Ford 算法）

例 6-11：一艘轮船往返于 A、B、C、D 码头之间，它在一天内船速不变，当顺水行驶，河水流速增加时，船速减慢（行驶速度=船速-水流速度）；当逆水行驶，河水流速增加时，船速减慢（行驶速度=船速-水流速度）；水流沿 A→B→C→D。

假定船速为 2.5km/h，水流速度为 0.2km/h，同一天上午比下午船速慢 0.1km/h，计算一天内该船在所有码头往返所用最短时间。

解：MATLAB 程序如下。

```
>> nodenames={'码头 A','码头 B','码头 C','码头 D'};
>> s=[1 1 1 1 1 1 2 2 2 2 2 2 3 3 3 3 3 3 4 4 4 4 4 4];             % 通过节点创建图
>> t=[2 3 4 2 3 4 1 3 4 1 3 4 1 2 4 1 2 4 1 2 3 1 2 3];
>> v0=2.5;                                                % 定义船速
>> v1=0.2;                                                % 上午水流速度
>> v2=0.1;                                                % 下午水流速度
>> v1=v0+v1;                                              % 上午顺水流速
>> v2=v0+v2;                                              % 下午顺水流速
>> v3=2.5-0.2;                                            % 上午逆水流速
>> v4=2.5-0.1;                                            % 上午逆水流速
>> weights=[v1 v1 v1 v2 v2 v2 v3 v1 v1 v4 v2 v2 v3 v3 v1 v4 v4 v2 v3 v3 v3 v4 v4 v4];
>> G=digraph(s,t,weights,nodenames);          % 创建有向图对象
>> p=plot(G,'EdgeLabel',G.Edges.Weight);      % 绘制有向图
>> d1=distances(G,1,'Method','positive')      % 使用 Dijkstra 算法计算从 A 出发最短路径
时间
d1=

        0    2.6000    2.6000    2.6000
>> d2=distances(G,2,'Method','mixed')         % 使用 Bellman-Ford 算法计算从 B 出发最短
路径时间
d2=

    2.3000         0    2.6000    2.6000
>> d3=distances(G,3,'Method','positive')      % 使用 Dijkstra 算法计算从 C 出发最短路径
时间
d3=

    2.3000    2.3000         0    2.6000
>> d4=distances(G,4,'Method','mixed')         % 使用 Bellman-Ford 算法计算从 D 出发最短
路径时间
d4=

2.3000    2.3000    2.3000         0
>> d=distances(G,1,'Method','unweighted')  % 使用广度优先搜索算法计算最短路径边索引
d=

     0     1     1     1
>> G.Edges

ans=
  24×2 table
```

```
    EndNodes          Weight
    ....................    ......

    {'码头 A'}    {'码头 B'}    2.7
    {'码头 A'}    {'码头 B'}    2.6
    {'码头 A'}    {'码头 C'}    2.7
    {'码头 A'}    {'码头 C'}    2.6
    {'码头 A'}    {'码头 D'}    2.7
    {'码头 A'}    {'码头 D'}    2.6
    {'码头 B'}    {'码头 A'}    2.3
    {'码头 B'}    {'码头 A'}    2.4
    {'码头 B'}    {'码头 C'}    2.7
    {'码头 B'}    {'码头 C'}    2.6
    {'码头 B'}    {'码头 D'}    2.7
    {'码头 B'}    {'码头 D'}    2.6
    {'码头 C'}    {'码头 A'}    2.3
    {'码头 C'}    {'码头 A'}    2.4
    {'码头 C'}    {'码头 B'}    2.3
    {'码头 C'}    {'码头 B'}    2.4
    {'码头 C'}    {'码头 D'}    2.7
    {'码头 C'}    {'码头 D'}    2.6
    {'码头 D'}    {'码头 A'}    2.3
    {'码头 D'}    {'码头 A'}    2.4
    {'码头 D'}    {'码头 B'}    2.3
    {'码头 D'}    {'码头 B'}    2.4
    {'码头 D'}    {'码头 C'}    2.3
    {'码头 D'}    {'码头 C'}    2.4
>> [sOut,tOut]=findedge(G,1)   % 定位指定边
sOut=

    1
tOut=

    2
>> highlight(p,'Edges',[sOut,tOut],'EdgeColor','r','LineWidth',3,'EdgeFontSize',25)
                                   % 通过增加绘图中广度优先搜索的边的线宽和更改其颜色,突
出显示广度优先搜索图
```

结果如图 6-25 所示。

```
>> figure
>> p=plot(G,'EdgeLabel',G.Edges.Weight);% 绘制有向图
>> v=bfsearch(G,1)                          % 从节点 1 开始对图执行广度优先搜索,根据节点
发现的顺序显示结果
v=
```

```
     1
     2
     3
     4
>> highlight(p,v,'EdgeColor','b','LineWidth',5,'EdgeFontSize',25)   % 通过增加绘
图中广度优先搜索的边的线宽和更改其颜色,突出显示广度优先搜索子图
```

结果如图 6-26 所示。

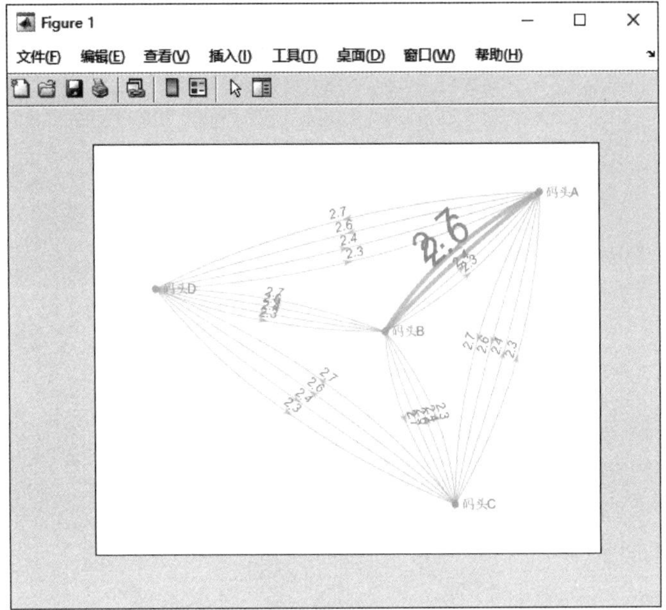

图 6-25　亮显搜索图

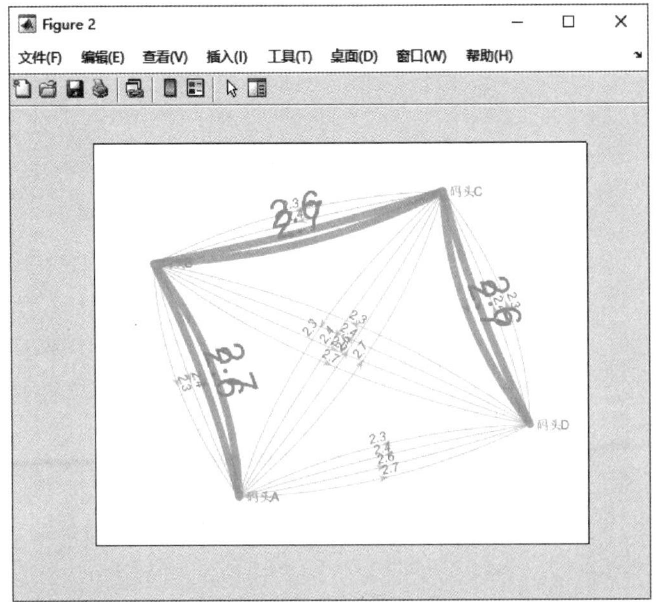

图 6-26　亮显搜索子图

6.5.3 起点终点的最短路径

在 MATLAB 中，shortestpath 函数用于计算两个节点（起点到终点或终点到起点）最短路径，其调用格式见表 6-12。

表 6-12 shortestpath 调用格式

调用格式	说明
P=shortestpath（G，s，t）	计算 G 中从节点 s（i）到节点 j 的最短路径 p，以节点索引的向量或节点名称的数组表示
P=shortestpath（G，s，t，'Method'，algorithm）	Method 指定在计算最短路径时使用的算法。 auto（默认）、unweighted（广度优先计算算法）、positive（Dijkstra 算法）、mixed（有向图的 Bellman-Ford 算法）、acyclic（适用有向无环图）
[P，d] =shortestpath（…）	计算最短路径的长度 d
[P，d，edgepath] =shortestpath（…）	计算从 s 到 t 的最短路径上所有边的边索引 edgepath

例 6-12：一列火车通过 440m 的桥需要 40s，以同样的速度穿过 310m 的隧道需要 30s。这列火车需要通过 5 座桥，4 条隧道（隧道与桥两两相连），隧道与桥之间时间忽略不计，计算最短时间。

解：MATLAB 程序如下。

```
>> nodenames={'桥1','桥2','桥3','桥4','桥5','隧道1','隧道2','隧道3','隧道4'};
>> G1=digraph([1 2 3 4 6 7 8],[2 3 4 5 7 8 9],[40 40 40 40 30 30 30],nodenames);
                                              % 连接桥之间,隧道之间的道路
>> p1=plot(G1,'EdgeLabel',G1.Edges.Weight);   % 绘制有向图
>> G2=addedge(G1,[1 2 3 4 9],[6 7 8 9 5],[0 0 0 0 0])
;                                             % 连接桥与隧道
>> p2=plot(G2,'EdgeLabel',G2.Edges.Weight,'Marker','p');
                                              % 绘制有向图
>> [P1,d1,edgepath1]=shortestpath(G2,1,5,'Method','positive')
                                              % 使用 Dijkstra 算法计算最短路径
P1 =

   1    6    7    8    9    5
d1 =

   90
edgepath1 =

   2    9    10    11    12
>> highlight(p2,'Edges',edgepath1,'EdgeColor','r','LineWidth',3,'EdgeFontSize',25)
                       % 通过增加绘图中边的线宽和更改其颜色,突出显示最短路径图
>> highlight(p2,P1) % 通过增加绘图中节点大小,突出显示最短路径图
>> title('Dijkstra 算法')
```

结果如图 6-27 所示。

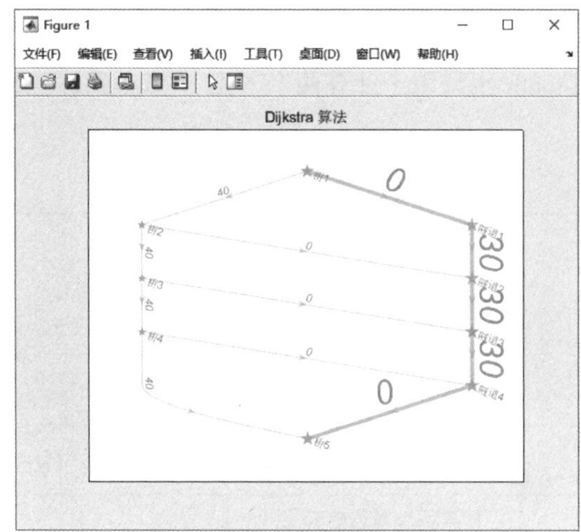

图 6-27 绘制搜索子图一

```
>> figure
>> p2=plot(G2,'EdgeLabel',G2.Edges.Weight,'Marker','p');
                              % 绘制有向图
>> [P2,d2,edgepath2]=shortestpath(G2,1,5,'Method','mixed')
                              % 使用 Bellman-Ford 算法计算最短路径
P2=

    1     6     7     8     9     5
d2=

    90
edgepath2=

    2     9    10    11    12
>> highlight(p2,'Edges',edgepath2,'EdgeColor','r','LineWidth',3,'EdgeFontSize',25)
                              % 通过增加绘图中边的线宽和更改其颜色,突出显示最短路径图
>> highlight(p2,P2)           % 通过增加绘图中节点大小,突出显示最短路径图
>> title('Bellman-Ford 算法')
```

结果如图 6-28 所示。

使用 Dijkstra 算法和 Bellman-Ford 算法计算路径与最短路径距离结果相同。

```
>> figure
>> p2=plot(G2,'EdgeLabel',G2.Edges.Weight,'Marker','p');
                                            % 绘制有向图
>> [P3,d3,edgepath3]=shortestpath(G2,1,5,'Method','unweighted')
                                            % 使用广度优先搜索算法计算最短路径
P3=

    1     2     3     4     5
```

```
d3 =
    4
edgepath3 =
    1     3     5     7
>> highlight(p2,'Edges',edgepath3,'EdgeColor','r','LineWidth',3,'EdgeFontSize',25)
% 通过增加绘图中边的线宽和更改其颜色,突出显示最短路径图
>> highlight(p2,P3)
% 通过增加绘图中节点大小,突出显示最短路径图
>> title('广度优先算法')
```

结果如图 6-29 所示。

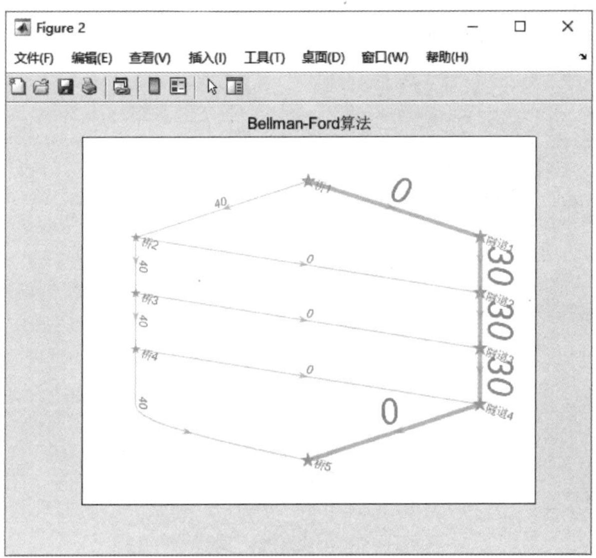

图 6-28　绘制搜索子图二

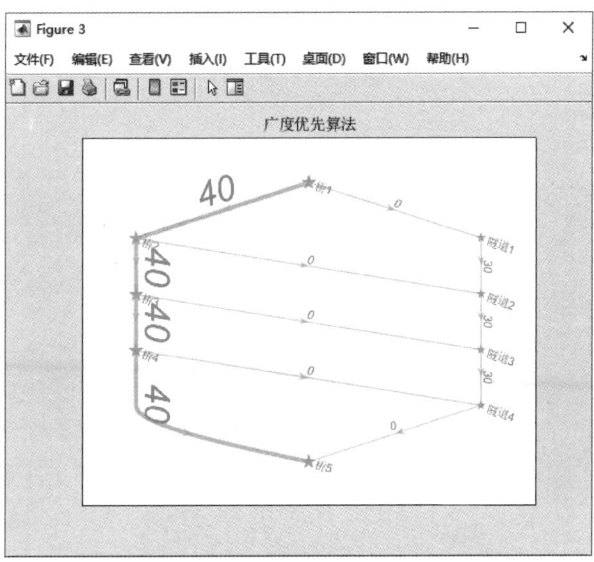

图 6-29　绘制搜索子图三

6.5.4 算法应用

例 6-13：北京到上海路线图如图 6-30 所示，经查询，共有 5 趟高铁，时刻表如下。选择北京到上海时间最短的路线（可任意换乘）。

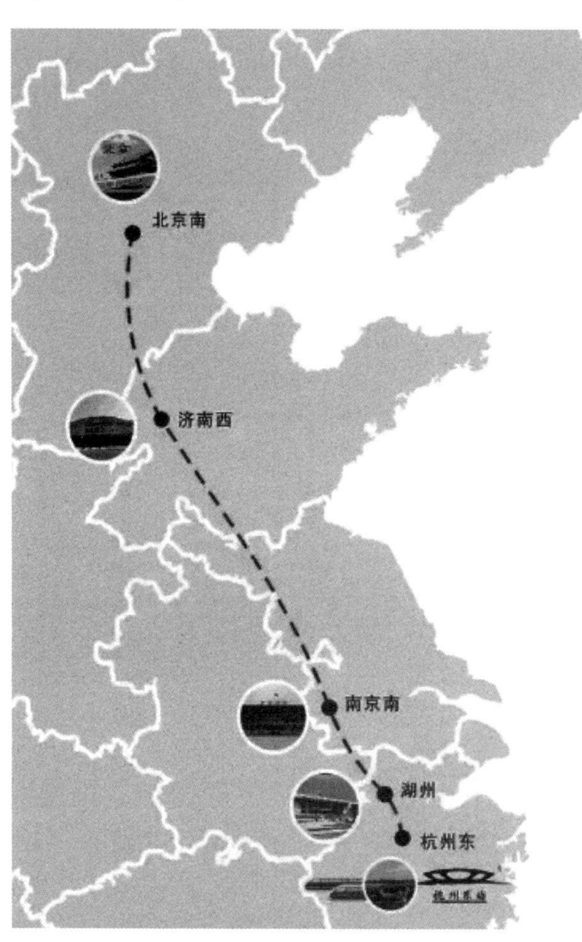

图 6-30 路线图

G1 高铁 经停站

	车站名	到达时间	发车时间	停留时间
01	北京南	07:00	07:00	--
02	天津南	07:31	07:33	2min
03	南京南	10:24	10:26	2min
04	上海	11:29	11:29	--

G103 高铁 经停站

	车站名	到达时间	发车时间	停留时间
01	北京南	06:20	06:20	--
02	沧州西	07:13	07:15	2min

03	济南西	08:01	08:04	3min
04	徐州东	09:07	09:09	2min
05	宿州东	09:28	09:33	5min
06	蚌埠南	09:56	09:58	2min
07	南京南	10:40	10:43	3min
08	无锡东	11:27	11:29	2min
09	上海虹桥	11:58	11:58	--

G105 高铁　经停站

	车站名	到达时间	发车时间	停留时间
01	北京南	----	07:17	--
02	沧州西	08:09	08:11	2min
03	济南西	08:58	09:00	2min
04	曲阜东	09:32	09:34	2min
05	徐州东	10:10	10:25	15min
06	宿州东	10:44	10:46	2min
07	南京南	11:45	11:47	2min
08	常州北	12:19	12:21	2min
09	上海虹桥	13:03	13:03	--

G107 高铁

	车站名	到达时间	发车时间	停留时间
01	北京南	07:25	07:25	--
02	天津南	08:00	08:02	2min
03	济南西	09:08	09:11	3min
04	曲阜东	09:44	09:53	9min
05	枣庄	10:17	10:19	2min
06	徐州东	10:37	10:40	3min
07	南京南	11:54	11:57	3min
08	镇江南	12:16	12:18	2min
09	上海虹桥	13:12	13:12	--

G109 高铁

车站名	到达时间	发车时间	停留时间
北京南	07:45	07:45	--
沧州西	08:36	08:46	10min
德州东	09:12	09:17	5min

济南西	09:41	09:44	3 min
滕州东	10:27	10:29	2 min
徐州东	10:55	10:57	2 min
南京南	12:10	12:13	3 min
无锡东	12:56	13:05	9 min
苏州北	13:16	13:18	2 min
昆山南	13:29	13:31	2 min
上海虹桥	13:48	13:48	--

解：MATLAB 程序如下。

```
>> nodenames={'北京南','沧州西','德州东','济南西','滕州东','曲埠东','天津南','徐州东','枣庄','宿州东','蚌埠南','南京南','无锡东','常州北','镇江南','苏州北','昆山南','上海'};
                                                       % 定义经停站站名变量
>> YData=[1 2 3 4 5 6 7 8 9 10 11 12 13 14 15 16 17 18];
>> XData=[1 0 1 1 1 0 -1 0 -1 0 -1 2 -2 3 -1 -2 -2 3];  % 设置节点坐标
>> figure('Name','北京到上海高铁经停站图')
                                                       % G1 高铁
>> s1=[1 7 11];                                        % 定义节点与边(节点关系)
>> t1=[7 11 18];
>> weight1=[31 173 65];
>> G1=digraph(s1,t1,weight1,nodenames);                % 创建有向图对象
>> p1=plot(G1,'EdgeLabel',G1.Edges.Weight,'XData',XData,'YData',YData);
                                                       % 绘制有向图
>> title('G1 高铁')
```

结果如图 6-31 所示。

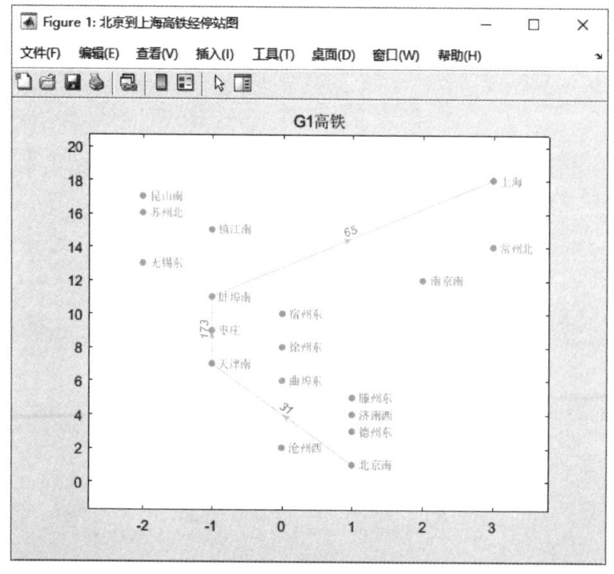

图 6-31　绘制 G1 高铁图

```
                                                    % G103 高铁
>> s2=[1 2 4 8 10 11 12 13];                        % 定义节点与边(节点关系)
>> t2=[2 4 8 10 11 12 13 18];
>> weight2=[53 48 66 21 28 44 47 31];
>> G2=digraph(s2,t2,weight2,nodenames);             % 创建有向图对象
>> p2=plot(G2,'EdgeLabel',G2.Edges.Weight,'XData',XData,'YData',YData);
                                                    % 绘制有向图
>> title('G103 高铁')
```

结果如图 6-32 所示。

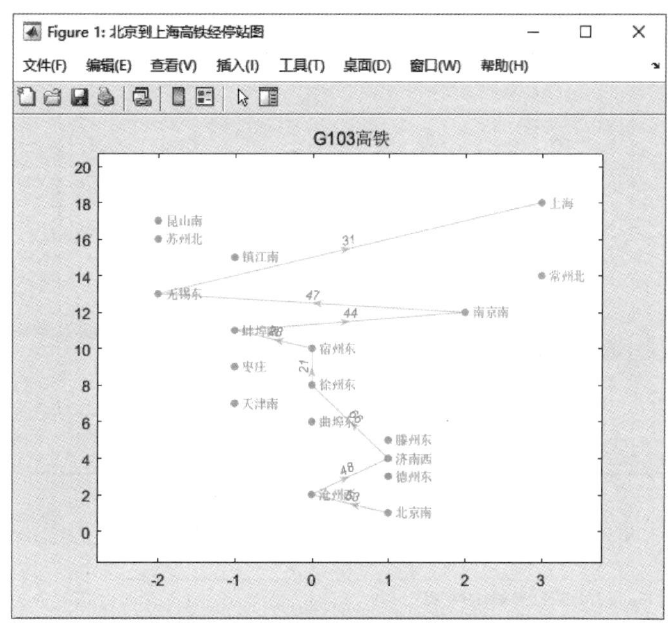

图 6-32　绘制 G103 高铁图

```
                                                    % G105 高铁
>> s3=[1 2 4 6 8 10 12 14];                         % 定义节点与边(节点关系)
>> t3=[2 4 6 8 10 12 14 18];
>> weight3=[53 48 66 21 28 44 47 31];
>> G3=digraph(s3,t3,weight3,nodenames);             % 创建有向图对象
>> p3=plot(G3,'EdgeLabel',G3.Edges.Weight,'XData',XData,'YData',YData);
                                                    % 绘制有向图
>> title('G105 高铁')
```

结果如图 6-33 所示。

```
                                                    % G107 高铁
>> s4=[1 7 4 6 9 8 12 15];                          % 定义节点与边(节点关系)
>> t4=[7 4 6 9 8 12 15 18];
>> weight4=[35 68 36 33 20 77 22 56];
>> G4=digraph(s4,t4,weight4,nodenames);             % 创建有向图对象
```

```
>> p4=plot(G4,'EdgeLabel',G4.Edges.Weight,'XData',XData,'YData',YData);
                                                          % 绘制有向图
>> title('G107 高铁')
```

结果如图 6-34 所示。

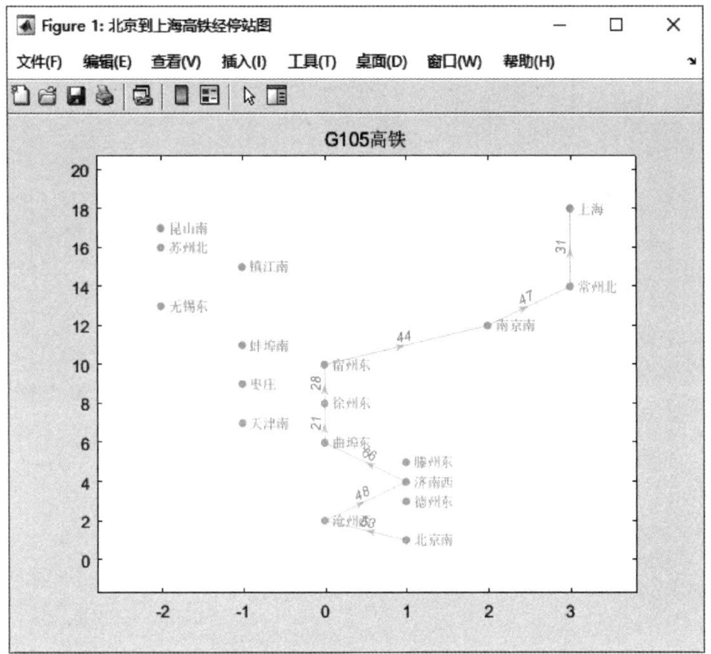

图 6-33　绘制 G105 高铁图

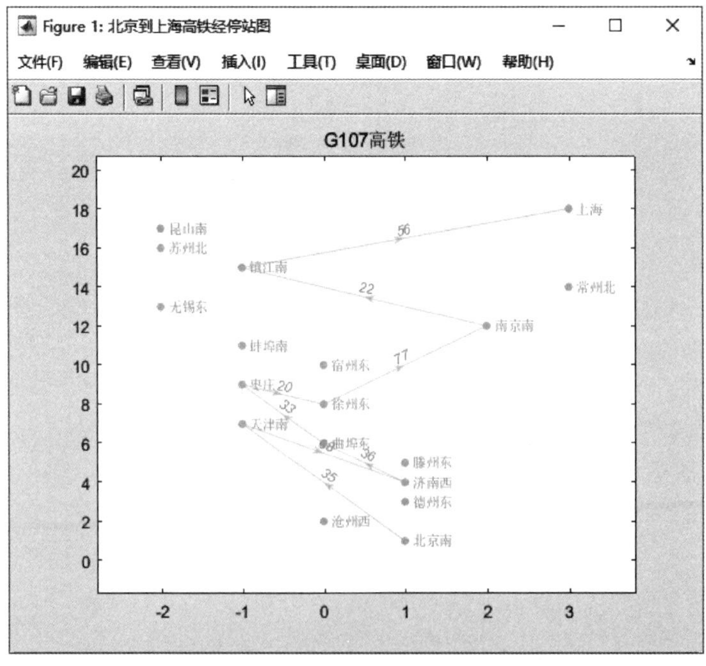

图 6-34　绘制 G107 高铁图

```
                                                    % G109 高铁
>> s5=[1 2 3 4 5 8 12 13  16 17];                   % 定义节点与边(节点关系)
>> t5=[2 3 4 5 8 12 13 16 17 18];
>> weight5=[51 36 29 46 88 15 46 20 13 19];
>> G5=digraph(s5,t5,weight5,nodenames);             % 创建有向图对象
>> p5=plot(G5,'EdgeLabel',G5.Edges.Weight,'XData',XData,'YData',YData);
                                                    % 绘制有向图
>> title('G109 高铁')
```

结果如图 6-35 所示。

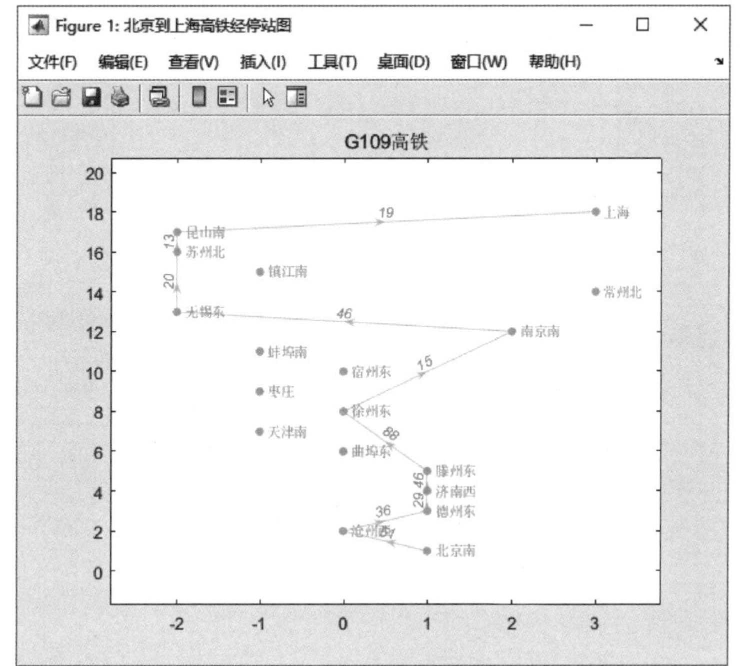

图 6-35　绘制 G109 高铁图

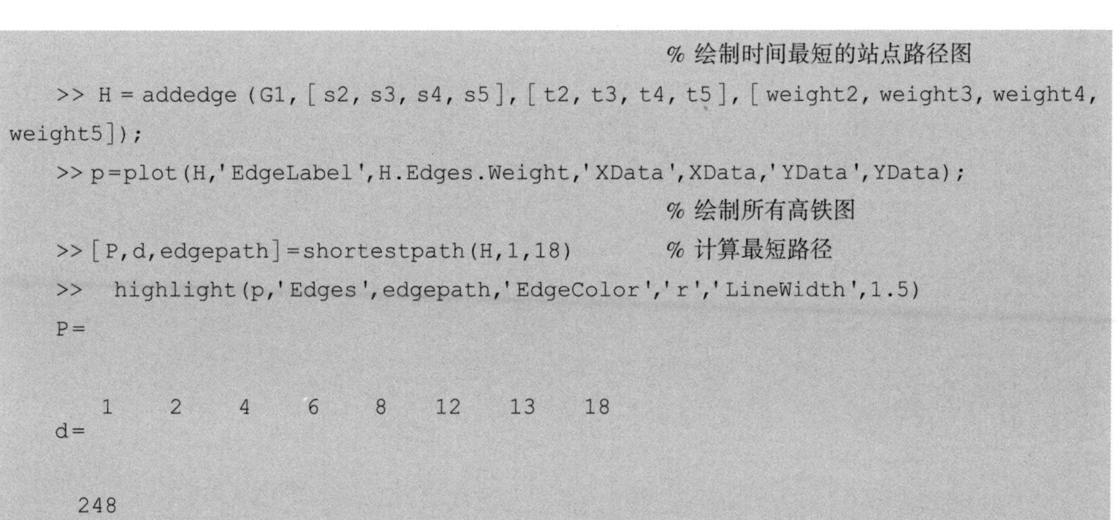

```
                                                    % 绘制时间最短的站点路径图
>> H = addedge (G1, [ s2, s3, s4, s5 ], [ t2, t3, t4, t5 ], [ weight2, weight3, weight4,
weight5]);
>> p=plot(H,'EdgeLabel',H.Edges.Weight,'XData',XData,'YData',YData);
                                                    % 绘制所有高铁图
>> [P,d,edgepath]=shortestpath(H,1,18)              % 计算最短路径
>>  highlight(p,'Edges',edgepath,'EdgeColor','r','LineWidth',1.5)
P=


  1     2     4     6     8     12     13     18
d=


  248
```

```
edgepath=

     3     7    12    15    22    29    33
```

结果如图 6-36 所示。

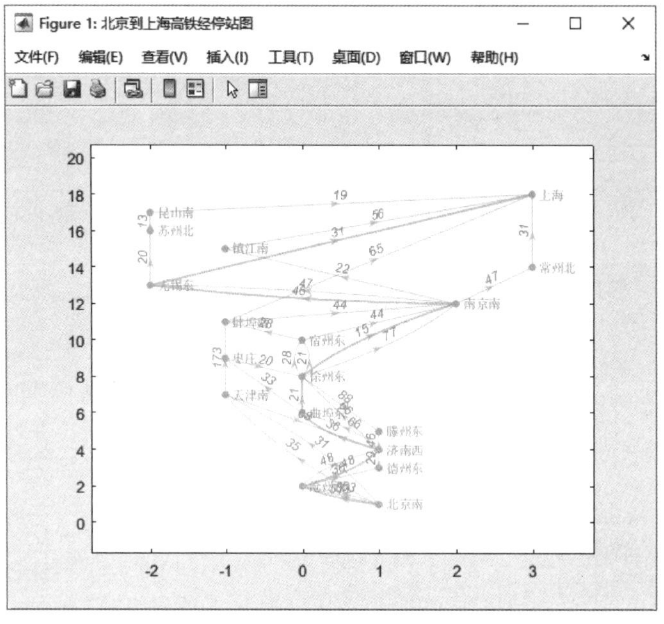

图 6-36 绘制时间最短的站点路径图

第 7 章 机器学习与深度学习算法

内容指南

深度学习（Deep Learning，DL）是机器学习（Machine Learning，ML）领域中一个研究方向，它被引入机器学习使其更接近于最初的目标——人工智能（Artificial Intelligence，AI）。

深度学习是指学习样本数据的内在规律和表示层次，这些在学习过程中获得的信息对诸如文字，图像和声音等数据的解释有很大的帮助。它的最终目标是让机器能够像人一样具有分析、学习能力，能够识别文字、图像和声音等数据。

本章主要介绍机器学习与深度学习算法的基本理论和 MATLAB 的具体实现方法。

内容要点

- 机器学习
- 神经网络
- 梯度下降算法

7.1 机器学习

机器学习是一门专门研究计算机怎样模拟或实现人类的学习行为，以获取新的知识或技能，重新组织已有的知识结构使之不断改善自身的性能的学科。

机器学习是人工智能中最具智能特征，最前沿的研究领域之一。自 20 世纪 80 年代以来，机器学习作为实现人工智能的途径，在人工智能界引起了广泛的兴趣，特别是近十几年来，机器学习领域的研究工作发展很快，已成为人工智能的重要课题之一。

7.1.1 机器学习算法

机器学习的研究主要分为两类研究方向：第一类是传统机器学习的研究，该类主要研究学习机制，注重探索模拟人的学习机制；第二类是大数据环境下机器学习的研究，该类主要研究如何有效利用信息，注重从巨量数据中获取隐藏的、有效的、可理解的知识。

传统机器学习的研究方向主要包括决策树、随机森林、人工神经网络、贝叶斯学习等方面的研究。下面分别进行简要介绍。

1. 决策树算法

决策树及其变种是一类将输入空间分成不同的区域，每个区域有独立参数的算法。决策树算法充分利用了树形模型，根节点到一个叶子节点是一条分类的路径规则，每个叶子节点象征一个判断类别。先将样本分成不同的子集，再进行分割递推，直至每个子集得到同类型的样本，从根节点开始测试，到子树再到叶子节点，即可得出预测类别。此方法的特点是结构简单、处理数据效率较高。

2. 朴素贝叶斯算法

朴素贝叶斯算法是一种分类算法。它不是单一算法，而是一系列算法，它们都有一个共同的原则，即被分类的每个特征都与任何其他特征的值无关。朴素贝叶斯分类器认为这些“特征”中的每一个都独立地贡献概率，而不管特征之间的任何相关性。然而，特征并不总是独立的，这通常被视为朴素贝叶斯算法的缺点。简而言之，朴素贝叶斯算法允许使用概率给出一组特征来预测一个类。与其他常见的分类方法相比，朴素贝叶斯算法需要的训练很少。在进行预测之前必须完成的唯一工作是找到特征的个体概率分布的参数，这通常可以快速且确定地完成。这意味着即使对于高维数据点或大量数据点，朴素贝叶斯分类器也可以表现良好。

3. 支持向量机算法

该算法基本思想可概括如下：首先，要利用一种变换将空间高维化，当然这种变换是非线性的，然后，在新的复杂空间取最优线性分类表面。由此种方式获得的分类函数在形式上类似于神经网络算法。支持向量机是统计学领域中一个代表性算法，但它与传统方式的思维方法很不同，它通过输入空间、提高维度从而将问题简短化，使问题归结为线性可分的经典解问题。支持向量机应用于垃圾邮件识别，人脸识别等多种分类问题。

4. 随机森林算法

控制数据树生成的方式有多种，根据前人的经验，大多数时候更倾向选择分裂属性和剪枝，但这并不能解决所有问题，偶尔会遇到噪声或分裂属性过多的问题。基于这种情况，总结每次的结果可以得到袋外数据的估计误差，将它和测试样本的估计误差相结合可以评估组合树学习器的拟合及预测精度。此方法的优点有很多，可以产生高精度的分类器，并能够处理大量的变数，也可以平衡分类资料集之间的误差。

5. 人工神经网络算法

人工神经网络与神经元组成的异常复杂的网络大体相似，都是个体单元互相连接而成，每个单元有数值量的输入和输出，形式可以为实数或线性组合函数。它先要以一种学习准则去学习，然后才能进行工作。当网络判断错误时，通过学习使其减少犯同样错误的可能性。此方法有很强的泛化能力和非线性映射能力，可以对信息量少的系统进行模型处理。从功能模拟角度看具有并行性，且传递信息速度极快。

6. Boosting 与 Bagging 算法

Boosting 是种通用的增强基础算法性能的回归分析算法。不需构造一个高精度的回归分析，只需一个粗糙的基础算法即可，再反复调整基础算法就可以得到较好的组合回归模型。它可以将弱学习算法提高为强学习算法，也可以应用于其他基础回归算法，如线性回归、神经网络等，来提高精度。Bagging 和前一种算法大体相似但又略有差别，主要想法是给出已知的弱学习算法和训练集。Bagging 需要经过多轮的计算，才可以得到预测函数列，最后采用投票方式对示例进行判别。

7. 关联规则算法

关联规则算法用规则去描述两个变量或多个变量之间的关系，是客观反映数据本身性质的方法。它是机器学习的一大类任务，可分为两个阶段，先从资料集中找到高频项目组，再去研究它们的关联规则。其得到的分析结果即是对变量间规律的总结。

8. EM（期望最大化）算法

在进行机器学习的过程中需要用到极大似然估计等参数估计方法，在有潜在变量的情况下，通常选择 EM 算法，不是直接对函数对象进行极大估计，而是添加一些数据进行简化计算，再进行极大化模拟。它是对本身受限制或比较难直接处理的数据的极大似然估计算法。

7.1.2 机器学习应用

机器学习不仅在基于知识的系统中得到应用，而且在自然语言理解、非单调推理、机器视觉、模式识别等许多领域也得到了广泛应用。一个系统是否具有学习能力已成为是否具有“智能”的一个标志。

机器学习应用广泛，无论是在军事领域还是民用领域，都有机器学习算法施展的机会，主要包括以下几个方面。

1. 数据分析与挖掘

数据分析与挖掘技术是机器学习算法和数据存取技术的结合。利用机器学习提供的统计分析、知识发现等手段分析海量数据，同时利用数据存取机制实现数据的高效读写。机器学习在数据分析与挖掘领域中拥有无可取代的地位。

2. 模式识别

模式识别起源于工程领域，而机器学习起源于计算机科学，这两个不同学科的结合带来了模式识别领域的调整和发展。模式识别的应用领域广泛，包括计算机视觉、医学图像分析、光学文字识别、自然语言处理、语音识别、手写识别、生物特征识别、文件分类、搜索引擎等，而这些领域也正是机器学习大展身手的舞台，因此模式识别与机器学习的关系越来越密切。

3. 在生物信息学上的应用

随着基因组和其他测序项目的不断发展，生物信息学研究的重点正逐步从积累数据转移到如何解释这些数据。

机器学习的具体应用场景包括下面几个方面。

1）虚拟助手　Siri、Alexa 和 Google Now 都是虚拟助手。当使用语音发出指令后，它们会协助查找信息。对于回答，虚拟助手会查找信息，回忆相关查询，或向其他资源（如电话应用程序）发送命令以收集信息。

2）交通预测　通过机器学习可以解决配备 GPS 的汽车数量较少的问题，在这种情况下的机器学习有助于根据估计找到拥挤的区域。

3）过滤垃圾邮件和恶意软件　由机器学习驱动的系统安全程序理解编码模式，可以轻松检测到 2%~10%变异的新恶意软件，并提供针对它们的保护。

7.2　神经网络

神经网络是机器学习中的一种模型，是一种模仿动物神经网络行为特征，进行分布式并行信息处理的算法数学模型。这种网络依靠系统的复杂程度，通过调整内部大量节点之间相互连接的关系，从而达到处理信息的目的。

7.2.1　神经网络基础

神经网络技术起源于 20 世纪五六十年代，也称作感知机（Perceptron）。神经网络简单地说就是将多个神经元连接起来，组成一个网络。下面阐述几个基本概念。

1. 神经元

神经元是神经网络的基本组成，如图 7-1 所示。图中神经元左边的 x 表示对神经元的多个输入，w 表示每个输入对应的权重，神经元右边的箭头表示它仅有一个输出。

2. 感知器

单个神经元称作感知器。感知器模型是一种最简单的神经网络模型结构，包括输入层与输出层两层，如图 7-2 所示。一个感知器有如下组成部分。

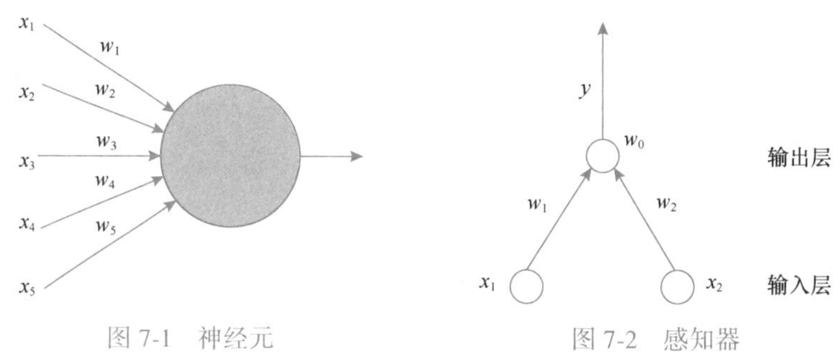

图 7-1　神经元　　　　图 7-2　感知器

1）输入权值。一个感知器可以接收多个输入（x_1，x_2，…，$x_n \mid x_i \in R$），每个输入上有一个权值 $w_i \in R$，此外还有一个偏置项 $b \in R$，如图 7-2 中所示的 w_0。

2）激活函数。感知器的激活函数可以有很多选择，如可以选择下面的阶跃函数 f 来作为激活函数：

$$f(z) = \begin{cases} 1 & z > 0 \\ 0 & \text{otherwise} \end{cases}$$

3）输出。感知器的输出由下面公式来计算：

$$y = f(w \cdot x + b)$$

多层感知器称之为是神经网络。单层感知器无法解决非线性可分问题——异或问题，多层感知器可以很好地解决非线性可分问题。

3. 感知机

感知机是神经网络（深度学习）的起源算法，学习感知机的构造是通向神经网络和深度学习的一种重要思想。

7.2.2 深度学习典型网络模型

深度学习是一组强大的神经网络学习技术，是模式分析方法的统称。典型的深度学习模型有卷积神经网络（Convolutional Neural Network）、深度信任网络模型（DBN）和堆栈自编码网络（Stacked Auto-Encoder Network）模型等，下面对这些模型进行介绍。

1. 卷积神经网络模型

在无监督预训练出现之前，训练深度神经网络通常非常困难，而其中一个特例是卷积神经网络。卷积神经网络受视觉系统的结构启发而产生，第一个卷积神经网络计算模型是在 Fukushima 的神经认知机中提出的。基于神经元之间的局部连接和分层组织图像转换，将有相同参数的神经元应用于前一层神经网络的不同位置，得到一种平移不变神经网络结构形式。后来，Le Cun 等人在该思想的基础上，用误差梯度设计并训练卷积神经网络，在一些模式识别任务上得到优越的性能。至今，基于卷积神经网络的模式识别系统仍是最好的实现系统之一，尤其在手写体字符识别任务上表现出非凡的性能。

2. 深度信任网络模型

DBN 可以解释为贝叶斯概率生成模型，由多层随机隐变量组成。上面的两层具有无向对称连接，下面的层得到来自上一层的自顶向下的有向连接，最底层单元的状态为可见输入数据向量。DBN 由若干 2F 结构单元堆栈组成，结构单元通常为 RBM（RestIlcted Boltzmann Machine，受限玻尔兹曼机)。堆栈中每个 RBM 单元的可视层神经元数量等于前一个 RBM 单元的隐层神经元数量。根据深度学习机制，采用输入样例训练第一层 RBM 单元，并利用其输出训练第二层 RBM 模型，将 RBM 模型进行堆栈，通过增加层来改善模型性能。在无监督预训练过程中，DBN 编码输入到顶层 RBM 后，解码顶层的状态到最底层的单元，实现输入的重构。RBM 作为 DBN 的结构单元，与每一层 DBN 共享参数。

3. 堆栈自编码网络模型

堆栈自编码网络的结构与 DBN 类似，由若干结构单元堆栈组成，不同之处在于其结构单元为自编码模型（auto-en-coder）而不是 RBM。自编码模型是一个两层的神经网络，第一层称为编码层，第二层称为解码层。

7.2.3 深度学习算法

深度学习算法是一个复杂的机器学习算法，在语音和图像识别方面取得的效果，远远超过先前相关技术。

传统的编程方法中，要告诉计算机如何去做，将大问题划分为许多小问题，精确地定义了计算机很容易执行的任务。而神经网络不需要告诉计算机如何处理问题，只是通过从观测数据中学习，计算出计算机自己的解决方案，自动地从数据中学习。

直到 2006 年，有些专家提出深度神经网络的学习技术，即深度学习。深度学习是机器学习的一种，区别于传统的浅层学习。深度学习强调了模型结构的深度，通常有 5 层、6 层，甚至 10 多层的隐层节点。

通过设计建立适量的神经元计算节点和多层运算层次结构，选择合适的输入层和输出层，通过网络的学习和调优，建立起从输入到输出的函数关系，在计算机视觉、语音识别和自然语言处理等许多重要问题上取得了出色的表现。

深度学习在搜索技术、数据挖掘、机器学习、机器翻译、自然语言处理、多媒体学习、语音、推荐和个性化技术，以及其他相关领域都取得了很多成果。深度学习使机器可以模仿视听和思考等人类的活动，解决了很多复杂的模式识别难题，使得人工智能相关技术取得了很大进步。

深度学习就具体研究内容而言，主要涉及以下三类方法。

1）基于卷积运算的神经网络系统，即卷积神经网络（CNN）。

2）基于多层神经元的自编码神经网络，包括自编码（Auto encoder）以及近年来受到广泛关注的稀疏编码两类（Sparse Coding）。

3）以多层自编码神经网络的方式进行预训练，进而结合鉴别信息进一步优化神经网络权值的深度置信网络（DBN）。

7.3 深度神经网络计算

前馈神经网络是实际应用中最常见的神经网络类型。第一层是输入 X，最后一层是输出 y。如果前馈神经网络有多个隐藏层，则称之为“深度”神经网络，如图 7-3 所示。

深度神经网络根据输入到输出经过一系列改变样本相似性的变换，各层神经元的活动是前一层活动的非线性函数。

7.3.1 神经网络优化算法

神经网络如图 7-4 所示。

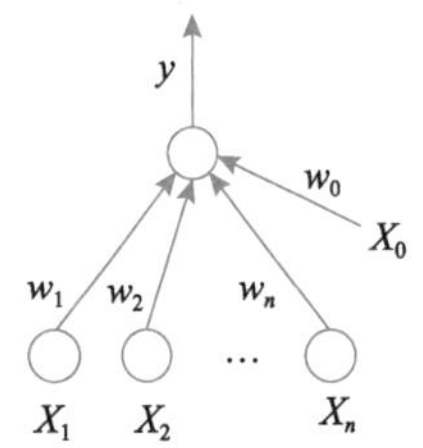

图 7-3 深度神经网络

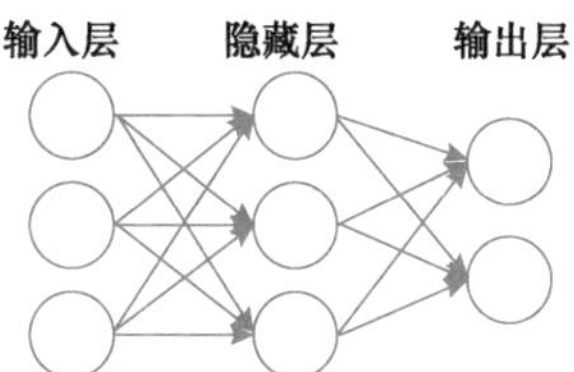

图 7-4 神经网络

图 7-4 中每个圆圈都是一个神经元，每条线表示神经元之间的连接。上面的神经元被分成了多层，层与层之间的神经元有连接，而层内之间的神经元没有连接。最左边的层称作输入层，这层负责接收输入数据；最右边的层称作输出层，可以从这层获取神经网络输出数据。输入层和输出层之间的层称作隐藏层。

对于神经网络的优化算法包括两种：前向传播（Forward Propagation）与反向传播（Back Propagation）。

1）前向传播也可以称作前馈，是从输入层到输出层，计算每一层每一个神经元的激活值。也就是先随机初始化每一层的参数矩阵，然后从输入层开始，依次计算下一层每个神经元的激活值，一直到最后计算输出层神经元的激活值。

2）反向传播就是根据前向传播计算出来的激活值，来计算每一层参数的梯度，并从后往前进行参数的更新。

7.3.2 反向传播

现假设有 n 组包含了输入和真实结果（或称期望结果、期望输出）的样本数据，对于每组输入，神经网络输出的结果记为 f_i，真实结果（期望结果）记为 y_i。

使用平均绝对误差 MAE 表示损失函数：

$$Loss = \frac{1}{n}\sum_{i=1}^{n} | f_i - y_i |$$

该函数可以非常直观地表达出输出结果和真实结果的偏差。

把损失函数（*Loss*）记作 C，C 看成是一个关于 w 和 b 的函数，$C=f(w, b)$， 梯度下降算法是找到 w 和 b 使 C 最小。

使用微分法则计算：

$$\Delta C \approx \frac{\partial C}{\partial w}\Delta w+\frac{\partial C}{\partial b}\Delta b,$$

得到

$$\Delta w = -\eta\,\frac{\partial C}{\partial w}$$

$$\Delta b = -\eta\,\frac{\partial \mathrm{C}}{\partial \mathrm{b}}$$

其中，η 称为学习率（Learning Rate）。如果学习率过小，则会导致收敛速度很慢。如果学习率过大，那么其会阻碍收敛，即在极值点附近会振荡。一般的学习率都是设定为 0.01。

梯度是对多元函数求偏导，沿着梯度的负方向也就是函数下降速度最快的一个方向。反向传播（Back Propagation）使用梯度下降算法快速求解 $\partial C/\partial w$、$\partial C/\partial b$，算出 Δw 和 Δb，使得 ΔC 恒为负，即使得 *Loss* 越来越小。

反向传播（back propagation）的训练流程如下。

1）初始化神经网络，对每个神经元的 w 和 b 赋予随机值。

2）输入训练样本集合，对于每个样本，将输入到神经网络的输入层，进行一次正向传播得到输出层各个神经元的输出值。

3）求出输出层的误差，再通过反向传播算法，向后求出每一层（的每个神经元）的误差。

4）通过误差可以得出每个神经元的 $\partial C/\partial w$、$\partial C/\partial b$，再乘上负的学习率（$-\eta$），就得到了 Δw、Δb，将每个神经元的 w 和 b 更新为 $w+\Delta w$、$b+\Delta b$。

完成训练之后，一般情况下都能得到一个损失比较小的神经网络。

7.3.3 神经网络层

每个网络都有一个输入层，一个输出层。MATLAB 中的深度学习层包括输入层、卷积和全连接层，序列层、激活层，归一化、丢弃和裁剪层，池化和去池化层、组合层、目标检测层、对抗网络层和输出层。

输入层的神经元数目等于将要处理的数据的变量数。输出层的神经元数目等于每个输入对应的输出数。神经网络计算需要确定的是隐藏层的层数和大小。常见的网络层见表 7-1。

表 7-1 网络层

名　称	说　明
imageInputLayer	图像输入层
sequenceInputLayer	序列输入层
convolution2dLayer	卷积层
fullyConnectLayer	全连接层
reluLayer	relu 层
leakyReluLayer	leakyRelu 层
tanhLayer	tanhLayer 层
eluLayer	eLu 层
batchNormalizationLayer	BN 层
dropoutLayer	dropout 层
crossChannelNormalizationLayer	CCN 层
averagePooling2dLayer	平均池化层
globalAveragePooling2dLayer	全局平均池化层
maxPooling2dLayer	最大池化层
additionLayer	加法层
depthConcatenationLayer	深度连接层
concatenationLayer	连接层
softmaxLayer	softmax 层
classificationLayer	分类层
regressionLayer	回归层

在 MATLAB 中，imageInputLayer 命令用来创建神经网络输入层，它的使用格式见表 7-2。

表 7-2 imageInputLaye 命令的使用格式

函　数	说　明
layer=imageInputLayer（inputSize）	创建神经网络输入层，inputSize 指定层大小
layer=imageInputLayer（inputSize，Name，Value）	使用名称-值对组设置可选特性

例 7-1：创建网络层。

解：MATLAB 程序如下。

```
>> inputlayer=imageInputLayer([28 28 3],'Name','input')
                                                        % 创建输入层
inputlayer=

ImageInputLayer-属性:

                    Name:'input'
InputSize:[28 28 3]

超参数
DataAugmentation:'none'
           Normalization:'zerocenter'
   NormalizationDimension:'auto'
                    Mean:[]
>> layers=[...
imageInputLayer([28 28 1])                              % 第一层,图像输入层
   convolution2dLayer(5,20)                             % 第二层,卷积层
reluLayer
maxPooling2dLayer(2,'Stride',2)                         % 第四层,最大池化层
fullyConnectedLayer(10)                                 % 第五层,全连接层
softmaxLayer                                            % softmax 处理
   classificationLayer]                                 % 分类层
                                                        % 创建网络层阵列
layers=

具有以下层的 7x1 Layer 数组:

    1  "图像输入     28x28x1 图像:'zerocenter'归一化
    2  "卷积       20 5x5 卷积:步幅[1  1],填充[0  0  0  0]
    3  " ReLU       ReLU
    4  "最大池化     2x2 最大池化:步幅[2  2],填充[0  0  0  0]
    5  "全连接      10 全连接层
    6  " Softmax   softmax
    7  "分类输出     crossentropyex
```

在 MATLAB 中，dlarray 命令用来创建深度学习阵列，它的使用格式见表 7-3。

表 7-3　dlarray 命令的使用格式

命令格式	说明
dlX＝dlarray（X）	根据数据 X 创建阵列 dlX，阵列中包含数据标签
dlX＝dlarray（X，fmt）	生成由 fmt 指定的数据格式的阵列 dlX，fmt 包含下面几种表示：S（空间）、C（通道）、B（批量观察）、T（时间或顺序）、U（未指明）。常用数据格式包括 SSCB、SSSCB、CBT、SSCTB、SSSCTB 和 CB
dlX＝dlarray（v，dim）	dim 指定阵列 dlX 的维度

深度学习阵列 dlX 存储的数据包含标签，有助于在函数之间传递深度学习数据。与标签相关的函数见表 7-4。

表 7-4 标签相关函数

函　　数	说　　明
y=stripdims（dlX）	删除标签
dim=finddim（dlX，label）	获取与标签相关的数据大小
y=extractdata（dlX）	提取数据
d=dims（dlX）	获取阵列数据标签

例 7-2：创建深度学习阵列。

解：MATLAB 程序如下。

```
>> load count.dat;                    % 加载 count.dat 数据,24×3 阵列 count 包含一天中每小时三个交叉口的流量计数
>> plot(count)
>> dlX=dlarray(count,'SSCB');         % 创建带标签阵列
>> d=dims(dlX)                        % 显示阵列标签
d=


   'SSCB'
>> figure
>> plot(extractdata(dlX(:,:,1)))      % 绘制提取的数据
```

运行结果如图 7-5 所示。

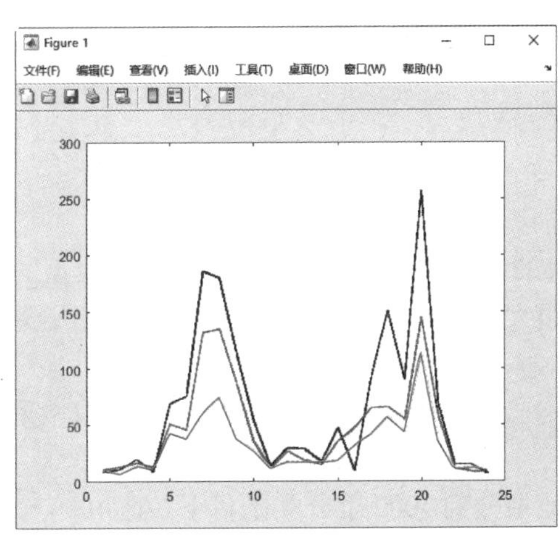

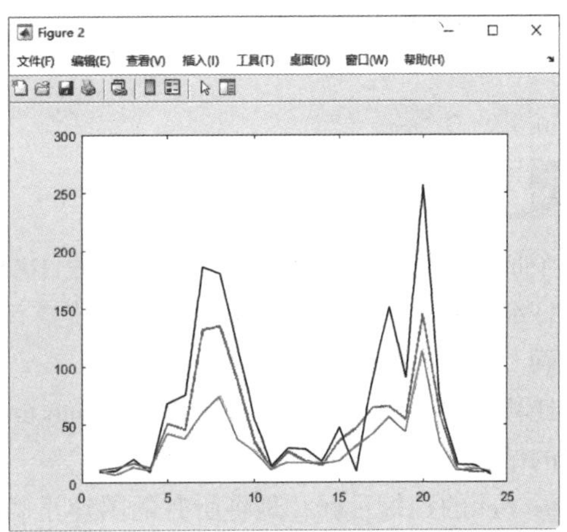

图 7-5 运行结果

7.3.4 激励函数

神经元的输入和输出之间具有函数关系，这个函数就称为激励函数。

Sigmoid 函数是激励函数的一种，该函数是一个常用的 S 形函数，可以把变量映射到（0，1）区间内，其公式如下：

$$\sigma(z)=\frac{1}{1+e^{-z}}$$

在 MATLAB 中，sigmoid 命令用来对深度学习阵列数据应用神经元函数，计算输出层，它的使用格式见表 7-5。

表 7-5 sigmoid 命令的使用格式

命令格式	说　明
dlY = sigmoid（dlX）	计算带标签阵列数据的激励函数

在 Sigmoid 神经元中，输入的值不再是二进制，而是 0~1 之间的任意值。即 x_i 取值是 0~1 之间的任意实数。

其次，Sigmoid 神经元的输出也不再是 0 或 1，而是 σ（$wx+b$）。因此可以得出 Sigmoid 神经元的公式：

$$\text{output}=f(x)=\frac{1}{1+e^{-(wx+b)}}$$

当 $z=w\cdot x+b$ 是一个大的正数时，那么 $\sigma(z)\approx 1$，而当 $z=w\cdot x+b$ 是一个很小的负数（“绝对值很大的负数”比较好理解）时，$\sigma(z)\approx 0$。处于这两种情况时，Sigmoid 神经元的输出跟感知器是很接近的。只有当 $w\cdot x+b$ 为一个适度的值时，sigmoid 神经元和感知器偏差才较大。

例 7-3：计算输出层。

解：MATLAB 程序如下。

```
>> height=7;                                           % 设置高度和宽度为 7、32 通道
>> width=7;
>> channels=32;
>> observations=1;
>> X=randn(height,width,channels,observations);  % 计算随机观测值
>> dlX=dlarray(X);                                 % 创建深度学习神经网络输入层
>> dlY=sigmoid(dlX);                               % 计算神经元函数
```

7.3.5 预训练模型

一个预训练模型可能对于应用中并不是 100%的准确对口，因此在选择预训练模型的时候需要非常仔细。如果问题与预训练模型训练情景有很大的出入，那么模型所得到的预测结果将会非常不准确。

在迁移学习中，往往只是进行微调（fine tune）。微调模型的方法包括：特征提取、采用预训练模型的结构、训练特定层，冻结其他层。

ImageNet 的训练目标，是将所有的图片正确地划分到 1000 个分类条目下。这 1000 个分类基本上都来源于日常生活，如各种家庭用品，日常通勤工具等。

在 MATLAB 中，squeezenet 命令用来生成 18 层的卷积神经网络，它的使用格式见表 7-6。

表 7-6 squeezenet 命令的使用格式

命令格式	说　明
net = squeezenet	从 ImageNet 数据库加载经过预先培训的网络样本
net = squeezenet（'Weights'，'imagenet'）	返回在 ImageNet 数据集上训练的 SqueezeNet 网络
lgraph = squeezenet（'Weights'，'none'）	返回未经训练的 SqueezeNet 网络体系结构

ImageNet 数据集已经被广泛用作训练集，因为它规模足够大（包括 120 万张图片），有助于训练普适模型，其余预训练模型函数见表 7-7。

表 7-7　预训练模型函数

函数名称	说　　明
googlenet	Google 网卷积神经网络
inceptionv3	起始 v3 卷积神经网络
densenet201	DenseNet-201 卷积神经网络
mobilenetv2	MobileNet-v2 卷积神经网络
resnet18	RESNET-18 卷积神经网络
resnet50	RESNET-50 卷积神经网络
resnet101	RESNET-101 卷积神经网络
xception	Xception 卷积神经网络
inceptionresnetv2	预训练起始 ResNet-v2 卷积神经网络
nasnetlarge	事先训练的 Nasnet-大型卷积神经网络
nasnetmobile	预训练 Nasnet-移动卷积神经网络
shufflenet	预训练 ShuffleNet 卷积神经网络
darknet19	19 卷积神经网络主干网络
darknet53	53 卷积神经网络主干网络
efficientnetb0	有效网络-b0 卷积神经网络
alexnet	AlexNet 卷积神经网络
vgg19	VGG-19 卷积神经网络
vgg16	VGG-16 卷积神经网络

例 7-4：加载预先训练的 SqueezeNet 网络。

解：MATLAB 程序如下。

```
>> net=squeezenet
net=

DAGNetwork-属性:

        Layers:[68×1 nnet.cnn.layer.Layer]
    Connections:[75×2 table]
InputNames:{'data'}
OutputNames:{'ClassificationLayer_predictions'}
```

例 7-5：加载未训练的卷积网络。

解：MATLAB 程序如下。

```
>> vgg19('Weights','none')
ans=

  具有以下层的 47x1 Layer 数组:
```

```
1   'input'     图像输入 224x224x3 图像:'zerocenter'归一化
2   'conv1_1'   卷积       64 3x3 卷积:步幅[1  1],填充[1  1  1  1]
3   'relu1_1'   ReLU       ReLU
4   'conv1_2'   卷积       64 3x3 卷积:步幅[1  1],填充[1  1  1  1]
5   'relu1_2'   ReLU       ReLU
6   'pool1'最大池化    2x2 最大池化:步幅[2  2],填充[0  0  0  0]
7   'conv2_1'   卷积       128 3x3 卷积:步幅[1  1],填充[1  1  1  1]
8   'relu2_1'   ReLU       ReLU
9   'conv2_2'   卷积       128 3x3 卷积:步幅[1  1],填充[1  1  1  1]
10  'relu2_2'   ReLU       ReLU
11  'pool2'最大池化    2x2 最大池化:步幅[2  2],填充[0  0  0  0]
12  'conv3_1'   卷积       256 3x3 卷积:步幅[1  1],填充[1  1  1  1]
13  'relu3_1'   ReLU       ReLU
14  'conv3_2'   卷积       256 3x3 卷积:步幅[1  1],填充[1  1  1  1]
15  'relu3_2'   ReLU       ReLU
16  'conv3_3'   卷积       256 3x3 卷积:步幅[1  1],填充[1  1  1  1]
17  'relu3_3'   ReLU       ReLU
18  'conv3_4'   卷积       256 3x3 卷积:步幅[1  1],填充[1  1  1  1]
19  'relu3_4'   ReLU       ReLU
20  'pool3'最大池化    2x2 最大池化:步幅[2  2],填充[0  0  0  0]
21  'conv4_1'   卷积       512 3x3 卷积:步幅[1  1],填充[1  1  1  1]
22  'relu4_1'   ReLU       ReLU
23  'conv4_2'   卷积       512 3x3 卷积:步幅[1  1],填充[1  1  1  1]
24  'relu4_2'   ReLU       ReLU
25  'conv4_3'   卷积       512 3x3 卷积:步幅[1  1],填充[1  1  1  1]
26  'relu4_3'   ReLU       ReLU
27  'conv4_4'   卷积       512 3x3 卷积:步幅[1  1],填充[1  1  1  1]
28  'relu4_4'   ReLU       ReLU
29  'pool4'最大池化    2x2 最大池化:步幅[2  2],填充[0  0  0  0]
30  'conv5_1'   卷积       512 3x3 卷积:步幅[1  1],填充[1  1  1  1]
31  'relu5_1'   ReLU       ReLU
32  'conv5_2'   卷积       512 3x3 卷积:步幅[1  1],填充[1  1  1  1]
33  'relu5_2'   ReLU       ReLU
34  'conv5_3'   卷积       512 3x3 卷积:步幅[1  1],填充[1  1  1  1]
35  'relu5_3'   ReLU       ReLU
36  'conv5_4'   卷积       512 3x3 卷积:步幅[1  1],填充[1  1  1  1]
37  'relu5_4'   ReLU       ReLU
38  'pool5'最大池化    2x2 最大池化:步幅[2  2],填充[0  0  0  0]
39  'fc6'       全连接     4096 全连接层
40  'relu6'     ReLU       ReLU
41  'drop6'     丢弃       50%丢弃
42  'fc7'       全连接     4096 全连接层
43  'relu7'     ReLU       ReLU
44  'drop7'     丢弃       50% 丢弃
```

```
45 'fc8'      全连接    1000 全连接层
46 'prob'      Softmax  softmax
47 'output'    分类输出 crossentropyex
```

7.4 梯度下降算法

在机器学习算法中，有时候需要对原始的模型构建损失函数，然后通过优化算法对损失函数进行优化，以便寻找最优的参数，使得损失函数的值最小。

在求解机器学习参数的优化算法中，使用较多的就是梯度下降的优化算法（Gradient Descent，GD）。

7.4.1 梯度下降算法分类

1. 梯度下降算法

根据处理的训练数据的不同，对网络权重进行更新，梯度下降算法主要有以下三种形式。

1）批量梯度下降法 BGD（Batch Gradient Descent） 针对的是整个数据集，通过对所有样本的计算来求解梯度的方向。优点是得到全局最优解，易于并行实现；缺点是当样本数据很多时，计算量开销大，计算速度慢。

2）小批量梯度下降法 MBGD（Mini-Batch Gradient Descent） 把数据分为若干个批，按批来更新参数，每次使用一个小批量可以大大减小收敛所需要的迭代次数，同时可以使收敛到的结果更加接近梯度下降的效果。优点是减少了计算的开销量，降低了随机性。

3）随机梯度下降法 SGD（Stochastic Gradient Descent） 每次更新梯度时并不需要看完所有的样本。每个数据都计算一次损失函数，然后求梯度更新参数。优点是计算速度快，缺点是收敛性能不好，每次更新可能并不会按照正确的方向进行，因此可能带来优化波动（扰动）。

2. 梯度下降优化算法

根据梯度下降算法所存在的问题，下面介绍的算法可以根据局部历史梯度对当前梯度进行平滑，加速 SGD 的收敛；选取最优的初始值，得到最小值的精确解；特征数据归一化处理，减少特征值取值范围对迭代的影响。

1）动量梯度下降 SGDM 在原有梯度下降算法的基础上，引入动量的概念，使网络参数更新时的方向受到前一次梯度方向的影响，在一定程度上减小了权重优化过程中的振荡问题。动量通过计算梯度的指数加权平均数来积累之前的动量，进而替代真正的梯度，Momentum 优化函数的权重更新公式为：

$$\begin{cases} v = \beta v + (1-\beta)dw \\ w = w - \alpha v \end{cases}$$

动量参数 v 本质上就是到当前为止所有历史梯度值的加权平均，距离越远，权重越小。

2）牛顿动量梯度下降 NAG（Nesterov accelerated gradient） 该算法是 Momentum 算法的改进，不仅增加了动量项，并且在计算参数的梯度时，在损失函数中减去了动量项。该算法预估了下一次参数所在的位置。

3. 自适应学习率 SGD 优化方法

模型所有的参数每次更新都是使用相同的学习率，对于非凸目标函数，容易陷入那些次优的局部极值点中。通过选择 SGD 优化器，为每个参数自适应不同的学习率以解决此类问题。

1）Adagrad（梯度平方和） 是一种基于梯度的优化算法，它能够对每个参数自适应不同的学习率。对稀疏特征，得到大的学习更新，对非稀疏特征，得到较小的学习更新，因此该优化算法适合处理稀疏特征数据。

2）Adadelta　使用梯度一阶指数平滑（局部加权历史梯度），解决了 Adagrad 后期梯度非常小的问题。

3）RMSprop（均方根传播）　RMSprop 是 Adagrad 的一种扩展，与 Adadelta 类似，但是改进版的 Adadelta 使用 RMS 去自动更新学习率，并且不需要设置初始学习率。

4）Adam　Adaptive Moment Estimation 也是一种不同参数自适应不同学习率方法。Adam 是在 RMSprop 基础上使用动量与偏差修正，其计算历史梯度衰减方式不同，不使用历史平方衰减，衰减方式类似动量，既能适应稀疏梯度（即自然语言和计算机视觉问题），又能缓解梯度振荡的问题。Adam 可能是目前最好的 SGD 优化方法。

7.4.2 随机梯度下降算法

随机梯度下降（SGD）是一种简单但非常有效的深度学习神经网络方法，多用于支持向量机、逻辑回归等损失函数下的线性分类器的学习。与梯度下降算法相关的一些概念介绍如下。

1. 步长（Learning Rate）

步长决定了在梯度下降迭代的过程中，每一步沿梯度负方向前进的长度。以下山为例，步长就是在当前这一步所在的位置沿着最陡峭、最易下山的位置走的那一步的长度。

2. 特征（Feature）

特征指的是样本中的输入部分。例如，两个单特征的样本 $[x^{(0)}, y^{(0)}]$，$[x^{(1)}, y^{(1)}]$，第一个样本特征为 $x^{(0)}$，第一个样本输出为 $y^{(0)}$。

3. 假设函数（Hypothesis Function）

在监督学习中，为了拟合输入样本，而使用的假设函数记为 $h_\theta(x)$。如，对于单个特征的 m 个样本 $(x^{(i)}, y^{(i)})$ $(i=1, 2, \cdots, m)$，可以采用的拟合函数为：

$$h_\theta(x)=\theta_0+\theta_1 x$$

4. 损失函数（Loss Function）

为了评估模型拟合的好坏，通常用损失函数来度量拟合的程度。随时函数极小化，意味着拟合程度最好，对应的模型参数即为最优参数。在线性回归中，损失函数通常为样本输出和假设函数的差取平方。如，对于 m 个样本 (x_i, y_i) $(i=1, 2, \cdots, m)$，采用线性回归，损失函数为：

$$J(\theta_0, \theta_1)=\sum_{i=1}^{m}[h_\theta(x_i)-y_i]^2$$

其中，x_i 表示第 i 个样本特征；y_i 表示第 i 个样本对应的输出；$h_\theta(x_i)$ 为假设函数。

5. 梯度裁剪

如果梯度呈指数级增长，容易损失 NaN 或 Inf，导致训练不稳定，形成“梯度爆炸”。梯度剪裁有助于防止梯度爆炸，在较高的学习率和存在离群点的情况下稳定训练。梯度裁剪可以使网络训练得更快，并且通常不会影响学习任务的准确性。下面介绍两种类型的梯度裁剪。

1）基于范数的梯度裁剪　根据阈值重新标定梯度，并且不改变梯度的方向。

2）基于值的梯度裁剪　剪裁任何大于阈值的偏导数，都会导致梯度任意改变方向。基于值的梯度裁剪可能具有不可预测的行为，但足够小的变化不会导致网络发散。

6. 正则化

在损失函数中增加权值的正则化项 $E(\theta)$ 是减少过度拟合的一种方法，正则化项也称为权重衰减。

带正则项的损失函数形式为：

$$E_R(\theta)=E(\theta)+\lambda\Omega(w)$$

其中，w 是权向量；λ 是正则化因子（系数）；正则化函数 $\Omega(w)=1/2wT_w$。

可以为不同的层和参数指定不同的正则化因子。

7.5 梯度下降算法基本函数

用随机梯度下降法求解最优化问题：

$$\min_{w,b} L(w,\ b)=\sum_{x_i\in M} y_i(w\cdot x_i+b)$$

首先任意选择一个超平面、w、b，然后不断极小化目标函数、损失函数 L 的梯度：

$$\nabla_w L(w,\ b)=\sum_{x_i\in M} y_i x_i \quad \nabla_b L(w,\ b)=-\sum_{x_i\in M} y_i$$

选取误分类点更新：

$$w\leftarrow w+\eta y_i x_i \quad b\leftarrow b+\eta y_i$$

将权重项和偏置项初始化为0，然后利用下面的感知器规则迭代地修改 w_i 和 b，直到训练完成。

$$w_i\leftarrow w_i+\Delta w_i \quad b\leftarrow b+\Delta b$$

其中：

$$\Delta w_i=\eta(t-y)x_i \quad \Delta b=\eta(t-y)$$

w_i 是与输入 x_i 对应的权重项，b 是偏置项。事实上，可以把 b 看作是值永远为1的输入 x_b 所对应的权重。t 是训练样本的实际值，一般称之为label。y 是感知器的输出值。η 是一个称为学习速率的常数，其作用是控制每一步调整权的幅度。

每次从训练数据中取出一个样本的输入向量 x，使用感知器计算其输出值 y，再根据上述的规则来调整权重，每处理一个样本就调整一次权重，经过多轮迭代后（即全部的训练数据被反复处理多轮），就可以训练出感知器的权重，使之实现目标函数。

7.5.1 算法设置

在MATLAB中，trainingOptions命令用于选择不同的随机梯度算法，设置神经网络训练选项，应用于分类和回归任务，它的使用格式见表7-8。

表7-8 trainingOptions命令的使用格式

命令格式	说明
options=trainingOptions（solverName）	按照solverName指定的优化器选择不同的算法，设置培训选项，包括： ● sgdm：使用带有动量的随机梯度下降（SGDM）优化器。 ● rmsprop：使用RMSProp优化器。 ● adam：使用Adam优化器，可以指定梯度和平方梯度移动平均值的衰减率
options=trainingOptions（solverName，Name，Value）	返回由一个或多个名称-值对组参数指定的附加选项的培训选项。见表7-9

表 7-9　名称-值对参数

	参　数	说　明	值
图形显示	Plots	网络培训期间要显示的图形	none（默认）、training-progress
	Verbose	是否显示培训进度信息的指示器	1（true）（默认）、0（false）
	VerboseFrequency	打印到命令行窗口之间的迭代次数	50（默认）、正整数
小型批处理算法	MaxEpochs	最大全数据集数	30（默认）、正整数
	MiniBatchSize	小批量，每次训练迭代的小型批处理的大小，量是训练集的子集	128（默认）、正整数
	Shuffle	数据洗牌的选项。在逻辑回归算法数据预处理的过程中，有时会遇到标签值分布不均衡的情况，在进行切分数据集操作时，需要打乱样本顺序，也称洗牌。再用洗完牌的数据切分训练集、测试集	once（默认）、never | every-epoch
验证	'ValidationData'	培训期间用于验证的数据	数据存储、表、单元阵列
	ValidationFrequency	以迭代次数表示的网络验证频率	50（默认）、正整数
	ValidationPatience	在验证集上如果连续的多次迭代过程中损失函数不再显著地降低，那么应该提前结束训练。定义停止验证时训练结束的最大的时间数	Inf（默认）、正整数
求解器	InitialLearnRate	初始学习率	0.001 | 0.01 | 、正标量
	LearnRateSchedule	选择在训练中降低学习率的方法	none（默认）、piecewise
	LearnRateDropPeriod	降低学习率的全数据集数	10（默认）、正整数
	LearnRateDropFactor	降低学习率的乘数因子	0.1（默认）、标量从 0~1
	L2Regularization	正则化因子	0.0001（默认）、非负标量
	Momentum	动量参数	0.9（默认）、标量从 0~1
	GradientDecayFactor	梯度移动平均衰减率	0.9（默认）、非负标量<1
	SquaredGradientDecayFactor	平方梯度移动平均衰减率	0.9 | 0.999 | 、非负标量<1
	Epsilon	分母偏移	10-8（默认）、正标量
	ResetInputNormalization	选项重置输入层规范化	true（默认）、false
	BatchNormalizationStatistics	批量归一化层中统计信息的评估模式	population（默认）、moving
梯度裁剪	GradientThreshold	梯度阈值	Inf（默认）、正标量
裁剪超过梯度阈值的梯度值	GradientThresholdMethod	梯度阈值法	l2norm（默认）、global-l2norm | absolute-value
序列选项	SequenceLength	填充、截断或拆分输入序列的选项	longest（默认）、shortest | 正整数
	SequencePaddingDirection	填充或截断方向	right（默认）、left
	SequencePaddingValue	用于填充输入序列的值	0（默认）、标量

（续）

	参　数	说　明	值
硬件选项	ExecutionEnvironment	培训网络硬件资源	auto（默认）cpu | gpu | multi-gpu | parallel
	WorkerLoad	并行工作人员负荷划分	从0~1标量、| 正整数 | 数值向量
	DispatchInBackground	使用后台调度	false（默认）、true
检查点	CheckpointPath	保存检查点网络的路径	''（默认）、字符向量
	OutputFcn	输出函数	函数手柄 | 函数句柄单元数组

7.5.2 网络训练样本

神经网络解决问题的思想是把大量的示例数据作为训练样本，然后生成一个可以通过训练样本学习的系统。神经网络使用样本自动地推断出识别数据的规则。提高神经网络准确性的过程称为训练。

通过增加训练样本的数量，该网络可以学得更多，并且更加准确。因此，当展示100个训练样本时，可以通过使用成千上万甚至上亿的训练样本来建立一个更好的系统。

深度学习使用神经网络直接从数据中学习有用的特征表示，在训练模型时也会使用大量标注数据和神经网络架构。受过训练的神经网络包括下面几种。

1）用于图像数据的卷积神经网络（ConvNet，CNN）。

2）递归神经网络（Rnn），如用于序列和时间序列数据的长时记忆（Lstm），或门控递归单元（Gru）网络。

3）用于数字特征数据的多层感知器（MLP）网络。

在MATLAB中，trainNetwork命令用来生成神经网络训练样本，应用与对于分类和回归任务，它的使用格式见表7-10。

表7-10　trainNetwork命令的使用格式

命令格式	说　明
net=trainNetwork（images，layers，options）	训练一个用于图像分类问题的网络；imds是输入的图像数据；layers为定义的网络架构；options为定义的超参数
net=trainNetwork（images，responses，layers，options）	responses指定分类任务（图像分类、特征分类、序列到标签分类、序列到序列分类）、回归任务（二维图像回归、三维图像回归、特征回归、序列对一回归、序列对序列回归）
net=trainNetwork（X，Y，layers，options）	可用于回归或分类问题，训练网络中最常用的使用方式。X包含预测变量，Y包含分类标签或数字响应。layers为网络的架构，也就是指网络每层的处理模式。options为超参数的设置，包括学习率，优化方法，迭代次数以及批量大小问题等
net=trainNetwork（sequences，layers，options）net=trainNetwork（sequences，responses，layers，options）	训练LSTM或BiLSTM网络以进行分类和回归问题。sequences是包含序列或时间序列预测变量的单元格数组，responses包含响应。对于分类问题，responses是分类向量或分类序列的单元阵列。对于回归问题，responses是目标矩阵或数字序列的单元数组

（续）

命令格式	说　明
net = trainNetwork（features，layers，options） net = trainNetwork（features，responses，layers，options）	训练网络进行分类和回归问题。features 指定特征数据，包含数据的数字数据或文件路径。预测变量必须位于 tbl 的第一列
［net，info］ = trainNetwork（…）	返回训练信息 info。 对于分类任务，info 包含以下字段。 TrainingLoss——损失函数值。 TrainingAccuracy——培训的准确性。 ValidationLoss——损失函数值。 ValidationAccuracy——验证的准确性。 BaseLearnRate——学习率。 FinalValidationLoss——最后审定损失。 FinalValidationAccuracy——最终验证的准确性。 对于回归任务，info 包含以下字段。 TrainingLoss——损失函数值。 TrainingRMSE——培训 RMSE 价值观。 ValidationLoss——损失函数值。 ValidationRMSE——验证 RMSE 值。 BaseLearnRate——学习率。 FinalValidationLoss——最后审定损失。 FinalValidationRMSE——最终审定 RMSE

7.5.3 神经网络分类

深度学习模型在对象分类方面可以达到非常高的准确度，有时甚至超过人类的水平。

在 MATLAB 中，classify 命令利用训练的深度学习神经网络对数据进行分类，它的使用格式见表 7-11。

表 7-11　lassify 命令的使用格式

命令格式	说　明
YPred = classify（net，imds）	根据用图像 imds 和经过训练的网络 net. 对图像存储数据分类，输出类标签 YPred
YPred = classify（net，ds）	ds 表示数据存储，数据存储输出的格式取决于网络体系结构
YPred = classify（net，X）	预测数字数组 X 指定的图像或特征数据的类标签
YPred = classify（net，X1，...，XN）	X1，…，XN 用于多输入网络 net
YPred = classify（net，sequences）	sequences 表示序列或时间序列数据
YPred = classify（net，tbl）	预测表 tbl. 中数据的类标签
YPred = classify（…，Name，Value）	由一个或多个名称-值对组参数指定附加选项的类标签
［YPred，scores］ = classify（…）	返回与类标签对应的分类分数 scores

7.5.4 网络预测

在 MATLAB 中，predict 命令利用训练的深度学习神经网络对数据进行预测，它的使用格式见表 7-12。

表 7-12 predict 命令的使用格式

命令格式	说 明
YPred=predict（net，imds）	根据用图像 imds 和经过训练的网络 net. 对图像存储数据进行预测，输出预测分数或响应 YPred
YPred=predict（net，ds）	ds 表示数据存储，数据存储输出的格式取决于网络体系结构
YPred=predict（net，tbl）	预测数字数组 X 指定的图像或特征数据的类标签
YPred=predict（net，X）	X1，…，XN 用于多输入网络 net
YPred=predict（net，X1，...，XN）	sequences 表示序列或时间序列数据
[YPred1，...，YPredM] =predict（…）	预测表 tbl. 中数据的类标签
YPred=predict（net，sequences）	由一个或多个名称-值对组参数指定的附加选项的类标签
…=predict（…，Name，Value）	预测由一个或多个名称-值对组参数指定的附加选项的响应

7.5.5 深度网络设计器

在深度学习中，隐藏层的数量（大多数是非线性的）可能很大，大约 1000 层。大型数据集中包含一些隐藏层时，多增添一层隐藏层将会花费巨大的计算资源。在他人训练过的模型基础上进行小改动并将它们应用到特定的问题上，这被称作“迁移学习”，即将预训练的模型“迁移”到正在应对的特定问题中。

在 MATLAB 的 App 中有一个名为 Deep Network Designer 的 App，即深度网络设计器，可以通过加载神经网络的组件来设计深度网络。

下面介绍两种进入 Deep Network Designer App 的方式。

1）在命令行窗口输入 deepNetworkDesigner。

2）在功能区 App 选项卡下选择 Deep Network Designer。

执行上述命令后，创建一个新的应用程序，弹出 Deep Network Designer App 界面。打开应用程序设计器起始页，如图 7-6 所示。在该界面选择预训练模型或自定义创建模型进行深度网络设计。

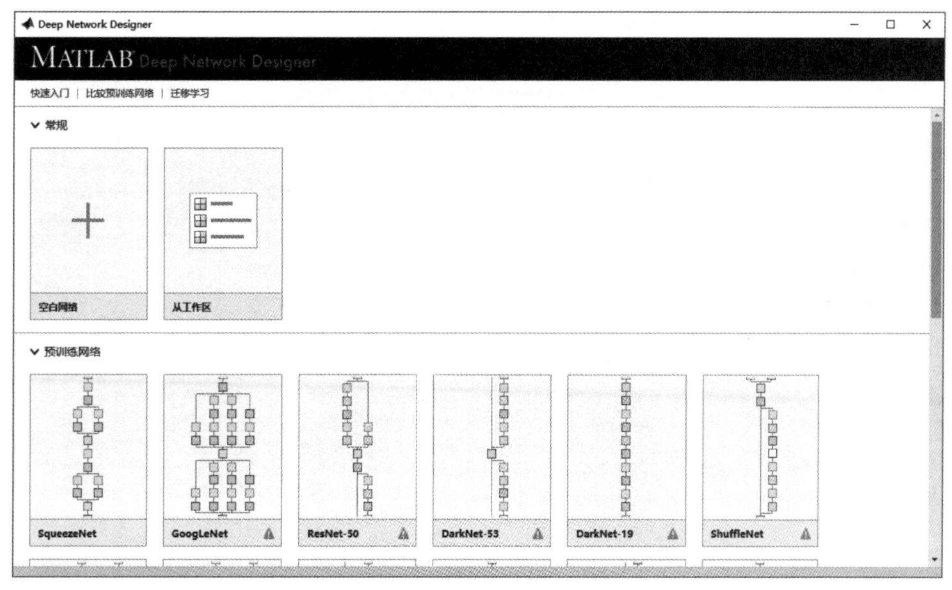

图 7-6 App 界面

在“预训练网络”中选择“SqueezeNet”，进入设计界面，如图 7-7 所示。

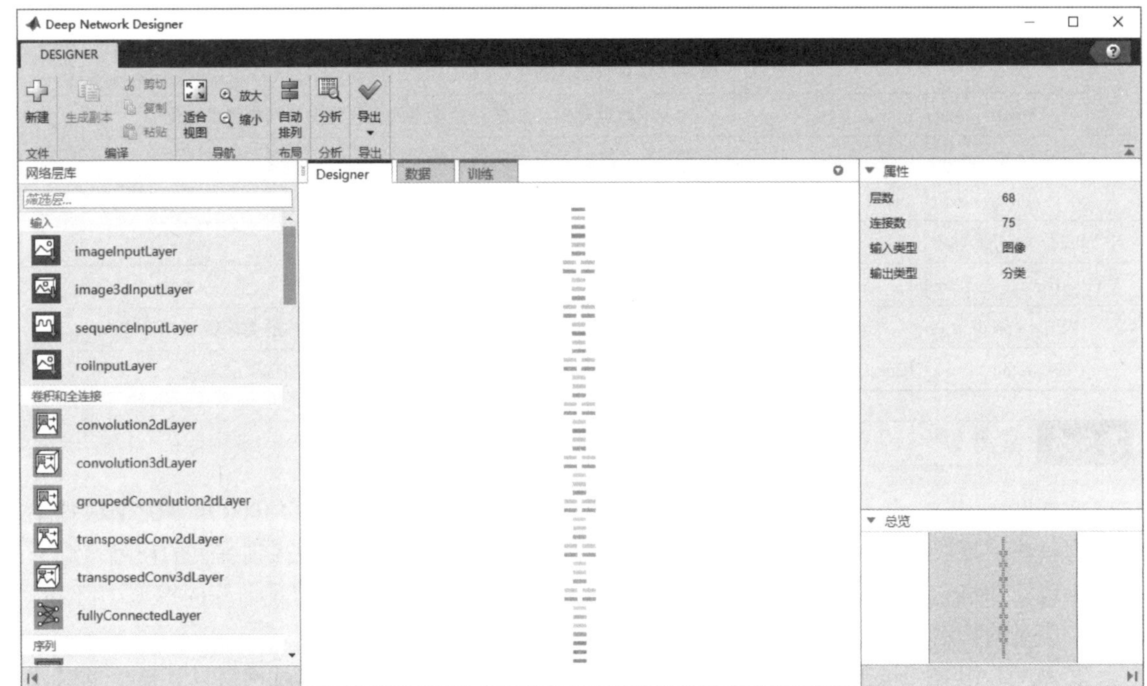

图 7-7　SqueezeNet 网络设计界面

单击“分析”按钮，对导入的网络进行分析，结果如图 7-8 所示。

Deep Learning Network Analyzer

来自 Deep Network Designer 的网络

分析日期: 2021-09-08 15:16:30

68 层　0 警告　0 错误

分析结果

	名称	类型	激活	可学习参数
1	data 227x227x3 图像: 'zerocenter' 归一化	图像输入	227×227×3	–
2	conv1 64 3x3x3 卷积: 步幅 [2 2]，填充 [0 0 0 0]	卷积	113×113×64	Weights 3×3×3×64 Bias 1×1×64
3	relu_conv1 ReLU	ReLU	113×113×64	–
4	pool1 3x3 最大池化: 步幅 [2 2]，填充 [0 0 0 0]	最大池化	56×56×64	–
5	fire2-squeeze1x1 16 1x1x64 卷积: 步幅 [1 1]，填充 [0 0 0 0]	卷积	56×56×16	Weights 1×1×64×16 Bias 1×1×16
6	fire2-relu_squeeze1x1 ReLU	ReLU	56×56×16	–
7	fire2-expand3x3 64 3x3x16 卷积: 步幅 [1 1]，填充 [1 1 1 1]	卷积	56×56×64	Weights 3×3×16×64 Bias 1×1×64
8	fire2-relu_expand3x3 ReLU	ReLU	56×56×64	–
9	fire2-expand1x1 64 1x1x16 卷积: 步幅 [1 1]，填充 [0 0 0 0]	卷积	56×56×64	Weights 1×1×16×64 Bias 1×1×64
10	fire2-relu_expand1x1 ReLU	ReLU	56×56×64	–
11	fire2-concat 深度串联: 2 个输入	深度串联	56×56×128	–
12	fire3-squeeze1x1 16 1x1x128 卷积: 步幅 [1 1]，填充 [0 0 0 0]	卷积	56×56×16	Weights 1×1×128×16 Bias 1×1×16
13	fire3-relu_squeeze1x1 ReLU	ReLU	56×56×16	–
14	fire3-expand3x3 64 3x3x16 卷积: 步幅 [1 1]，填充 [1 1 1 1]	卷积	56×56×64	Weights 3×3×16×64 Bias 1×1×64

图 7-8　网络分析结果

7.6　算法应用

神经网络和深度学习目前提供了针对图像识别，语音识别和自然语言处理领域诸多问题的最佳解决方案。图像深度学习可以通过定义网络架构并从头开始训练网络，来创建新的用于图像分类和回归任务的深度网络，还可以使用迁移学习预训练网络学习新数据中的新模式。

训练数据集是深度学习模型的重要组成部分。本节使用手写数字的合成图像数据集创建图像回归的训练网络。

解：MATLAB 程序如下。

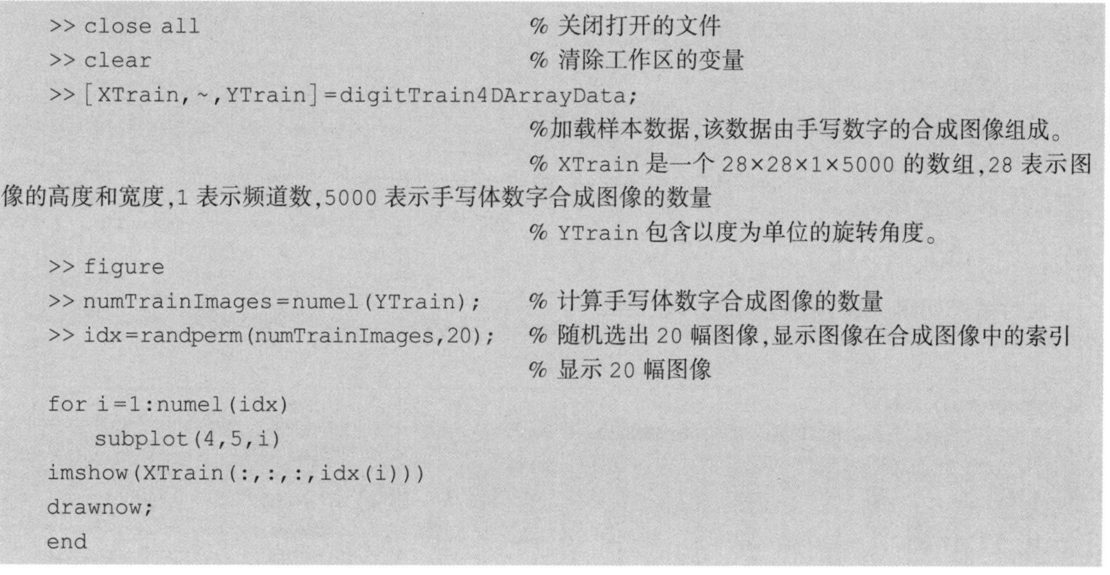

```
>> close all                                  % 关闭打开的文件
>> clear                                      % 清除工作区的变量
>> [XTrain,~,YTrain]=digitTrain4DArrayData;
                                              %加载样本数据,该数据由手写数字的合成图像组成。
                                              % XTrain 是一个 28×28×1×5000 的数组,28 表示图
像的高度和宽度,1 表示频道数,5000 表示手写体数字合成图像的数量
                                              % YTrain 包含以度为单位的旋转角度。
>> figure
>> numTrainImages=numel(YTrain);              % 计算手写体数字合成图像的数量
>> idx=randperm(numTrainImages,20);           % 随机选出 20 幅图像,显示图像在合成图像中的索引
                                              % 显示 20 幅图像
for i=1:numel(idx)
    subplot(4,5,i)
imshow(XTrain(:,:,:,idx(i)))
drawnow;
end
```

运行结果如图 7-9 所示。

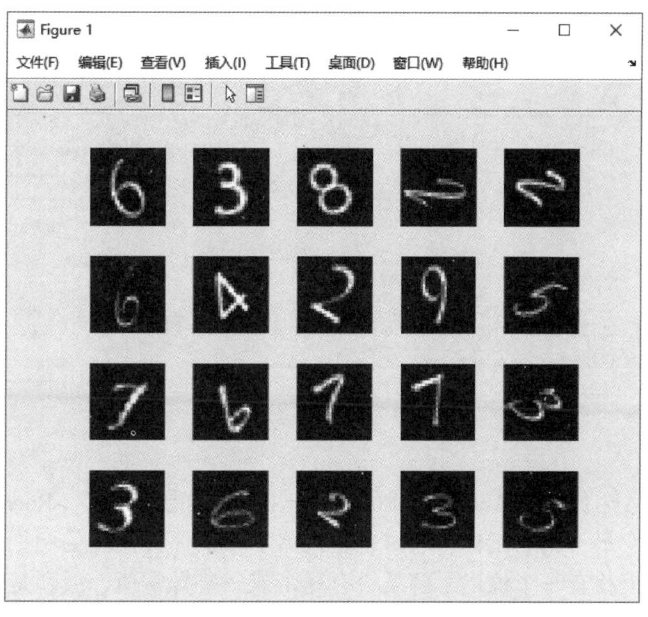

图 7-9　显示随机选出的图像

```
% 指定卷积神经网络结构。对于回归问题,在网络的末尾包括一个回归层
>> layers=[...
    imageInputLayer([28 28 1])
    convolution2dLayer(12,25)
    reluLayer
    fullyConnectedLayer(1)
    regressionLayer];
% 指定网络训练选项:使用带有动量的随机梯度下降算法 SGDM,将初始学习率设置为 0.001;绘制训练过程,不显示训练进度信息
>> options=trainingOptions('sgdm',...
    'InitialLearnRate',0.001,...
    'Verbose',false,...
    'Plots','training-progress');
>> net=trainNetwork(XTrain,YTrain,layers,options);
% 训练网络
```

运行结果如图 7-10 所示。

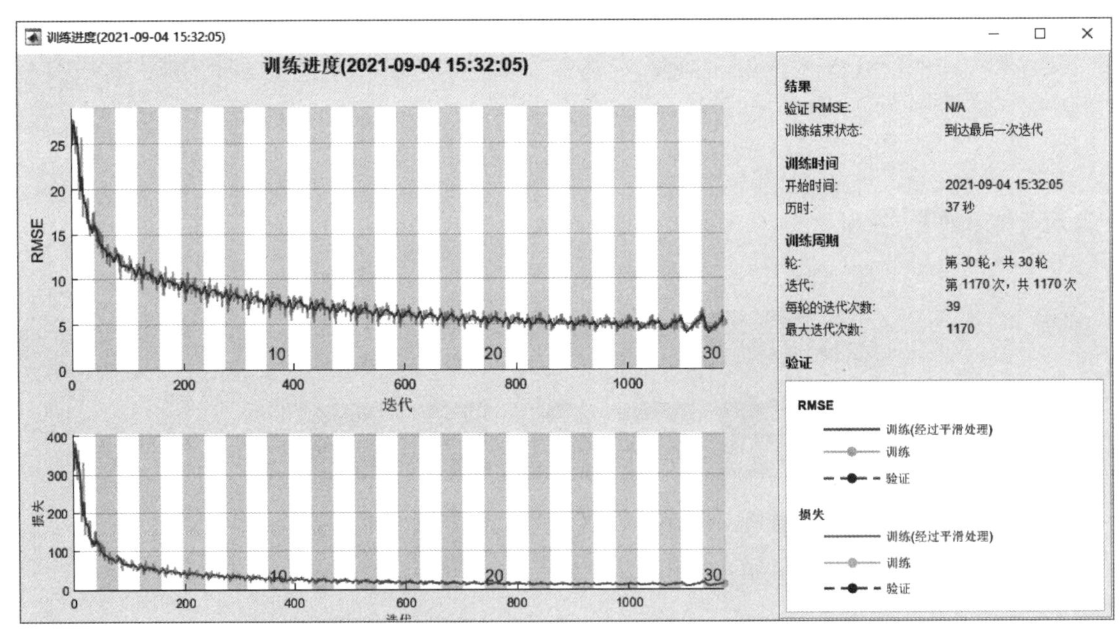

图 7-10 训练网络

平均绝对误差 MAE（Mean Absolute Error）和均方根误差 RMSE（Root Mean Squared Error）是衡量变量精度的两个最常用的指标，同时也是机器学习中评价模型的两把重要标尺。当处理较大的数据集时，不可能检查每个值以了解是否有一个或一些异常值，或者是否所有的错误都系统性地更高。

```
>> [XTest,~,YTest]=digitTest4DArrayData;% 通过评估测试数据的预测精度来测试网络的性能
>> YPred=predict(net,XTest);                    % 使用 predict 预测验证图像的旋转角度
>> rmse=sqrt(mean((YTest-YPred).^2))            % 通过计算预测转角和实际转角的均方根误差(RMSE)来评价模型的性能
rmse=

    single

        5.9295
```

第 8 章　图像的复原算法

内容指南

图像复原要求对图像降质的原因有一定的了解，应根据降质过程建立“降质模型”，再采用某种滤波方法，恢复或重建原来的图像。图像增强和复原的目的是为了提高图像的质量，如去除噪声，提高图像的清晰度等。

图像的复原算法是指将降质了的图像恢复成原来的图像，针对引起图像退化原因，以及降质过程的某先验知识，建立退化模型，再针对降质过程采取相反的方法，恢复图像。

内容要点

- 图像的退化
- 图像的复原
- 图像的复原算法

8.1　图像的退化

图像在形成、记录、处理和传输过程中，由于成像系统、记录设备、传输介质和处理方法的不完善，导致图像质量的下降，这种现象称作图像退化。

8.1.1　图像退化的原因

在图像退化/复原建模之前需要了解图像退化的原因，图像的质量变坏称作退化。退化的形式有图像模糊、图像有干扰等。图像退化的原因主要有以下几个方面。

1）成像系统的像差、畸变、带宽有限等造成图像失真。

2）由于成像器件、拍摄姿态和扫描非线性引起的图像几何失真。

3）运动模糊，成像传感器与被拍摄景物之间的相对运动，引起所成图像的运动模糊。

4）灰度失真，光学系统或成像传感器本身特性不均匀，造成同样亮度景物成像灰度不同。

5）辐射失真，由于场景能量传输通道中的介质特性，如大气湍流效应、大气成分变化引起图像失真。

6）图像在成像、数字化、采集和处理过程中引入的噪声等。

8.1.2　图像退化的数学模型

输入图像 $f(x,y)$ 经过某个退化系统后输出的是一幅退化的图像。由噪声引起的退化即噪声对图像的影响，一般作为加性噪声考虑，即使不是加性噪声而是乘性噪声，也可以用对数方式将其转化为相加形式。

原始图像 $f(x,y)$ 经过一个退化算子或退化系统 $H(x,y)$ 的作用，再和噪声 $n(x,y)$ 进行叠加，形成退化后的图像 $g(x,y)$。退化数学模型如图 8-1 所示。

$$g(x,\ y)=H[f(x,\ y)]+n(x,\ y)$$

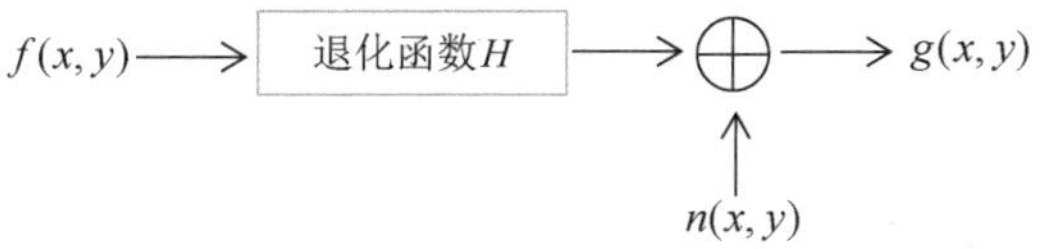

$$f(x,y) \longrightarrow \boxed{\text{退化函数}H} \longrightarrow \oplus \longrightarrow g(x,y)$$

（$\oplus$ 的另一输入为 $n(x,y)$）

图 8-1　图像退化的数学模型

在对退化系统进行了线性系统和空间不变系统的近似之后，连续函数的退化模型在空域中，可以写成：

$$g(x, y) = f(x, y) * h(x, y) + n(x, y)$$

在频域中可以写成：

$$G(u, v) = F(u, v)H(u, v) + N(u, v)$$

其中，$G(u,v)$、$F(u,v)$、$N(u,v)$分别是退化图像$g(x,y)$、原图像$f(x,y)$、噪声信号$n(x,y)$的傅里叶变换；$H(u,v)$是系统的点冲击响应函数$h(x,y)$的傅里叶变换，称为系统在频率域上的传递函数。

提示：

实际应用中，系统多为非线性时变系统，为便于计算机处理，采用近似方法，近似为线性时不变系统，应用线性系统理论解决图像复原问题。

现实中造成图像降质的因素很多，常见的图像退化模型及点扩展函数如下。

1. 线性移动降质

在拍照时，成像系统与目标之间有相对直线移动会造成图像的降质。水平方向线性移动可以用以下降质函数来描述：

$$h(m, n) = \begin{cases} \dfrac{1}{d} & \text{若 } 0 \leqslant m \leqslant d \text{ 且 } n = 0 \\ 0 & \text{其他} \end{cases}$$

式中，d是降质函数的长度。在应用中如果线性移动降质函数不在水平方向，则可类似地定义为移动降质函数。

2. 散焦降质

当镜头散焦时，光学系统造成的图像降质，相应的点扩展函数是一个均匀分布的圆形光斑。此时，降质函数可表示为：

$$h(m, n) = \begin{cases} \dfrac{1}{\pi R^2} & \text{若 } m^2 + n^2 = R^2 \\ 0 & \text{其他} \end{cases}$$

式中，R是散焦半径。

3. 高斯（Gauss）降质

Gauss 降质函数是许多光学测量系统和成像系统最常见的降质函数。对于这些系统，决定系统点扩展函数的因素比较多。众多因素综合的结果总是使点扩展函数趋于 Gauss 型。

典型的系统可以举出光学相机和 CCD 摄像机、γ 相机、CI 相机、成像雷达、显微光学系统等。Gauss 降质函数可以表达为：

$$h(m, n) = \begin{cases} K\exp[-\alpha(m^2 + n^2)] & \text{若}(m, n) \in C \\ 0 & \text{其他} \end{cases}$$

式中，K 是归一化常数；α 是一个正常数；C 是 $h(m,n)$ 的圆形支持域。

4. 大气湍流造成的传递函数 PSF

$$H(u,v)=\exp[-c(u^2+v^2)^{5/6}]$$

式中，c 是与湍流性质有关的常数。

5. 光学系统散焦传递函数

$$H(u,\ v)=J_1(\pi d\rho)/\pi d\rho$$

式中，$\rho=\sqrt{u^2+v^2}$；d 是光学系统散集点扩散函数的直径；$J_1()$ 表示第一类一阶贝塞尔函数：

$$J_1(Z)=\frac{Z}{2}\sum_{k=0}^{\infty}\frac{(-1)^k Z^{2k}}{2^{2k}\cdot k(k+1)}\ |\ \arg Z\ |<\pi$$

光学系统散焦时，点光源的像将成圆盘。从公式可看出，散焦系统的传递函数在以原点为中心，d 的倍数为半径处存在零点，形成一些同心的暗环，由散焦图像的频谱上估计出这些同心圆的半径，可得到 $H(u,v)$。

例 8-1：对图像进行退化滤波。

解：MATLAB 程序如下。

```
>> close all                                            % 关闭打开的文件
>> clear                                                % 清除工作区的变量
>> I=imread('shanshui1.jpg');                           % 读取图像文件,返回图像数据矩阵 I
>> subplot(131),imshow(I);title('原始图像')              % 显示原始图像
>> P=fspecial('gaussian');                              % 创建高斯滤波器
>> J=imfilter(I,P);                                     % 对图像进行滤波
>> subplot(132),imshow(J);title('滤波图像')              % 显示滤波图像
>> K=imnoise(J,'gaussian',0,0.01);                      % 对滤波图像添加高斯白噪声
>> subplot(133),imshow(K);title('噪声图像')              % 显示噪声图像
```

运行结果如图 8-2 所示。

图 8-2 退化滤波

例 8-2：图像大气湍流模型退化。

解：MATLAB 程序如下。

```
>> close all                         % 关闭打开的文件
>> clear                             % 清除工作区的变量
```

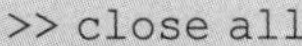

```
>> I=imread('logo.tif');           % 读取内存中的图片
>> subplot(131),imshow(I),title('原始图像')
>> Fp=fft2(I);                     % 对灰度图像进行傅里叶变换
>> [m,n]=size(I);                  % 获取图像数据的行列数
>> [v,u]=meshgrid(1:n,1:m);        % 绘制网格点
>> u=u-floor(m/2);                 % 对 m/2 向下取整
>> v=v-floor(n/2);                 % 对 n/2 向下取整
>> k=0.005;
>> Duv=u.^2+v.^2;                  % 定义传递函数表达式
>> H=exp(-k.* Duv.^(5/6));         % 定义传递函数表达式
>> G=H.* fftshift(Fp);             % 将快速傅里叶变换(fft、fft2)的 DC 分量移到谱中央
>> f1=abs(ifft2(G));               % 二维逆快速傅里叶变换的绝对值
>> nchar=num2str(k);               % 将数字 k 转换为字符串
>> ltext=strcat('k=',nchar);       % 为标题添加注释
>> subplot(132),imshow(H),title(['传递函数',ltext])
>> subplot(133),imshow(f1,[]),title('大气湍流退化图像')
```

运行结果如图 8-3 所示。

图 8-3　大气湍流模型图像

8.2　图像的复原

图像复原技术是图像处理领域一类重要的处理技术。与图像增强等其他基本图像处理技术类似，该技术也是以获取视觉质量得到某种程度改善为目的的，所不同的是图像恢复过程需要根据指定的图像退化模型来完成。根据该退化模型对在某种情况下退化或恶化了的退化图像进行恢复，以获取到原始的、未经过退化的原始图像。

目前国内外图像复原技术的研究和应用主要集中于诸如空间探索、天文观测、物质研究、遥感遥测、军事科学、生物科学、医学影像、交通监控、刑事侦察等领域。例如，生物方面，主要是用于生物活体细胞内部组织的三维再现和重构，通过复原荧光显微镜所采集的细胞内部逐层切片图，来重现细胞内部构成；医学方面，如对肿瘤周围组织进行显微观察，以获取肿瘤安全切缘

与癌肿原发部位之间关系的定量数据；天文方面，如采用迭代盲反卷积进行气动光学效应图像复原研究等。

8.2.1 图像的复原模型

图像复原的处理过程实际是对退化图像品质的提升，并通过图像品质的提升来达到图像在视觉上的改善。

图像复原是根据退化原因，建立相应的数学模型，从被污染或畸变的图像信号中提取所需要的信息，沿着使图像降质的逆过程恢复图像本来面貌。复原数学模型如图 8-4 所示。

$g(x,y)$ ⟶ 图像恢复滤波器 ⟶ $f(x,y)$

图 8-4　图像复原模型图

在图像复原处理中，往往用线性和空间不变性的系统模型加以近似；这种近似的优点是使线性系统理论中的许多理论可直接用于解决图像复原问题。图像复原处理特别是数字图像复原处理主要采用的是线性的、空间不变的复原技术。

8.2.2 图像复原方法

图像恢复技术的分类如下。

1）在给定退化模型条件下，分为无约束和有约束两大类。

2）根据是否需要外界干预，分为自动和交互两大类。

3）根据处理所在域，分为频域和空域两大类。

图像的复原是指图像按退化模型的元素分类，根据退化模型进行复原，包括下面两种方法。

1. 无约束复原

无约束复原是指除了使准则函数最小外，再没有其他的约束条件。因此只需了解退化系统的传递函数或冲激响应函数，就能利用如前所述的方法进行复原。但是由于传递函数存在病态问题，复原只能局限在靠近原点的有限区域内进行，这使得非约束图像复原具有相当大的局限性。

2. 有约束复原方法

设 $M=N$，则：

$$\hat{f}=H^{-1}g=(WDW^{-1})^{-1}g=WD^{-1}W^{-1}g$$

退化函数 $H(u,\ v)$ 与 $F(u,\ v)$ 相乘为退化过程，用 $H(u,\ v)$ 去除 $G(u,\ v)$ 是复原过程，称其为逆滤波。可描述为：

$$W^{-1}\hat{f}=D^{-1}W^{-1}g$$

$$\hat{f}(u,\ v)=\frac{G(u,\ v)}{H(u,\ v)}\quad u,\ v=0,\ 1,\ \cdots,\ M-1$$

$$\hat{f}(u,\ v)=J(u,\ v)/H(u,\ v)\quad u,\ v=0,\ 1,\ \cdots,\ N-1$$

记 $M(u,v)$ 为复原转移函数，则其等于 $1/H(u,v)$。

3. 根据处理的域进行复原方法

（1）空间滤波

1）均值滤波器。有算术均值滤波器、几何均值滤波器、谐波均值滤波器、逆谐波均值滤波器。

2）统计滤波器。有中值滤波器、最大值和最小值滤波器等。

3）自适应滤波器。有自适应、局部噪声消除滤波器（需要知道或估计全部噪声的方差）、自适应中值滤波器。

（2）频域滤波　寻找滤波传递函数，通过频域图像滤波得到复原图像的傅里叶变换，再求反变换，得到复原图像。

8.2.3 复原方法的评估

复原的好坏应有一个规定的客观标准，以便对复原的结果进行某种最佳的估计。图像复原质量的评价分为主观评价和客观评价。

主观评价基于 HVS（人类视觉系统），要采用平均评价分数（Mean Opinion Score，MOS）方法。但在使用中不仅速度慢、费用高，而且存在许多局限，诸如观察者的选取，实验条件的确定等。

客观评价主要采用峰值信噪比（*PSNR*）和均方误差（*MSE*）两种方法，几乎没有考虑人类视觉特性，所以有许多缺点，但是简单实用。设 $f(x,y)$ 和 $\hat{f}(x,y)$ 分别为原始图像和复原图像中点（x，y）处的灰度值，M 和 N 分别是以像素点数表征的图像长度和宽度，L 为数字图像的灰度级数，则：

$$PSNR = 10\lg \frac{(L-1)^4}{\sum_{x=0}^{M-1}\sum_{y=0}^{N-1}[\hat{f}(x,y)-f(x,y)^2]}$$

$$MES = 10\lg \frac{\sum_{x=0}^{M-1}\sum_{y=0}^{N-1}[\hat{f}(x,y)-f(x,y)^2]}{(L-1)^2}$$

8.3 图像的复原算法

图像复原算法有线性和非线性两类。线性算法通过对图像进行逆滤波来实现反卷积，这类方法方便快捷，无需循环或迭代，直接可以得到反卷积结果。然而，它有一些局限性，如无法保证图像的非负性。而非线性方法通过连续的迭代过程不断提高复原质量，直到满足预先设定的终止条件，结果往往令人满意。但是迭代程序导致计算量很大，图像复原时耗较长，有时甚至需要几个小时。所以实际应用中还需要对两种处理方法综合考虑，进行选择。

8.3.1 维纳滤波

维纳滤波（wiener filtering）是一种基于最小均方误差准则、对平稳过程的最优估计器。这种滤波器的输出与期望输出之间的均方误差为最小，因此，它是一个最佳滤波系统，可用于提取被平稳噪声污染的信号，是一种最小均方误差滤波器。

$$f=[H^{T}H+sQ^{T}Q]^{-1}H^{T}g=[H^{T}H+sR_{f}R_{n}]^{-1}H^{T}g$$

设 $\boldsymbol{R}_f$ 是 f 的相关矩阵：$\boldsymbol{R}_f=E\{ff^{T}\}$，$\boldsymbol{R}_f$ 的第 ij 元素是 $E\{f_i\quad f_j\}$，代表 f 的第 i 和第 j 元素相关。

设 $\boldsymbol{R}_n$ 是 n 的相关矩阵：$\boldsymbol{R}_n=E\{nn^{T}\}$，根据两个像素间的相关只是它们相互距离而不是位置的函数的假设，可将 $\boldsymbol{R}_f$ 和 $\boldsymbol{R}_n$ 都用块循环矩阵表达，并借助矩阵 $\boldsymbol{W}$ 来对角化：

$$\boldsymbol{R}_f=\boldsymbol{WAW}^{-}1\quad H=\boldsymbol{WDW}^{-1}\quad \boldsymbol{R}_n=\boldsymbol{WBW}^{-1}$$

其中，$\boldsymbol{D}$ 是一个对象矩阵，$\boldsymbol{D}(k,k)=\lambda(k)$，则有：

$$Q^{T}Q=\boldsymbol{R}_f^{-1}\boldsymbol{R}_n$$

定义：

$$\hat{f}=\left[H^{\mathrm{T}}H+sQ^{\mathrm{T}}Q\right]^{-1}H^{\mathrm{T}}g$$

代入：

$$\hat{f}=\left(H^{\mathrm{T}}H+sR_f^{-1}R_n\right)^{-1}H^{\mathrm{T}}g$$

两边同时乘以 $\boldsymbol{W}^{-1}$，有：

$$\dot{F}(u,\ v)=\left[\frac{1}{H(u,\ v)}\frac{|H(u,\ v)|^2}{|H(u,\ v)|^2+S_\eta(u,\ v)/S_f(u,\ v)}\right]G(u,\ v)$$

其中，$S_\eta(u,\ v)=|N(u,\ v)|^2$，为噪声功率谱；$S_f(u,\ v)=|f(u,\ v)|^2$，为未退化图像的功率谱。如果噪声为零，噪声功率谱消失，维纳滤波退化为逆滤波。

当处理白噪声时，功率谱$|N(u,v)|^2$是一个常数，可大大简化处理过程。然而，未退化函数的功率谱很少是已知的。当这些值未知或不能估计时，经常使用下面的表达式近似：

$$\hat{f}(u,v)=\left[\frac{1}{H(u,v)}\frac{|H(u,v)|^2}{|H(u,v)|^2+K}\right]$$

其中，K 是一个特殊常数，表示未退化图像和噪声功率谱之比。

在 MATLAB 中，deconvwnr 命令用来对图像进行维纳滤波复原图像，它的使用格式见表 8-1。

表 8-1　deconvwnr 命令的使用格式

命令格式	说　明
J=deconvwnr（I，psf，nsr）	使用维纳滤波算法复原图像 I，返回去模糊的图像 J。其中，nsr 是加性噪声的信噪比。psf 是点扩散函数
J=deconvwnr（I，psf，ncorr，icorr）	使用维纳滤波算法复原图像 I，返回去模糊的图像 J。其中，icorr 是原始图像的自相关函数，ncorr 是噪声的自相关函数
J=deconvwnr（I，psf）	假设加性噪声的信噪比 nsr 为 0，维纳滤波退化为逆滤波

例 8-3：对图像进行维纳滤波。

解：MATLAB 程序如下。

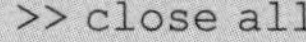

```
>> close all                                        % 关闭打开的文件
>> clear                                            % 清除工作区的变量
>> I=imread('yinghua.jpg');                         % 读取图像
>> subplot(231),imshow(I);title('原始图像')
                                                    % 图像添加随机噪声
>> LEN=21;                                          % 滤波器运动像素
>> THETA=11;                                        % 滤波器旋转角度
>> PSF=fspecial('motion',LEN,THETA);                % 创建模糊滤波器定义点扩散函数
>> noise=0.1* randn(size(I));                       % 定义与图像大小相同的随机噪声矩阵
>> I_noise=im2uint8(im2double(I)+noise);            % 在图像上添加随机噪声
>> subplot(232),imshow(I_noise,[]);title('噪声图像')   % 显示噪声图像
                                                    % 求噪声的自相关矩阵 NCORR
>> NP=abs(fftn(noise));                             % 将随机噪声矩阵进行多维快速傅
里叶变换
```

```
>> NPOW=sum(NP(:))/numel(noise);            % 噪声矩阵的元素和除以矩阵元素个数,求平均值
>> NCORR=fftshift(real(ifftn(NP)));         % 对噪声进行快速逆傅里叶变换,将 DC 分量移到谱中央,得到噪声的自相关矩阵 NCORR
                                            % 求原始图像的自相关数组 ICORR
>> IP=abs(fftn(I));                         % 将图像矩阵进行多维快速傅里叶变换
>> IPOW=sum(IP(:))/numel(I);                % 图像矩阵的元素和除以数组元素个数,求平均值
>> ICORR=fftshift(real(ifftn(IP)));         % 对图像矩阵进行快速逆傅里叶变换,将 DC 分量移到谱中央,得到原始图像的自相关矩阵 ICORR
>> NSR=NPOW/IPOW;                           % 得到噪声信噪比 NSR
                                            % 对图像进行维纳滤波
>> J=deconvwnr(I_noise,PSF,NSR);            % 根据信噪比对噪声图像进行维纳滤波
>> subplot(233),imshow(J);title('维纳滤波')
>> K=deconvwnr(I_noise,PSF,NCORR,ICORR);    % 利用原始图像和噪声的自相关函数对噪声图像进行维纳滤波
>> subplot(234),imshow(K);title('维纳滤波后图像')
>> ICORR1=ICORR(:,ceil(size(I,1)/2));       % 原始图像的自相关矩阵 ICORR 第一行数据除 2 并四舍五入,得到新的自相关矩阵 ICORR1
>> Q=deconvwnr(I_noise,PSF,NCORR,ICORR1);   % 利用新的自相关矩阵 ICORR1 进行维纳滤波
>> subplot(235),imshow(Q);title('修改原始图像的自相关函数维纳滤波后图像 2 ')
```

运行结果如图 8-5 所示。

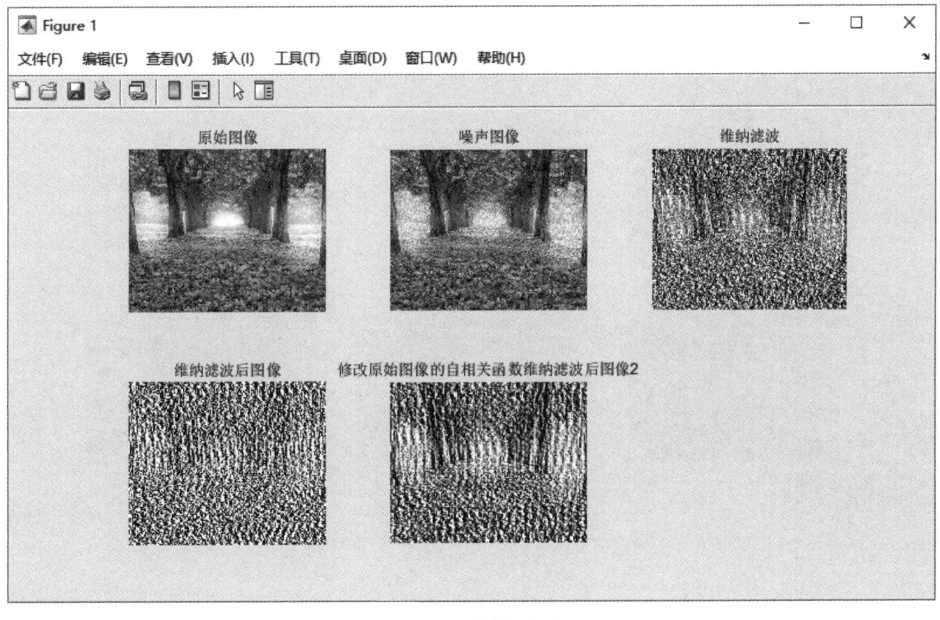

图 8-5 维纳滤波

例 8-4：对图像进行维纳滤波。

解：MATLAB 程序如下。

```
>> close all                 % 关闭打开的文件
>> clear                     % 清除工作区的变量
```

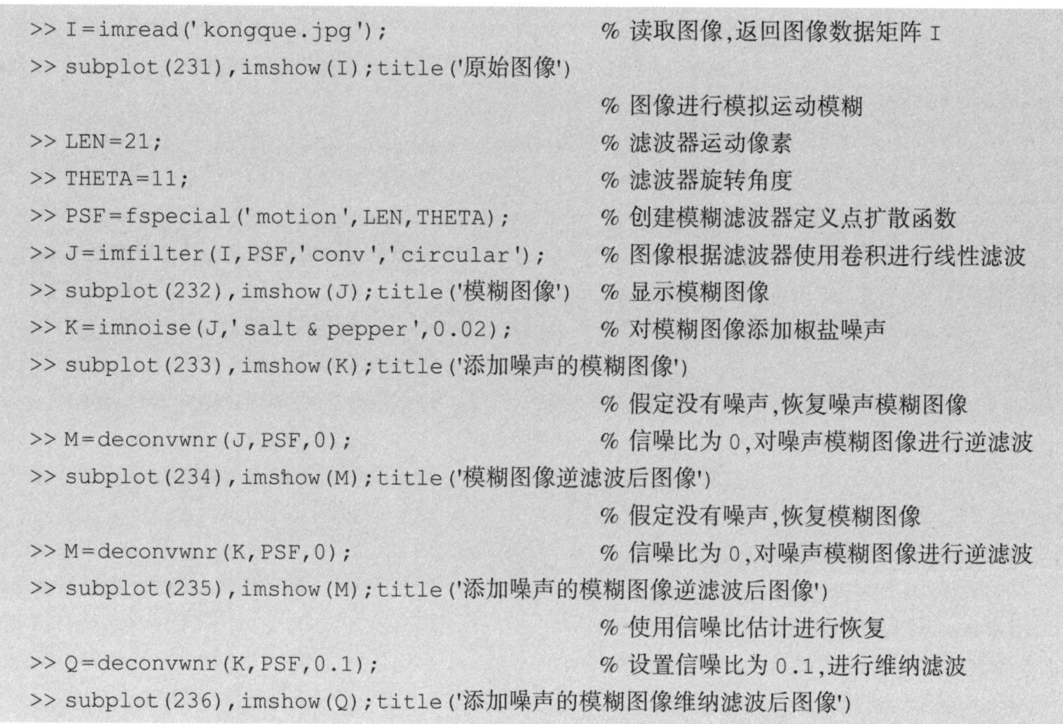

```
>> I=imread('kongque.jpg');                        % 读取图像,返回图像数据矩阵 I
>> subplot(231),imshow(I);title('原始图像')
                                                    % 图像进行模拟运动模糊
>> LEN=21;                                          % 滤波器运动像素
>> THETA=11;                                        % 滤波器旋转角度
>> PSF=fspecial('motion',LEN,THETA);                % 创建模糊滤波器定义点扩散函数
>> J=imfilter(I,PSF,'conv','circular');             % 图像根据滤波器使用卷积进行线性滤波
>> subplot(232),imshow(J);title('模糊图像')          % 显示模糊图像
>> K=imnoise(J,'salt & pepper',0.02);               % 对模糊图像添加椒盐噪声
>> subplot(233),imshow(K);title('添加噪声的模糊图像')
                                                    % 假定没有噪声,恢复噪声模糊图像
>> M=deconvwnr(J,PSF,0);                            % 信噪比为 0,对噪声模糊图像进行逆滤波
>> subplot(234),imshow(M);title('模糊图像逆滤波后图像')
                                                    % 假定没有噪声,恢复模糊图像
>> M=deconvwnr(K,PSF,0);                            % 信噪比为 0,对噪声模糊图像进行逆滤波
>> subplot(235),imshow(M);title('添加噪声的模糊图像逆滤波后图像')
                                                    % 使用信噪比估计进行恢复
>> Q=deconvwnr(K,PSF,0.1);                          % 设置信噪比为 0.1,进行维纳滤波
>> subplot(236),imshow(Q);title('添加噪声的模糊图像维纳滤波后图像')
```

运行结果如图 8-6 所示。

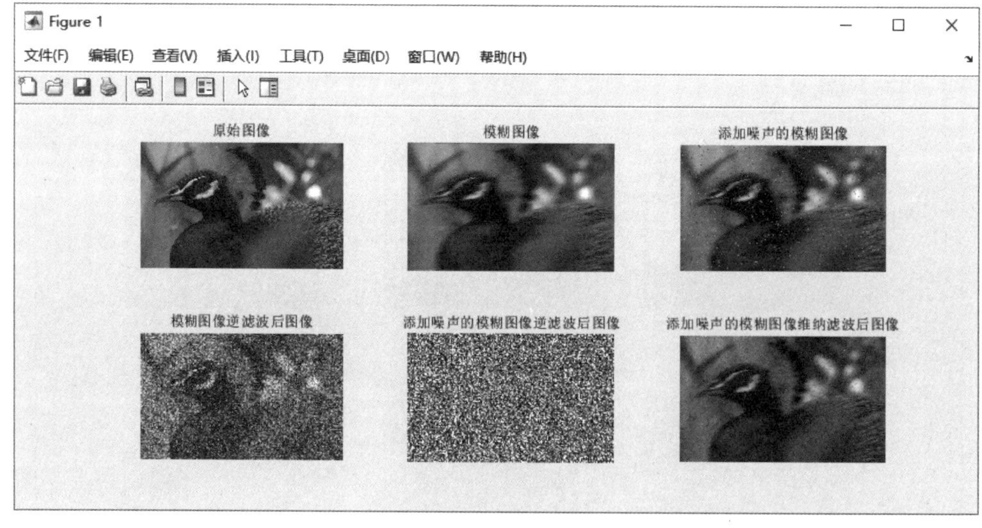

图 8-6　添加噪声的模糊图像维纳滤波

8.3.2 图像线性滤波

通常在图像中，图像的主要能量集中在低频部分，噪声和边缘往往集中在高频部分。所以平滑滤波不仅使噪声减少，图像的边缘信息也会损失，图像的边缘也会变得模糊。为了减少这种不利的效果，通常利用图像锐化来使边缘变得清晰。锐化处理的主要目的是突出图像中的细节或增强被模糊了的细节。

在 MATLAB 中，imfilter 命令用于图像的线性空间滤波，它的使用格式见表 8-2。

表 8-2 imfilter 命令的使用格式

命令格式	说明
B=imfilter (A, h)	A 为输入图像矩阵，用多维过滤器 h 过滤多维数组，并以 B 返回结果
B=imfilter (A, h, options, ...)	根据一个或多个指定选项 options 执行多维过滤

在 MATLAB 中，fspecial 命令用于创建预定义的二维过滤器，对图像进行二维滤波，它的使用格式见表 8-3。

表 8-3 fspecial 命令的使用格式

命令格式	说明
h=fspecial (type)	创建指定类型的二维过滤器 h。type 指定算子的类型
h=fspecial ('average', hsize)	average 为均值滤波，hsize 代表模板尺寸，默认值为 [3, 3]
h=fspecial ('disk', radius)	返回大小为 2*radius+1 的方形矩阵内的圆形平均滤波器 (pillbox)。disk 为圆形区域均值滤波，参数为 radius 代表的区域半径，默认值为 5
h=fspecial ('gaussian', hsize, sigma)	gaussian 为高斯低通滤波，有两个参数，hsize 表示模板尺寸，默认值为 [3, 3]，sigma 为滤波器的标准值，单位为像素，默认值为 0.5
h=fspecial ('laplacian', alpha)	laplacian 为拉普拉斯算子，参数 alpha 用于控制算子形状，取值范围为 [0, 1]，默认值为 0.2
h=fspecial ('log', hsize, sigma)	为拉普拉斯高斯算子，有两个参数，hsize 表示模板尺寸，默认值为 [3, 3]，sigma 为滤波器的标准差，单位为像素，默认值为 0.5
h=fspecial ('motion', len, theta)	motion 为运动模糊算子，有两个参数，表示摄像物体逆时针方向以 theta 角度运动了 len 个像素，len 的默认值为 9，theta 的默认值为 0
h=fspecial ('prewitt')	prewitt 用于边缘增强，大小为 [3, 3]，无参数
h=fspecial ('sobel')	sobel 用于边缘提取，无参数

例 8-5：图像滤波器滤波。

解：在 MATLAB 命令行窗口中输入如下命令。

```
>> close all                                  % 关闭打开的文件
>> clear                                      % 清除工作区的变量
>> I=imread('fengye.jpg');                    % 将当前路径下的图像读取到工作区中
>> H1=fspecial('motion',20,45);               % 创建运动模糊滤波器
>> I1=imfilter(I,H1,'replicate');             % 使用滤波器滤波,模糊图像
>> subplot(2,2,1),imshow(I),title('Original Image')   % 显示原图
>> subplot(2,2,2),imshow(I1),title('Filter Image1')   % 显示滤波后的模糊图像,通过复制外边界的值来扩展图像大小
>> H2=fspecial('disk',10);                    % 创建均值滤波滤波器
>> I2=imfilter(I,H2,'replicate');             % 使用均值滤波滤波器滤波,模糊图像
>> H3=fspecial('sobel');                      % 创建 sobel 算子滤波器
>> I3=imfilter(I,H3);                         % 使用滤波器滤波,模糊图像
>> subplot(2,2,3),imshow(I2),title('Filter Image2')   % 显示均值滤波滤波后的模糊图像
>> subplot(2,2,4),imshow(I3),title('Filter Image3')   % 显示 sobel 算子滤波后的模糊图像
```

运行结果如图 8-7 所示。

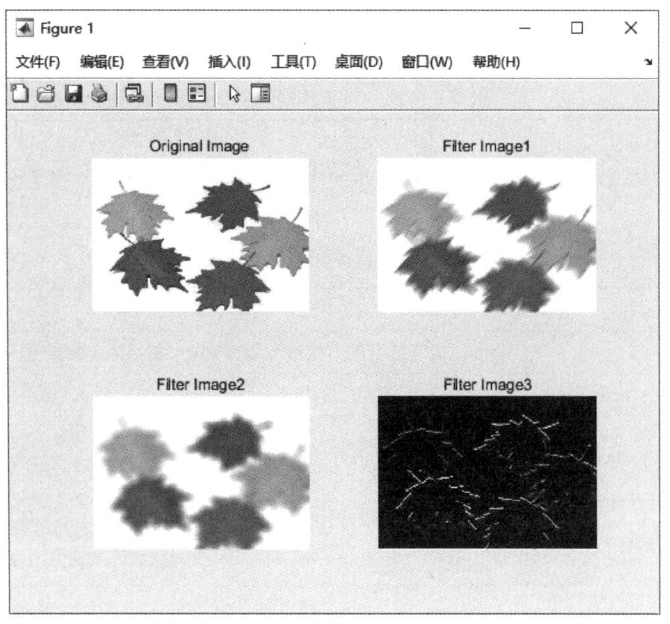

图 8-7 显示图像

8.3.3 正规则化滤波

在最小二乘算法复原处理中，常常需要附加某种约束条件。例如，令 Q 为 f 的线性算子，那么最小二乘法复原的问题可以看成是形式为 $\|\hat{Q}f\|^2$ 的函数，服从约束条件 $\|g-\hat{H}\|^2=\|n\|^2$ 的最小化问题。这种有附加条件的极值问题可以用拉格朗日乘数法来处理。

寻找一个 $\hat{f}$，使下述准则函数为最小：

$$W(\hat{f}) = \|Q\hat{f}\|^2 + \lambda\|g - H\hat{f}\|^2 - \|n\|^2$$

式中，λ 为拉格朗日系数。通过指定不同的 Q，可以得到不同的复原目标。

实现线性复原的方法称为约束的最小二乘方滤波，在 IPT 中称为正规则化滤波，可通过函数 deconvreg 来实现，它的使用格式见表 8-4。

表 8-4 deconvwnr 命令的使用格式

命令格式	说明
J=deconvreg（I，psf）	使用正规则化滤波算法复原图像 I，返回模糊的图像 J。其中，psf 是点扩散函数
J=deconvreg（I，psf，np）	使用维纳滤波算法复原图像 I，返回模糊的图像 J。其中，np 指定加性噪声功率
J=deconvreg（I，psf，np，lrange）	lrange 为最优解搜索的范围，该算法在范围内找到一个最优拉格朗日乘数 lagra
J=deconvreg（I，psf，np，lrange，regop）	使用正规则化算子 regop 复原图像。regop 为正规则化算子，默认的正规则化算子是拉普拉斯算子，以保持图像平滑
[J，lagra] =deconvreg（…）	输出拉格朗日乘数 lagra 的值

例 8-6：使用正规则化滤波算法复原图像。

解：MATLAB 程序如下。

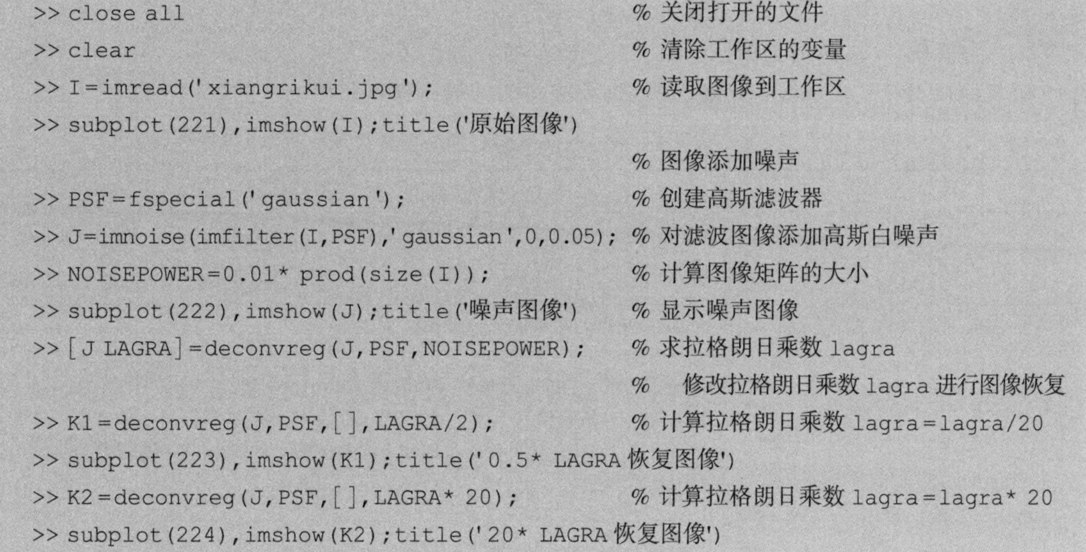

```
>> close all                                          % 关闭打开的文件
>> clear                                              % 清除工作区的变量
>> I=imread('xiangrikui.jpg');                        % 读取图像到工作区
>> subplot(221),imshow(I);title('原始图像')
                                                      % 图像添加噪声
>> PSF=fspecial('gaussian');                          % 创建高斯滤波器
>> J=imnoise(imfilter(I,PSF),'gaussian',0,0.05);      % 对滤波图像添加高斯白噪声
>> NOISEPOWER=0.01* prod(size(I));                    % 计算图像矩阵的大小
>> subplot(222),imshow(J);title('噪声图像')            % 显示噪声图像
>> [J LAGRA]=deconvreg(J,PSF,NOISEPOWER);             % 求拉格朗日乘数 lagra
                                                      %   修改拉格朗日乘数 lagra 进行图像恢复
>> K1=deconvreg(J,PSF,[],LAGRA/2);                    % 计算拉格朗日乘数 lagra=lagra/20
>> subplot(223),imshow(K1);title('0.5* LAGRA 恢复图像')
>> K2=deconvreg(J,PSF,[],LAGRA* 20);                  % 计算拉格朗日乘数 lagra=lagra* 20
>> subplot(224),imshow(K2);title('20* LAGRA 恢复图像')
```

运行结果如图 8-8 所示。

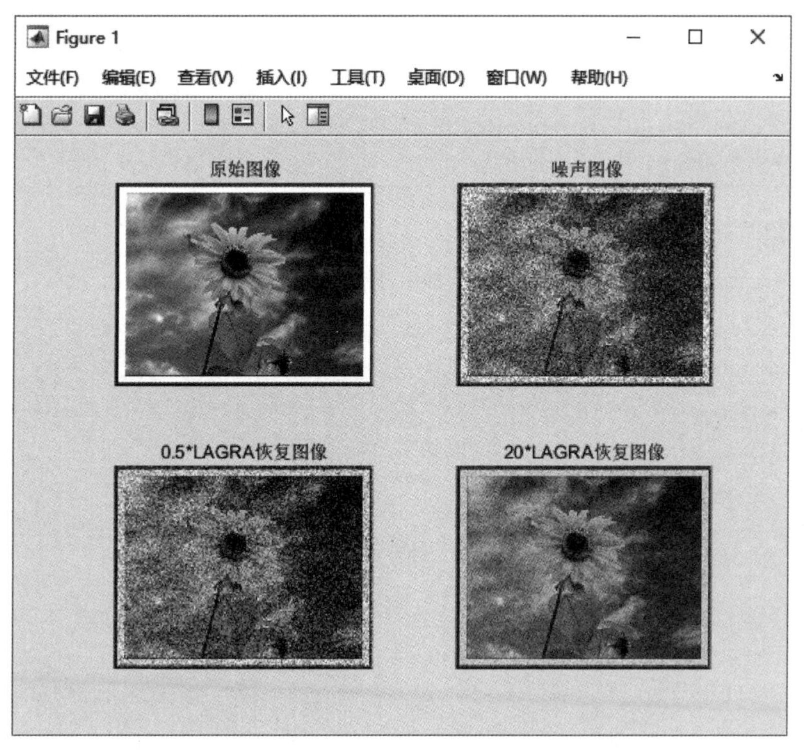

图 8-8　正规则化滤波

8.3.4 Lucy-Richardson 滤波

LR 算法是一种迭代非线性复原算法，它是从最大似然公式转换出来的，图像用泊松分布

加以模型化。当下面这个迭代收敛时，模型的最大似然函数就可以得到一个令人满意的方程：

$$fk+1(x,\ y)=f_k(x,\ y)\left[h(-x,\ \ -y)*\frac{g(x,\ y)}{h(x,\ y)*f_k(x,\ y)}\right]$$

式中，$*$ 为卷积；$\hat{f}$ 为未退化图像的估计，g 和 h 和前面定义一样。

在 MATLAB 中，deconvlucy 命令用 LR 算法对图像进行模糊复原，它的使用格式见表 8-5。

表 8-5　deconvlucy 命令的使用格式

命令格式	说　明
J=deconvlucy（I，psf）	使用 Lucy-Richardson 算法去卷积图像 I，返回模糊的图像 J。假定图像是通过用点扩散函数 PSF 卷积真实图像，并可以通过添加噪声创建
J=deconvlucy（I，psf，iter）	iter 是迭代次数（默认值为 10）
J=deconvlucy（I，psf，iter，dampar）	dampar 是用于指定图像 I（根据泊松噪声的标准偏差）结果图像的阈值偏差的数组，低于此值会发生阻尼。对于在 dampar 值内偏离其原始值的像素，迭代被抑制。这可以抑制这些像素中的噪声，并在其他地方保留必要的图像细节。默认值为 0（无阻尼）
J=deconvlucy（I，psf，iter，dampar，weight）	Weight 为分配给每个像素的权重，反映相机的拍摄质量。默认值是与输入图像 I 大小相同的单位数组
J=deconvlucy（I，psf，iter，dampar，weight，readout）	readout 是对应于附加噪声（如背景，前景噪声）和读出相机噪声方差的阵列（或值）。readout 必须以图像为单位。默认值是 0
J=deconvlucy（I，psf，iter，dampar，weight，readout，subsample）	subsample 表示子采样，当 psf 在采样时间比图像更精细的网格上给出时使用。默认值是 1

例 8-7：使用不同算法对图像进行复原。

解：MATLAB 程序如下。

```
>> close all                                   % 关闭打开的文件
>> clear                                       % 清除工作区的变量
>> I=imread('pen.jpg');                        % 读取图像文件,返回图像数据矩阵 I
>> subplot(221),imshow(I);title('原始图像')
                                               % 图像进行高斯模糊
>> PSF=fspecial('gaussian',7,10);              % 创建高斯滤波器
>> V=.01;                                      % 高斯白噪声方差
>> J=imfilter(I,PSF);                          % 图像根据滤波器进行线性滤波
>> BlurredNoisy=imnoise(J,'gaussian',0,V);     % 添加高斯白噪声,均值为 0,方差为 V
>> J1=deconvlucy(BlurredNoisy,PSF);            % 图像去卷积,返回模糊的图像 J1
>> subplot(222);imshow(BlurredNoisy);title('滤波噪声图像');
>> subplot(223);imshow(J1);title('LR 算法复原图像');
>> J2=deconvreg(J,PSF);                        % 使用正规则化滤波算法复原图像,返回模
糊的图像
>> subplot(224),imshow(J2);title('正规则化滤波算法恢复图像')
```

运行结果如图 8-9 所示。

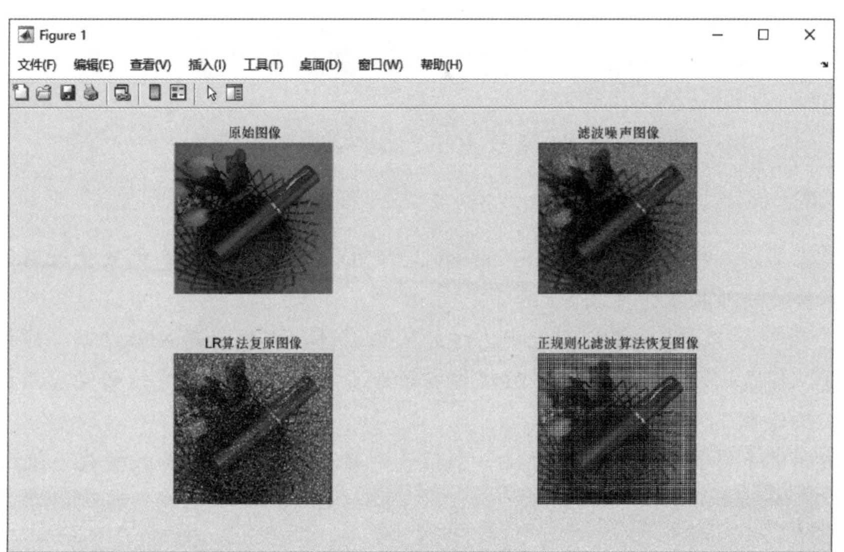

图 8-9　模糊复原

第 9 章　粒子群最小值算法

内容指南

粒子群优化算法（Particle Swarm Optimization，PSO）是通过模拟鸟群觅食行为而发展起来的一种基于群体协作的随机搜索算法。

在工程应用中，PSO 算法在函数优化、神经网络训练、调度问题故障诊断、建模分析、电力系统优化设计、模式识别、图像处理、数据挖据等众多领域中均有相关的研究应用报道，取得了良好的实际应用效果。

本章介绍的粒子群最小值算法用于将一个粒子群移动到一个目标函数的最小值。

内容要点

- 粒子群算法基础
- 粒子群函数
- 算法应用

9.1　粒子群算法基础

Kennedy 和 Eberhart 在 1995 年提出了粒子群算法，该算法模拟鸟群飞行觅食的行为，鸟之间通过集体的协作使群体达到最优目的，是一种基于 Swarm Intelligence 的优化方法。该算法同遗传算法类似，也是一种基于群体的迭代，但没有遗传算法用的交叉以及变异，而是粒子在解空间追随最优的粒子进行搜索。PSO 的优势在于简单，容易实现，同时又有深刻的智能背景，既适合科学研究，又特别适合工程应用，并且没有许多参数需要调整。

9.1.1　粒子群算法的发展

粒子群算法的基本概念源于对鸟群觅食行为的研究。设想这样一个场景：一群鸟在随机搜寻食物，在这个区域里只有一块食物，所有的鸟都不知道食物在哪里，但是它们知道当前的位置离食物还有多远。那么找到食物的最优策略是什么？最简单有效的就是搜寻目前离食物最近的鸟的周围区域。

PSO 算法就从这种生物种群行为特性中得到启发并用于求解优化问题。在 PSO 中，每个优化问题的潜在解都可以想象成 d 维搜索空间上的一个点，称之为“粒子”（Particle），所有的粒子都有一个被目标函数决定的适应值（Fitness Value），每个粒子还有一个速度决定它们飞翔的方向和距离，然后粒子们就追随当前的最优粒子在解空间中搜索。Reynolds 对鸟群飞行的研究发现，鸟仅仅是追踪它有限数量的邻居，但最终的整体结果是整个鸟群好像在一个中心的控制之下，即复杂的全局行为是由简单规则的相互作用引起的。

PSO 算法基本步骤如下。

1）粒子群初始化。

2）根据目标函数计算各粒子适应度值，并初始化个体、全局最优值。

3）判断是否满足终止条件。是则搜索停止，输出搜索结果；否则继续下一步。

4）根据速度、位置更新公式，更新各粒子的速度和位置。

5）根据目标函数计算各粒子适应度值。

6）更新各粒子历史最优值以及全局最优值。

7）跳转至步骤3）。

对于终止条件，通常可以设置为适应值误差达到预设要求，或迭代次数超过最大允许迭代次数。

9.1.2 复杂适应系统

粒子群算法源于复杂适应系统（Complex Adaptive System，CAS）。CAS理论于1994年正式提出，CAS中的成员称为主体。例如，研究鸟群系统，每个鸟在这个系统中就称为主体。主体有适应性，它能够与环境及其他的主体进行交流，并且根据交流的过程“学习”或“积累经验”，改变自身结构与行为。整个系统的演变或进化包括：新层次的产生（小鸟的出生）；分化和多样性的出现（鸟群中的鸟分成许多小的群）；新的主题的出现（鸟寻找食物过程中，不断发现新的食物）。

粒子群算法就是通过对一个CAS系统——鸟群社会系统的研究得出的。CAS理论的最基本的思想可以概述如下：把系统中的成员称为具有适应性的主体（Adaptive Agent），简称为主体。所具有适应性，是指它能够与环境以及其他主体进行交流，在这种交流的过程中“学习”或“积累经验”，并且根据学到的经验改变自身的结构和行为方式。整个系统的演变或进化，包括新层次的产生，分化和多样性的出现，新的、聚合而成的、更大的主体的出现等，都是在这个基础上出现的。

CAS系统中的主体具有以下4个基本特点（这些特点是粒子群算法发展变化的依据）。

1）主体是主动的、活动的。

2）主体与环境及其他主体是相互影响、相互作用的，这种影响是系统发展变化的主要动力。

3）环境的影响是宏观的，主体之间的影响是微观的，宏观与微观要有机结合。

4）整个系统可能还要受一些随机因素的影响。

9.2 粒子群函数

PSO的数学模型可以表示为：

$$V_i = \{V_{i1}, V_{i2}, K, V_{id}, K, V_{iD}\}$$

$$V_{id}^{k+1} = \omega V_{id}^{k} + c_1\xi_1(P_{id} - X_{id}) + c_2\xi_2(P_{gd} - X_{id})$$

$$X_{id}^{k+1} = X_{id}^{k} + V_{id}$$

其中，i是此群中粒子的总数；V_i是粒子的速度；X是粒子的当前位置；c_1，c_2是学习因子，通常$c_1=c_2=2$；ε是惯性权重；p_i是粒子i的历史最优解，p_{id}是p_i的第d个分量；p_g是群体的历史最优解。

9.2.1 算法参数设置

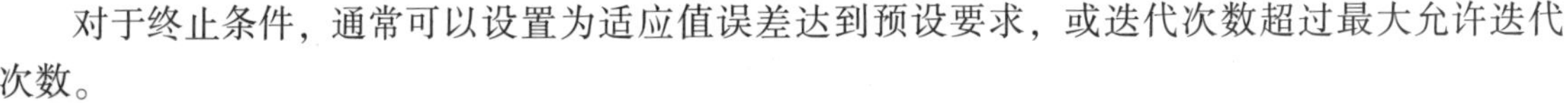

optimoptions函数的功能是创建优化选项，为Optimization Toolbox或Global Optimization Toolbox求解器设置选项，具体的调用格式见表9-1。

表 9-1 optimoptions 命令的使用格式

调用格式	说明
options = optimoptions（SolverName）	返回解算器 solvername 的默认优化选项
options = optimoptions（SolverName，Name，Value）	利用名称-值对组参数设置优化选项属性
options = optimoptions（oldoptions，Name，Value）	返回 oldoptions 的副本，利用名称-值对组参数设置优化选项属性
options = optimoptions（SolverName，oldoptions）	返回 solvername 解算器的默认选项，并将 oldoptions 中适用的选项复制到 options 中
options = optimoptions（prob）	返回 prob 优化问题或方程问题的一组默认优化选项
options = optimoptions（prob，Name，Value）	利用名称-值对组参数设置优化选项属性

9.2.2 粒子群函数

在 MATLAB 优化工具箱中，particleswarm 函数用来在边界内均匀地产生粒子，它的使用格式见表 9-2。

表 9-2 particleswarm 命令的使用格式

调用格式	说明
x = particleswarm（fun，nvars）	通过变化 x 来使目标函数 fun 达到局部最小值指定的目标。nvars 表示变量 x 个数
x = particleswarm（fun，nvars，lb，ub）	给变量 x 设置上下界 lb、ub
x = particleswarm（fun，nvars，lb，ub，options）	用 options 参数指定的优化参数进行最小化，其中，options 可取值为：Display、TolX、TolFun、TolCon、DerivativeCheck、FunValCheck、GradObj、GradConstr、MaxFunEvals、MaxIter、MeritFunction、GoalsExactAchieve、Diagnostics、DiffMinChange、DiffMaxChange 和 TypicalX
x = particleswarm（problem）	求解问题结构体 problem 指定的问题，问题结构体包含所有参数
[x，fval，exitflag，output] = particleswarm（…）	fval 为解 x 处的目标函数值，fval = fun（x），exitflag 描述函数计算的退出条件。output 包含结构的输出

9.3 算法应用

PSO 算法就是模拟一群鸟寻找食物的过程，每个鸟就是 PSO 中的粒子，也就是需要求解问题的可能解，这些鸟在寻找食物的过程中，不停地改变自己在空中飞行的位置与速度。鸟群在寻找食物的过程中开始比较分散，逐渐这些鸟就会聚成一个群，这个群忽高忽低、忽左忽右，直到最后找到食物。这个过程可以转化为数学问题进行。

PSO 算法的计算步骤如下。

1）初始化粒子群 $i=1, 2, \cdots, m$，给予随机的位置和速度 x_i，v_i。

2）评估每个粒子的适应度值 $f(x)$。

3）对每个粒子，更新历史最优位置：p_i。

4）对群体更新历史最优解：p_g。

5）对所有粒子计算：x_i，v_i。

6）若达到终止条件，则终止，否则转步骤2）。

9.3.1 算法应用1

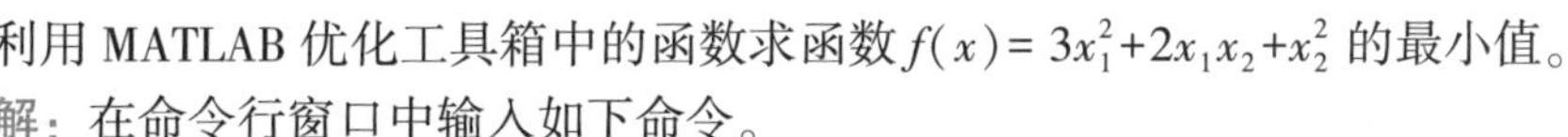

利用MATLAB优化工具箱中的函数求函数$f(x)=3x_1^2+2x_1x_2+x_2^2$的最小值。

解：在命令行窗口中输入如下命令。

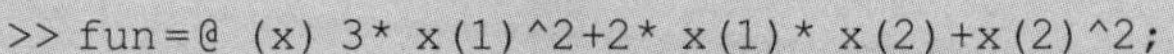

```
>> fun=@ (x) 3* x(1)^2+2* x(1)* x(2)+x(2)^2;
>> nvars=2;                                              % 定义变量个数
>> [x,fval,exitflag,output]=particleswarm(fun,nvars)   % 调用工具箱中的函数求解
```

得到：

```
Optimization ended:relative change in the objective value
over the last OPTIONS.MaxStallIterations iterations is less than OPTIONS.Functi-
onTolerance.
x=
  1.0e-06*
  0.9975    -0.7764
fval=
  2.0391e-12
exitflag=
    1
output=
  包含以下字段的 struct:
rngstate:[1×1 struct]
    iterations:66               % 迭代次数
funccount:1340
       message:'Optimization ended:relative change in the objective value ↵ over
the last OPTIONS.MaxStallIterations iterations is less than OPTIONS.FunctionToler-
ance.'
```

也就是说，函数利用粒子群算法，经过66次迭代，得到目标函数的极小点和极小值。

9.3.2 算法应用2

为了得到该函数的最小值，在［0，4］之间随机地洒一些点，为了演示，放置两个点，并且计算这两个点的函数值，这两个点就是粒子群算法中的粒子。

给这两个点设置在［0，4］之间的一个速度，这两个点就会按照一定的公式更改自己的位置，到达新位置后，再计算这两个点的值，然后再按照一定的公式更新自己的位置。直到最后在$y=-53.5982$这个点停止自己的更新。这就是粒子群算法过程。

寻找函数$y=1-\exp(x)\sin(x)$在［0，4］的最小值。

解：在命令行窗口中输入如下命令。

```
>> fun=@ (x)1-exp(x).* sin(x);    % 编写目标函数
>> fplot(fun)                      % 绘制函数曲线
>> hold on
>> nvars=1;                        % 定义变量个数
>> lb=0;                           % 定义上下界限
>> ub=4;
>> [x,fval,exitflag,output]=particleswarm(fun,nvars,lb,ub)
                                   % 调用优化函数求解上述问题
Optimization ended:relative change in the objective value
over the last OPTIONS.MaxStallIterations iterations is less than OPTIONS.Functi-
onTolerance.
x=
    2.3562
fval=
  -6.4605
exitflag=
    1
output=
  包含以下字段的 struct:
rngstate:[1×1 struct]
    iterations:45
funccount:460
        message:' Optimization ended: relative change in the objective value ↵ over
the last OPTIONS.MaxStallIterations iterations is less than OPTIONS.FunctionToler-
ance.'
>> plot(x,fval,'r* ')              % 绘制最小点
```

运行结果如图 9-1 所示。

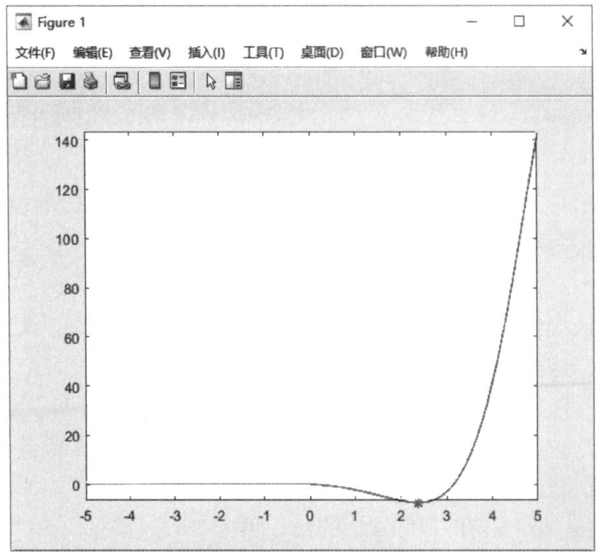

图 9-1　绘制曲线图

由计算结果可知，当 $x=2.3562$，达到最小值 $y=-6.4605$。

9.3.3 算法应用 3

粒子群算法中的位置速度更新公式如下。

每一代中的粒子 i，其速度：

$$V_i = \{V_{i1}, V_{i2}, \cdots, V_{id}, \cdots, V_{id}\}$$

$$V_{id}^{k+1} = \omega V_{id}^k + c_1\xi_1(P_{id} - X_{id}) + c_2\xi_2(P_{gd} - X_{id})$$

其中：ω，c_1，c_2 是常数

$$X_{id}^{k+1} = X_{id}^k + V_{id}$$

其中：p_i 是粒子 i 的历史最优解，p_{id}是 p_i 的第 d 个分量，p_g 是群体的历史最优解。

计算如图 9-2 所示的曲面 $z=xe^{\sin y-\cos x}$在 $x\in[-2\pi,2\pi]$，$y\in[-2\pi,2\pi]$的最小值，显示求解器求解速度。

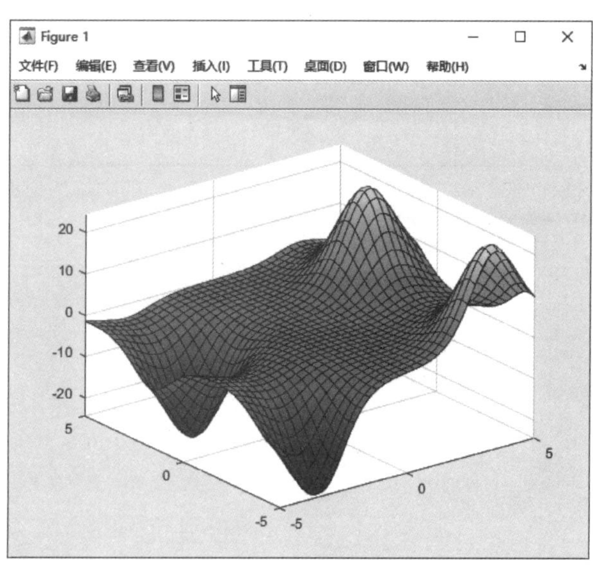

图 9-2 函数曲面

解：MATLAB 程序如下。

```
>> fun=@ (x) x(1).* exp(sin(x(2))-cos(x(1)));  % 定义函数表达式,编写目标函数
>> fsurf(@ (x,y)x.* exp(sin(y)-cos(x)))
>> nvars=2;                                    % 定义变量个数
>> lb=[-2* pi,-2* pi];                         % 定义上下界限
>> ub=[2* pi,2* pi];
>> options=optimoptions('particleswarm','PlotFcn',@ pswplotbestf);
                                               % 使用内置绘图函数查看求解器的进度
>> [x,fval,exitflag,output]=particleswarm(fun,nvars,lb,ub,options)
                                               % 调用优化函数求解上述问题
Optimization ended:relative change in the objective value
over the last OPTIONS.MaxStallIterations iterations is less than OPTIONS.Functi-
onTolerance.
```

```
x=
  -3.4368   1.5708
fval=
  -24.3196
exitflag=
    1
output=
  包含以下字段的 struct:
rngstate:[1×1 struct]
    iterations:54
funccount:1100
      message:'Optimization ended:relative change in the objective value ↵ over
the last OPTIONS.MaxStallIterations iterations is less than OPTIONS.FunctionToler-
ance.'
```

当 $x=-3.4368$，$y=-4.7124$，函数达到最小值 $z=-24.3196$。

运行结果如图 9-3 所示。

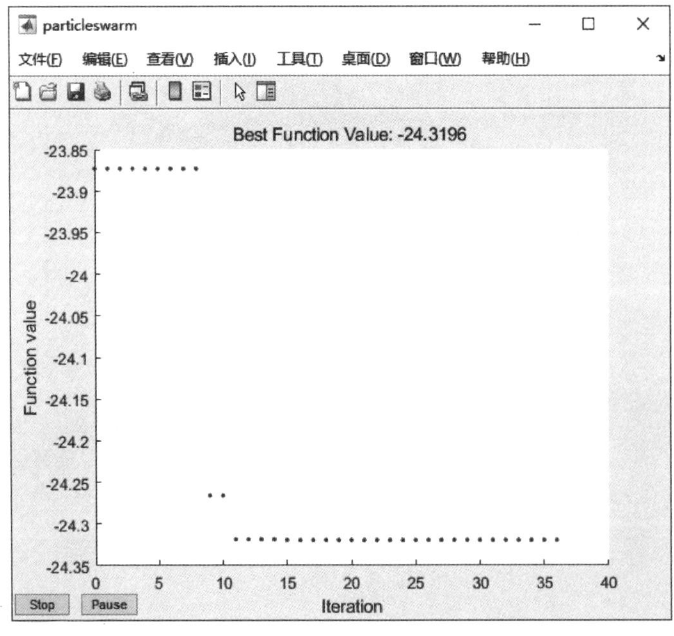

图 9-3　运行速度

9.3.4 算法应用 4

粒子群优化算法求最优解。

D 维空间中，有 N 个粒子；粒子 i 位置：$X_i=(x_{i1},x_{i2},\cdots,x_{id})$，将 X_i 代入适应函数 $f(x_i)$ 求适应值；粒子 i 速度：$V_i=(v_{i1},v_{i2},\cdots,v_{id})$；粒子 i 个体极限值点位置：$pbest_i=(p_{i1},p_{i2},\cdots,p_{id})$；种群的全局极限值点位置：$gbest=(g_1,g_2,\cdots,g_d)$；粒子 i 的第 n 维速度和位置更新公式：

$$V_{in+1}=W*V_{in}+c_1*r_1*(pbest_{in}-x_{in})+c_2*r_2*(gbest_n-x_{in})$$

$$X_{in+1}=X_{in}+V_{in+1}$$

其中，c_1，c_2 为学习因子，经验值取 $c_1=c_2=2$，调节学习最大步长；r_1，r_2 为两个随机数，取值范围（0，1），以增加搜索随机性；w 为惯性因子，非负数，调节解空间的搜索范围。

Foxhole 函数是一个二维的多峰函数，其全局最优点在 $x=(-32,-32)$，目标函数最优值在 $f(x^*)=0.998$。Foxhole 函数如图 9-4 所示。

$$f_8(x)=1/\left(0.002+\sum_{j=1}^{2s}\frac{1}{j+\sum{}^2 i=1(x_i-a_{ij})^6}\right)$$

其中：

$$[a_{ij}]=\begin{bmatrix}-32 & -16 & 0 & 16 & 32 & -32 & -16 & 0 & \cdots & 0 & 16 & 32\\ -32 & -32 & -32 & -32 & -16 & -16 & -16 & \cdots & 32 & 32 & 32 & \end{bmatrix}$$

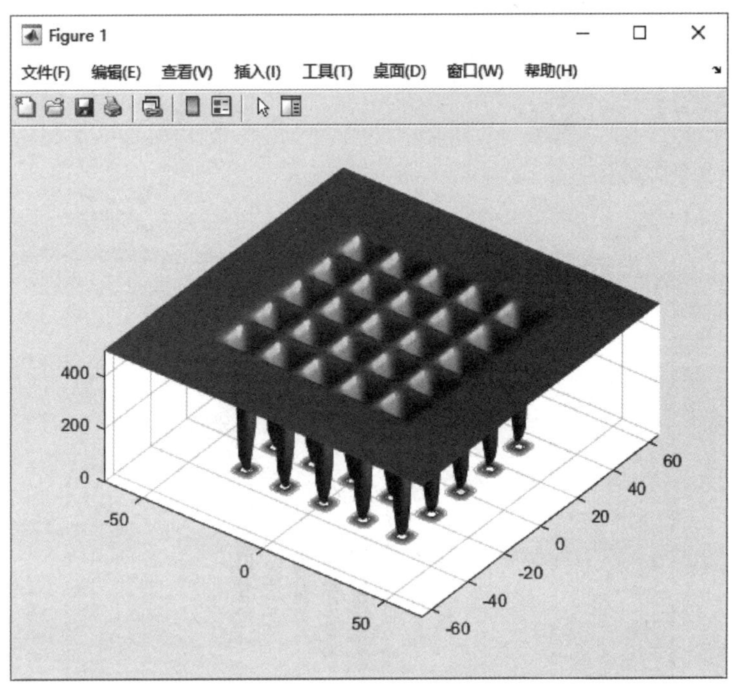

图 9-4　函数曲线

解：在 MATLAB 命令行窗口中输入如下命令。

```
>> dejong5fcn                                          % 绘制演示曲线
>> fun=@ dejong5fcn;                                   % 定义目标函数
>> nvars=2;                                            % 定义变量个数
>> rng default
>> [x,fval,exitflag,output]=particleswarm(fun,nvars)  % 调用工具箱中的函数求解
Optimization ended:relative change in the objective value
over the last OPTIONS.MaxStallIterations iterations is less than OPTIONS.Functi-
onTolerance.
x=
1.0e-08*
```

```
    0.7345-0.0665fval=
    1.0658e-14
exitflag=
    1
output=
  包含以下字段的 struct:
rngstate:[1×1struct]
    iterations:87
funccount:1760
      message:'Optimization ended:relative change in the objective value ↲over
the last OPTIONS.MaxStallIterations iterations is less than OPTIONS.FunctionToler-
ance.'
>>plot(x,fval,'r*')   % 绘制最小点
>>view(45,-45)        % 更改视图
```

运行结果如图 9-5 所示。

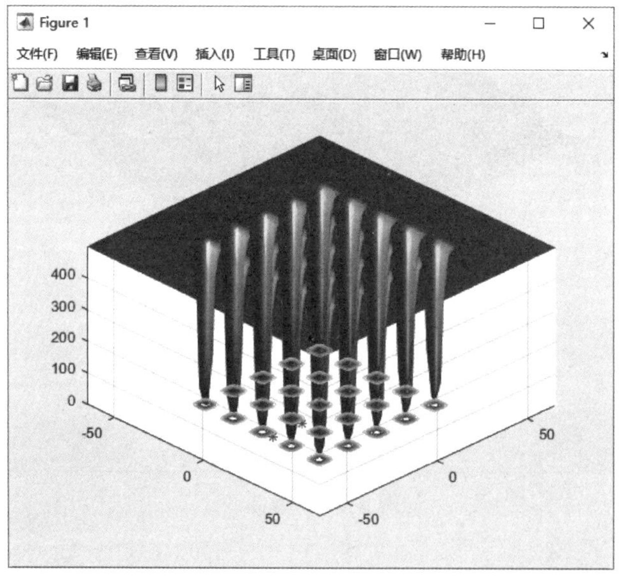

图 9-5　最值图形

由上面的结果，查看函数图显示。该函数在默认范围内有局部极小值。将变量的范围限制为[-50，50]，查看求解者定位全局最小值。

```
>>lb=[-50;-50];% 定义上下界限
>>ub=-lb;
>>[x,fval,exitflag,output]=particleswarm(fun,nvars,lb,ub)
Optimization ended:relative change in the objective value
Optimization ended:relative change in the objective value
over the last OPTIONS.MaxStallIterations iterations is less than OPTIONS.Functi-
onTolerance.
```

```
x=
  -16.0079  -31.9697
fval=
   1.9920
exitflag=
    1
output=
  包含以下字段的 struct:
rngstate:[1×1 struct]
   iterations:34
funccount:700
      message:'Optimization ended:relative change in the objective value ↵ over
the last OPTIONS.MaxStallIterations iterations is less than OPTIONS.FunctionToler-
ance.'
```

由上面的结果，查看函数图显示。该函数在［-50，50］内的全局最小值更小。

```
>> options=optimoptions('particleswarm','SwarmSize',100);  % 选择求解器,粒子群中
的粒子数为100
>> [x,fval,exitflag]=particleswarm(fun,nvars,lb,ub,options)
Optimization ended:relative change in the objective value
over the last OPTIONS.MaxStallIterations iterations is less than OPTIONS.Functi-
onTolerance.
x=
  -31.9781  -31.9784
fval=
   0.9980
exitflag=
   1
```

通过减小粒子大小，使用更多的粒子再次最小化，更好地搜索区域，得到更精确的极小值 0.9980。

9.3.5 算法应用 5

粒子群中每个粒子的速度根据以下三个因素变化。

1）惯性效应（InertiaRange 默认值是［0.1，1.1］）。

2）对粒子所访问的最佳地点的吸引力（SelfAdjustmentWeight，默认值是 1.49）。

3）对相邻粒子中最佳位置的吸引（SocialAdjustmentWeight，默认值是 1.49）。

对边长为 5m 的正方形钢板，在 4 个角处剪去相等的正方形以制成方形无盖的容器，问如何剪可使得容器的容积最大？这是一个在中学数学中经常碰到的问题，在实际中也有很广泛的应用。

假设剪去的正方形的边长为 x，则容器的容积计算公式为：

$$f(x)=(5-2x)^2x$$

根据要求，要在区间［0，2.5］中确定上述函数的最大值。而在 MATLAB 工具箱中函数的调用格式要求求极小值，所以，这里需要将最大化问题转化为最小化问题，也就是求函数

$$f(x) = -(5-2x)^2x$$

的极小值。

解：在 MATLAB 命令行窗口中输入如下命令。

```
>> f=@ (x)-(5-2* x).^2* x;
>> nvars=1;                                        % 定义变量个数
>> lb=0;                                           % 定义上下界限
>> ub=2.5;
>> rng default
>> [x,fval,exitflag,output]=particleswarm(f,nvars,lb,ub)
                                                   % 调用工具箱中的函数求解
得到
Optimization ended:relative change in the objective value
over the last OPTIONS.MaxStallIterations iterations is less than OPTIONS.FunctionTolerance.
x=
    0.8333
fval=
   -9.2593
exitflag=
     1
output=
  包含以下字段的 struct:
rngstate: [1×1 struct]
    iterations:37
funccount:380
       message:'Optimization ended:relative change in the objective value ↵ over the last OPTIONS.MaxStallIterations iterations is less than OPTIONS.FunctionTolerance.'
```

由输出结果可知，经过 37 次迭代，380 次评估之后，函数达到最小值。从而，容积达到最大值。在 $x=0.8333$ 时，容积达到 9.2593。

```
>> options=optimoptions('particleswarm','SelfAdjustmentWeight',1,'SocialAdjustmentWeight',1);
>> nvars=1;                                        % 定义变量个数
>> rng default
>> [x,fval,exitflag,output]=particleswarm(f,nvars,lb,ub,options)
                                                   % 调用工具箱中的函数求解
Optimization ended:relative change in the objective value
over the last OPTIONS.MaxStallIterations iterations is less than OPTIONS.FunctionTolerance.
x=
    0.8333
fval=
   -9.2593
exitflag=
     1
```

```
    output=
      包含以下字段的 struct:
    rngstate:[1×1 struct]
        iterations:35
    funccount:360
          message:' Optimization ended:relative change in the objective value ↵ over the
last OPTIONS.MaxStallIterations iterations is less than OPTIONS.FunctionTolerance.'
```

由输出结果可知，调整粒子速度后，经过 35 次迭代，360 次评估之后，函数达到最小值。从而，容积达到最大值。在 $x=0.8333$ 时，容积达到 9.2593。

9.3.6 算法应用 6

为了获得更精确的解，在原始求解器终止后继续使用混合函数优化，particleswarm 函数使用 HybridFcn 选项运行混合函数。

- []：没有混合功能。
- fminsearch：执行无约束最小化。
- patternsearch：使用模式搜索来执行约束或无约束最小化。
- fminunc：执行无约束最小化。
- fmincon：执行约束最小化。

Rastrigrin 函数是一个多峰值函数：

$$f_4(f) = \sum_{i=1}^{n} [x_i^2 - 10\cos(2\pi x_i) + 10]$$

计算二维 Rastrigrin 函数：

$$Ras(x) = 20 + x_1^2 + x_2^2 - 10(\cos 2\pi x_1 + \cos 2\pi x_2)$$

的最小值，如图 9-6 所示。

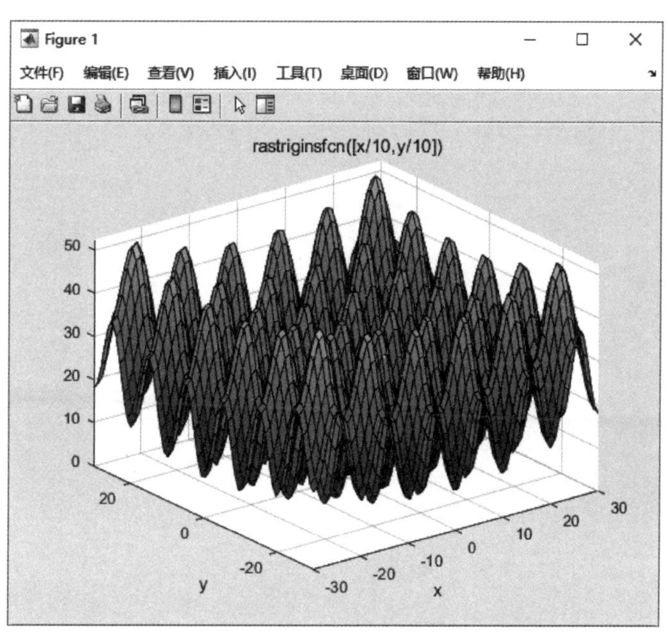

图 9-6　二维图形

解：在 MATLAB 命令行窗口中输入如下命令。

```
>> f=@ (x,y)rastriginsfcn([x./10,y./10]);
>> ezsurf(f,[-30 30])
>> nvars=2;                              % 定义变量个数
>> [x,fval,exitflag,output]=particleswarm(@ rastriginsfcn,nvars)
                                         % 调用工具箱中的函数求解
Optimization ended:relative change in the objective value
over the last OPTIONS.MaxStallIterations iterations is less than OPTIONS.Functi-
onTolerance.
x=
  1.0e-08*
    0.7345  -0.0665
fval=
    1.0658e-14
exitflag=
    1
output=
  包含以下字段的 struct:
rngstate:[1×1 struct]
    iterations:87
funccount:1760
       message:'Optimization ended:relative change in the objective value ↵ over the
last OPTIONS.MaxStallIterations iterations is less than OPTIONS.FunctionTolerance.'
```

经过 87 次迭代，得到曲面的局部极值点与最小值 1.0658e-14。

```
>> options=optimoptions('particleswarm');
>> options.HybridFcn=@ fminunc;   % 调用混合函数,执行无约束最小化
>> nvars=2;                       % 定义变量个数
>> [x,fval,exitflag,output]=particleswarm(@ rastriginsfcn,nvars,[],[],options)
                                  % 调用工具箱中的函数求解
Optimization ended:relative change in the objective value
over the last OPTIONS.MaxStallIterations iterations is less than OPTIONS.Functi-
onTolerance.
x=
  1.0e-08*
  0.1711-0.0208
fval=
    0
exitflag=
    1
output=
  包含以下字段的 struct:
rngstate:[1×1 struct]
    iterations:84
funccount:1721
```

```
        message:'Optimization ended:relative change in the objective value ↵over
the last OPTIONS.MaxStallIterations iterations is less than OPTIONS.FunctionToler-
ance.↵FMINUNC: ↵Local minimum possible.↵↵fminunc stopped because the size of the cur-
rent step is less than ↵the value of the step size tolerance.↵↵<stopping criteria de-
tails>↵↵Optimization stopped because the norm of the current step,4.658125e-09,is ↵
less than options.StepTolerance=1.000000e-06.↵↵↵'
```

在原始求解器终止后继续使用混合函数 fminunc 优化，获得了更精确的解。

第 10 章　多目标优化算法

内容指南

本章介绍多目标规划问题的数学原理、各种经典算法以及在 MATLAB 中的实现，并用大量的实际应用来进行说明。

内容要点

- 数学原理
- 基本函数
- 算法应用

10.1　数学原理

多目标规划是在线性规划的基础上为适应复杂的多目标最优决策的需要发展起来的。它对众多的目标分别确定一个希望实现的目标值，然后按目标的重要级别依次进行考虑与计算，以求得最接近实现各目标预定数值的方案。如果某些目标由于种种约束而不能完全实现，它也能指出目标值不能实现的程度及原因，以供决策者参考。通过对各种目标重要程度，希望实现值及其他数据的变化、分析，可以得到一系列的决策方案，供决策者在复杂的经济活动中决策。多目标规划方法特别适合经济活动中的目标管理。

运用线性规划，可以处理许多线性系统的最优化问题。但是，由于线性规划存在目标单一性、约束条件相容性和约束条件“刚性”等诸多限制条件，不能适应复杂多变的生产经营管理系统对综合性、多目标性指标的实际要求，使它在解决实际问题时，存在着一定的局限性。例如，一个企业就是由多个不同部门构成的一个复杂生产经营系统，每个部门都有其相应的工作目标。其中，财务部门可能希望有尽可能大的利润，以实现其年度利润要求；物资部门可能希望有尽可能少的物资消耗，以节约储备资金占用；销售部门可能希望产品品种多样化，以适销对路等。这些多目标问题的提出是线性规划难以解决的，需要用多目标规划加以解决。

10.2　基本函数

多目标规划问题在 MATLAB 工具箱函数的调用中也有自己的标准形式，多目标规划的在 MATLAB 调用中遵守的形式为：

$\min\limits_{x,\gamma} \gamma$

subject to

$$F(\boldsymbol{x}) - weight \cdot \gamma \leqslant goal$$
$$C(\boldsymbol{x}) \leqslant 0$$
$$Ceq(\boldsymbol{x}) \leqslant 0$$
$$\boldsymbol{Ax} \leqslant \boldsymbol{b}$$

$$Aeqx = bep$$
$$lb \leqslant x \leqslant ub$$

其中：x、b、beq、lb、ub 是向量；A、Aeq 为矩阵；$C(x)$、$Ceq(x)$ 和 $F(x)$ 是返回向量的函数，$F(x)$、$C(x)$、$Ceq(x)$ 可以是非线性函数；$weight$ 为权值系数向量，用于控制对应的目标函数与用户定义的目标函数值的接近程度；$goal$ 是用户设计的与目标函数相应的目标函数值向量；γ 为一个松弛因子标量；$F(x)$ 为多目标规划中的目标函数向量。

10.2.1 optimset 函数

对于优化控制，MATLAB 提供了 18 个参数。optimset 函数的功能是创建或编辑优化选项参数结构。具体的调用格式见表 10-1。

表 10-1 optimset 命令的使用格式

调用格式	说明
optimset	没有任何输入、输出参数，将显示一张完整的带有有效值的参数列表
options = optimset	创建一个选项结构体 options，其中所有的元素被设置为 [ ]
options = optimset（optimfun）	创建一个含有所有参数名和与优化函数 optimfun 相关的默认值的选项结构 options
options = optimset（Name，Value）	创建一个名为 options 的优化选项参数，其中指定的参数具有指定值。所有未指定的参数都设置为空矩阵 [ ]（将参数设置为 [ ]，表示当 options 传递给优化函数时给参数赋默认值）。赋值时只要输入参数前面的字母就行了
options = optimset（oldopts，Name，Value）	创建一个 oldopts 的副本，用指定的数值修改参数
options = optimset（oldopts，newopts）	将已经存在的选项结构 oldopts 与新的选项结构 newopts 进行合并。newopts 参数中的所有元素将覆盖 oldopts 参数中的所有对应元素

例 10-1：optimset 使用举例。

解：MATLAB 程序如下。

```
>> options=optimset('Display','iter','TolFun',1e-8)
```

上面的语句创建了一个名为 options 的优化选项结构，其中显示参数设为 iter，TolFun 参数设置为 1e-8。结果如下。

```
options=
包含以下字段的 struct:
                Display:'iter'
MaxFunEvals:[]
MaxIter:[]
TolFun:1.0000e-08
TolX:[]
FunValCheck:[]
OutputFcn:[]
PlotFcns:[]
ActiveConstrTol:[]
              Algorithm:[]
```

```
    AlwaysHonorConstraints:[]
DerivativeCheck:[]
            Diagnostics:[]
DiffMaxChange:[]
DiffMinChange:[]
FinDiffRelStep:[]
FinDiffType:[]
GoalsExactAchieve:[]
GradConstr:[]
GradObj:[]
HessFcn:[]
                Hessian:[]
HessMult:[]
HessPattern:[]
HessUpdate:[]
InitialHessType:[]
InitialHessMatrix:[]
InitBarrierParam:[]
    InitTrustRegionRadius:[]
Jacobian:[]
JacobMult:[]
JacobPattern:[]
              LargeScale:[]
MaxNodes:[]
MaxPCGIter:[]
MaxProjCGIter:[]
MaxSQPIter:[]
MaxTime:[]
MeritFunction:[]
MinAbsMax:[]
NoStopIfFlatInfeas:[]
ObjectiveLimit:[]
      PhaseOneTotalScaling:[]
Preconditioner:[]
PrecondBandWidth:[]
RelLineSrchBnd:[]
    RelLineSrchBndDuration:[]
ScaleProblem:[]
                Simplex:[]
SubproblemAlgorithm:[]
TolCon:[]
TolConSQP:[]
TolGradCon:[]
TolPCG:[]
```

```
TolProjCG:[]
TolProjCGAbs:[]
TypicalX:[]
UseParallel:[]
```

10.2.2 多目标规划函数

在 MATLAB 优化工具箱中，用函数 fgoalattain 来求解多目标规划问题，也称为目标达到问题。它的使用格式也非常简单，见表 10-2。

表 10-2 fgoalattain 命令的使用格式

调用格式	说 明
x=fgoalattain（fun，x0，goal，weight）	通过变化 x 使目标函数 fun 达到 goal 指定的目标。用 x0 作为初始值，参数 weight 指定权重。其中，x0 可以是标量、向量或者矩阵，函数 fun 接受参数 x 的值，返回一个向量或者矩阵
x=fgoalattain（fun，x0，goal，weight，A，b）	求解带约束条件 A＊x <=b 的多目标规划问题
x=fgoalattain（fun，x0，goal，weight，A，b，Aeq，beq）	求解同时带有不等式约束和等式约束 Aeq＊x=Beq 的多目标规划问题
x=fgoalattain（fun，x0，goal，weight，A，b，Aeq，beq，lb，ub）	求解上述问题，同时给变量 x 设置上下界
x=fgoalattain（fun，x0，goal，weight，A，b，Aeq，beq，lb，ub，nonlcon）	求解上述问题，同时约束中加上由函数 nonlcon（通常为 M 文件定义的函数）定义的非线性约束。当调用函数［C，Ceq］=feval（nonlcon，x）时，nonlcon 应返回向量 C 和 Ceq，分别代表非线性不等式和等式约束
x=fgoalattain（fun，x0，goal，weight，A，b，Aeq，beq，lb，ub，nonlcon，options）	用 options 参数指定的优化参数进行最小化。其中，options 可取值为：Display、TolX、TolFun、TolCon、DerivativeCheck、FunValCheck、GradObj、GradConstr、MaxFunEvals、MaxIter、MeritFunction、GoalsExactAchieve、Diagnostics、DiffMinChange、DiffMaxChange 和 TypicalX
x=fgoalattain（problem）	求解问题结构体 problem 指定的问题，问题结构体包含所有参数。Objective、x0、goal、weight、Aineq、bineq、Aeq、beq、lb、ub、nonlcon、solver、options
［x，fval］=fgoalattain（＿＿＿）	fval 为解 x 处的目标函数值，fval=fun（x）
［x，fval，attainfactor，exitflag，output］=fgoalattain（＿＿＿）	返回解 x 处的目标达到因子 attainfactor。若 attainfactor 为负值，则目标 over-achieved；若 attainfactor 为正，则目标 under-achieved。 返回 exitflag 值，描述函数计算的退出条件，见表 10-3。 返回包含 output 结构的输出，其中，output 包含的内容及含义见表 10-4
［x，fval，attainfactor，exitflag，output，lambda］=fgoalattain（＿＿＿）	返回 lambda 在解 x 处的结构参数。 • 1：收敛到最优解。 • 0：超出迭代次数（若增大允许次数可得最优解）

表 10-3 exitflag 取值

EXITFLAG 值	含　义
1	函数 FGOALATTAIN 收敛到最优解处
4	重要搜索方向小于规定的允许范围并且约束违背小于 options. TolCon
5	重要方向导数小于规定的允许范围并且约束违背小于 options. TolCon
0	达到最大迭代次数或达到函数评价
-1	算法由输出函数终止
-2	无可行解

表 10-4 output 取值

output 结构值	含　义
output. iterations	迭代次数
output. funccount,	函数评价次数
output. algorithm	所用的算法
output. cgiterations	共轭梯度法的使用次数
output. firstorderopt	一阶最优性条件
output. message	跳出信息

10.3 算法应用

某工厂生产甲、乙两种产品，已知有关数据见表 10-5。求获利最大的生产方案。

表 10-5 某工厂生产甲、乙两种产品，已知有关数据

	甲	乙	拥有量
原材料	2	1	11
设备台时	1	2	10
利润	8	10	

这是一个典型的线性规划问题。设 x_1，x_2 分别表示产品甲、乙的计划产量，用线性规划模型表示为：

$$\max 8x_1+10x_2$$

subject to

$$2x_1+x_2\leqslant 11$$
$$x_1+2x_2\leqslant 10$$
$$x_1,\ x_2\geqslant 10$$

利用线性规划的解法或者图解法，很容易得到上述问题的最优决策方案：$x=[4,3]$，$Z=62$ 元。但实际上，工厂在做决策时，要考虑市场等一系列其他条件，例如：

1）根据市场信息，产品甲的销售量有下降的趋势，所以，考虑产品甲的产量不大于产品乙。

2）超过计划供应的原材料时，需要高价采购，这样会使得成本增加。

3）在不加班的条件下，应尽可能充分利用设备。

4）尽可能达到并超过计划利润指标。

这样，在考虑产品决策时，便成为了多目标决策问题。多目标规划的方法是解决这一类问题的方法之一。下面介绍相关概念。

1. 正、负偏差变量

先介绍目标值与实际值的概念。

1）目标值　是指预先给定的某个目标的期望值。

2）实际值　也称为决策值，是当决策变量选定后，目标函数的对应值。

3）正偏差变量　表示实际值超过目标值的部分。

4）负偏差变量　表示实际值达到目标值的部分。

2. 绝对约束和目标约束

1）绝对约束　是指必须严格满足的等式约束和不等式约束。

2）目标约束：是指某些不必严格满足的等式约束和不等式约束。这是多目标规划所特有的，这些约束不一定要求严格完全满足，允许发生正或负的偏差，因此在这些约束中可以加入正负偏差变量，它们也称为软约束。

3. 优先因子与权系数

一个多目标规划问题常常有若干目标，但决策者在要求达到这些目标时，是有轻重缓急之分的。凡是要求第一位达到的目标赋予优先因子 P_1，次位的目标赋予优先因子 P_2，…，并规定前面的优先因子有更大的优先权；若要区别具有相同优先因子的两个不同子目标的差别，可赋予它们不同的权系数。

4. 目标规划的目标函数

目标规划的目标函数是按各目标约束的正、负偏差变量和赋予相应的优先因子构造的。每当一目标值确定后，决策者的要求是尽可能缩小与目标值的偏离，一次目标规划的目标函数只能是：

$$\min Z=f(d^+,\ d^-)$$

对于每一个具体的目标规划，可根据决策者的要求和赋予各目标的优先因子来构造目标函数。

10.3.1 算法应用 1

例 10-2：公司决定使用 200 万元新产品开发基金购买两种原材料 A、B，材料 A2.3 万元/t，材料 B3 万元/t。根据新产品开发的需要，购得原材料的总量不少于 70t，其中，原材料 B 不少于 30t，试给该公司确定最佳采购方案。

由题意可见，设 x_1，x_2 分别为采购原料 A、B 的数量，根据要求，采购的费用应尽可能少，采购的总量尽可能多，采购原料 B 尽可能多。由此，得到如下问题：

$$\min 2.3x_1+3x_2$$
$$\max x_1+x_2$$
$$\max x_2$$

subject to

$$2.3x_1+3x_2\leqslant 200$$
$$x_1+x_2\geqslant 70$$
$$x_2\geqslant 30$$

$$x_1,\ x_2 \geqslant 0$$

为了使用 MATLAB 优化工具函数，将上述问题化为 MATLAB 可接受的标准形式：

$$\min 2.3x_1+3x_2$$
$$\min -x_1-x_2$$
$$\min -x_2$$

subject to

$$2.3x_1+3x_2 \leqslant 200$$
$$-x_1-x_2 \geqslant -70$$
$$-x_2 \geqslant -30$$
$$x_1,\ x_2 \geqslant 0$$

解：

首先，编写目标函数文件。

```
function f=gofun(x)
% 定义目标函数
f(1)=2.3* x(1)+3* x(2);
f(2)=-x(1)-x(2);
f(3)=-x(2);
```

然后，给定目标，权重按照一般规律为目标的绝对值，同时给出初始条件。

```
>> goal=[200-70-30];
>> weight=abs(goal);
>> x0=[25 33];
```

输入约束矩阵，和其他约束条件。

```
>> A=[2.3 3
-1 -1
0 -1];
>> b=[200 -70 -30];
>> lb=zeros(2,1);
```

调用优化函数求解。

```
>> [x,fval,attainfactor,exitflag,output,lambda]=fgoalattain(@ gofun,x0,goal,
weight,A,b,[],[],lb)
Local minimum possible.Constraints satisfied.
fgoalattain stopped because the size of the current search direction is less than
twice the value of the step size tolerance and constraints are
satisfied to within the value of the constraint tolerance.

<stopping criteria details>
x=
  41.8848  31.4136
fval=
```

```
  190.5759  -73.2984  -31.4136
 attainfactor=
   -0.0471
 exitflag=
    4
 output=
   包含以下字段的 struct:
         iterations:8
 funcCount:39
 lssteplength:1
           stepsize:2.8521e-08
           algorithm:'active-set'
 firstorderopt:[]
 constrviolation:3.7792e-11
             message:'↵Local minimum possible. Constraints satisfied.↵↵fgoalattain
stopped because the size of the current search direction is less than↵twice the value
of the step size tolerance and constraints are ↵satisfied to within the value of the
constraint tolerance.↵↵<stopping criteria details>↵↵Optimization stopped because
the norm of the current search direction,2.836116e-08,↵is less than 2* options.Step-
Tolerance=1.000000e-06,and the maximum constraint ↵violation,3.779162e-11,is less
than options.ConstraintTolerance=1.000000e-06.↵↵'
 lambda=
   包含以下字段的 struct:
         lower:[2×1 double]
         upper:[2×1 double]
 eqlin:[0×1 double]
 eqnonlin:[0×1 double]
 ineqlin:[3×1 double]
 ineqnonlin:[0×1 double]
```

最佳采购方案为：材料 A：41.9t；材料 B：31.4t；此时采购总费用为 190.5 万元；总重量为 73.3t。

10.3.2 算法应用 2

例 10-3：某工厂准备生产两种新产品甲和乙，生产设备费用分别为：每生产 1t 甲需要 1 万元，生产 1t 乙需要 3 万元。但是，由于技术方面存在天然缺陷，这两种产品的生产均会造成环境污染，为了做好环境处理工作，每生产 1t 甲需要花费 3 万元，每生产 1t 乙需要花费 2 万元来治理造成的环境污染。市场调查显示，这两种新产品都有广阔的市场，每个月的需求量不少于 8t，但是，工厂生产这两种产品的生产能力有限，分别为：产品甲每月 5t，产品乙每月 6t。试确定生产方案，使得在满足市场需要的前提下，使设备投资和环境治理费用最小。另外，在政府治理环境的压力下，根据工厂决策层的经验决定，这两个目标中，环境污染应优先考虑，设备投资的目标值为 20 万元，环境治理费用的目标为 15 万元。

假设工厂每月生产产品甲、乙的产量分别为 x_1，x_2，则上述问题可以表达为如下的多目标规划问题：

$$\min x_1+3x_2$$
$$\min 3x_1+2x_2$$

subject to

$$x_1+x_2 \geqslant 8$$
$$x_1 \leqslant 5$$
$$x_2 \leqslant 6$$
$$x_1,\ x_2 \geqslant 0$$

化成标准形式为：

$$\min x_1+3x_2$$
$$\min 3x_1+2x_2$$

subject to

$$-x_1-x_2 \leqslant -8$$
$$x_1 \leqslant 5$$
$$x_2 \leqslant 6$$
$$x_1,\ x_2 \geqslant 0$$

解：

编写目标函数文件。

```
function f=gofun1(x)
% 定义目标函数
f(1)=x(1)+3* x(2);
f(2)=3* x(1)+2* x(2);
```

给定目标和权重，并给出初始点。

```
>> goal=[20 12];
>> weight=abs(goal);
>> x0=[2 3];
```

给出约束条件。

```
>> A=[-1 -1
1 0
0 1];
>> b=[-8 5 6];
>> lb=zeros(2,1);
```

调用函数求解。

```
>> [x,fval,attainfactor,exitflag,output,lambda]=fgoalattain(@ gofun1,x0,goal,
weight,A,b,[],[],lb)
Local minimum possible. Constraints satisfied.
fgoalattain stopped because the size of the current search direction is less than
twice the value of the step size tolerance and constraints are
satisfied to within the value of the constraint tolerance.
<stopping criteria details>
x=
   2.0000    6.0000
fval=
```

```
    20    18
attainfactor=
    0.5000
exitflag=
    4
output=
  包含以下字段的 struct:
        iterations:4
funcCount:19
lssteplength:1
          stepsize:1.3174e-09
          algorithm:'active-set'
firstorderopt:[]
constrviolation:8.8818e-16
            message:'↵Local minimum possible.Constraints satisfied.↵↵fgoalattain stopped because the size of the current search direction is less than↵twice the value of the step size tolerance and constraints are ↵satisfied to within the value of the constraint tolerance.↵↵<stopping criteria details>↵↵Optimization stopped because the norm of the current search direction,1.317395e-09,↵is less than 2* options.StepTolerance=1.000000e-06,and the maximum constraint ↵violation,8.881784e-16,is less than options.ConstraintTolerance=1.000000e-06.↵↵'
lambda=
  包含以下字段的 struct:
        lower: [2×1 double]
        upper: [2×1 double]
eqlin: [0×1 double]
eqnonlin: [0×1 double]
ineqlin: [3×1 double]
ineqnonlin: [0×1 double]
```

最佳安排生产的方案为：生产产品甲 2t，生产产品乙 6t；设备投资费和环境治理费用分别为 20 万元，18 万元。

10.3.3 算法应用 3

例 10-4：输出反馈控制器。考虑如下的微分方程线性系统：

$$\dot{x} = (\boldsymbol{A} + \boldsymbol{BKC})x + \boldsymbol{B}u$$
$$y = \boldsymbol{C}x$$

这是一个双输入双输出非稳态过程，输入设备的状态空间矩阵如下。

$$\boldsymbol{A} = \begin{bmatrix} -0.5 & 0 & 0 \\ 0 & -2 & 10 \\ 0 & 1 & -2 \end{bmatrix} \quad \boldsymbol{B} = \begin{bmatrix} 1 & 0 \\ -2 & -2 \\ 0 & 1 \end{bmatrix} \quad \boldsymbol{C} = \begin{bmatrix} 1 & 0 & 0 \\ 0 & 0 & 1 \end{bmatrix}$$

要求设计一个复杂设备的输出反馈控制器，使闭环系统。

$$\dot{x} = (\boldsymbol{A} + \boldsymbol{BKC})x + \boldsymbol{B}u$$

$$y = \boldsymbol{C}x$$

在复平面轴上点［-5，-3，-1］的左侧有极点，另外，为了不使输入“饱和”，要求$-4 \leq K_{ij} \leq 4(i, j=1, 2)$。也就是说，此控制器不能有可增益元素的绝对值超过4。

该问题就是要求解矩阵$\boldsymbol{K}$，使矩阵（$\boldsymbol{A}+\boldsymbol{BKC}$）的极点为［-5，-3，-1］，这是一个多目标规划问题。

解：

初始的目标值设置为：goal＝［-5 -3 -1］。

权重设置为：weight＝abs（goal）。

初始点设置为：$\boldsymbol{K}$0＝[-1 -1;-1 -1]。

先建立目标函数文件，保存为eigfun. m（为了与MATLAB中的函数保持一致，这里的函数名的使用与库函数相同）。

```
function F=eigfun(K,A,B,C)
                                            % 定义目标函数
F=sort(eig(A+B* K* C));                     % 估计目标函数值
```

然后，在命令行窗口中输入各参数，并调用优化函数。

```
>> A=[-0.5 0 0
0 -2 10
0 1 -2];
>> B=[1 0
-2 2
0 1];
>> C=[1 0 0
0 0 1];
>> K0=[-1 -1
-1 -1];                                         % 初始化控制器矩阵
>> goal=[-5 -3 -1];                             % 为闭合环路的特征值(极点)设置目标值向量
>> weight=abs(goal)                             % 设置权值向量
weight=
    5    3    1
>> lb=-4* ones(size(K0));                       % 设置控制器的下界
>> ub=4* ones(size(K0));                        % 设置控制器的上界
>> options=optimset('Display','iter');          % 设置显示参数:显示每次迭代的输出
>> [x,fval,attainfactor,exitflag,output,lambda]=fgoalattain(@ eigfun,K0,goal,
weight,[],[],[],[],lb,ub,[],options,A,B,C)
```

得到的结果为：

```
                  Attainment        Max     Line search     Directional
 Iter F-count       factor     constraint   steplength      derivative    Procedure
    0      6            0        1.88521
    1     13        1.031        0.02998            1            0.745
    2     20       0.3525        0.06863            1           -0.613
```

```
    3          27          -0.1706     0.1071          1          -0.223
Hessian modified
    4          34          -0.2236     0.06654         1          -0.234
Hessian modified twice
    5          41          -0.3568     0.007894        1          -0.0812
    6          48          -0.3645     0.000145        1          -0.164
Hessian modified
    7          55          -0.3645     0               1          -0.00515
Hessian modified
    8          62          -0.3675     0.0001546       1          -0.00812
Hessian modified twice
    9          69          -0.3889     0.008328        1          -0.00751
Hessian modified
    10         76          -0.3862     0               1           0.00568
    11         83          -0.3863     2.955e-13       1          -0.998
Hessian modified twice

Local minimum possible. Constraints satisfied.
fgoalattain stopped because the size of the current search direction is less than
twice the value of the step size tolerance and constraints are
satisfied to within the value of the constraint tolerance.

<stopping criteria details>
x=
  -4.0000  -0.2564
  -4.0000  -4.0000
fval=
  -6.9313
  -4.1588
  -1.4099
attainfactor=
  -0.3863
exitflag=
    4
output=
  包含以下字段的 struct:
        iterations:12
funcCount:83
lssteplength:1
          stepsize:1.4349e-12
          algorithm:'active-set'
firstorderopt:[]
constrviolation:2.9549e-13
```

```
            message:'↵Local minimum possible.Constraints satisfied.↵↵fgoalattain
stoppedbecause the size of the current search direction is less than↵twice the value
of the step size tolerance and constraints are ↵satisfied to within the value of the
constraint tolerance.↵↵<stopping criteria details>↵↵Optimization stopped because
the norm of the current search direction,1.425641e-12,↵is less than 2* options.Step-
Tolerance=1.000000e-06,and the maximum constraint ↵violation,2.954859e-13,is less
than options.ConstraintTolerance=1.000000e-06.↵↵'
    lambda=
      包含以下字段的 struct:
            lower:[4×1 double]
            upper:[4×1 double]
    eqlin: 0×1 double]
    eqnonlin:[0×1 double]
    ineqlin:[0×1 double]
    ineqnonlin:[0×1 double]
```